装备试验鉴定系列丛书

装备试验科学方法论

王正明　刘吉英　武小悦　著

科学出版社

北　京

内 容 简 介

本书从数学建模与数据分析的脉络，梳理装备试验的社会科学方法、自然科学方法和工程科学方法，力图从数据和模型两个方面，结合作者的研究工作和体会，对装备试验的部分科学方法进行一些归纳、凝练和总结。本书不仅介绍每种方法的具体实现过程，还特别注意不同方法在理论、模型、算法上的关联和系统化。考虑到装备试验的科学方法仍在不断发展完善，为方便读者阅读和交流，本书为每章配备了思考题，为部分章节配备了小结。

本书可供装备研制、试验、鉴定、应用等单位的工程技术人员和管理人员参考，也可以作为工学、理学、军事学、管理学的研究生教学用书。

图书在版编目(CIP)数据

装备试验科学方法论/王正明，刘吉英，武小悦著. —北京：科学出版社，2023.2

ISBN 978-7-03-073295-8

Ⅰ. ①装⋯ Ⅱ. ①王⋯ ②刘⋯ ③武⋯ Ⅲ. ①武器试验-研究 Ⅳ. ①TJ01

中国版本图书馆 CIP 数据核字(2022) 第 184764 号

责任编辑：李 欣 李香叶 贾晓瑞 / 责任校对：杨聪敏
责任印制：赵 博 / 封面设计：无极书装

科 学 出 版 社 出版
北京东黄城根北街 16 号
邮政编码：100717
http://www.sciencep.com

北京建宏印刷有限公司印刷
科学出版社发行 各地新华书店经销
*
2023 年 2 月第 一 版 开本：720×1000 1/16
2024 年 11 月第三次印刷 印张：17 1/2
字数：363 000
定价：128.00 元
(如有印装质量问题, 我社负责调换)

"装备试验鉴定系列丛书"编审委员会

序

    中央军委主席习近平签署命令,发布《军队装备试验鉴定规定》(简称《规定》),自 2022 年 2 月 10 日起施行。《规定》坚持以习近平新时代中国特色社会主义思想为指导,深入贯彻习近平强军思想,深入贯彻新时代军事战略方针,着眼有效履行新时代军队使命任务,全面聚焦备战打仗,深刻把握装备试验鉴定工作的特点规律,科学规范新形势新体制下装备试验鉴定工作的基本任务、基本内容和基本管理制度,是军队装备试验鉴定工作的基本法规。

    为了深入学习贯彻《规定》,该书面向军事装备试验需求,从理、工、军、管、文学科结合点上,从数据和模型两条平行线,系统梳理装备试验的社会科学方法、自然科学方法、工程科学方法,对装备试验的科学方法进行归纳、凝练和总结,不仅介绍了多种方法的内涵,还特别注意这些方法在理论、逻辑、模型、算法上的关联,在装备试验鉴定方面的实际应用及效果分析,在装备试验中的系统化和操作性。该书运用科学方法论,分析研究了一些与装备试验鉴定密切相关的科学试验、作战运筹的典型案例。

    新时代呼唤更多具有科学理念、掌握科学试验方法并且积极推进装备试验工作落实的试验鉴定人才。王正明教授团队长期从事装备试验的科学研究和教学工作,出版了十余部专著和教材,培养了数十名装备试验领域的优秀人才。

    科学方法论的研究,尤其是交叉学科的科学方法论研究,对于科学技术发展,对于国防建设和装备发展,具有重要的意义。该书旨在强化装备试验的科学方法,推动基于模型和数据驱动的装备试验创新发展。书中提到的方法、问题、思考和解决方案,对于从事武器装备设计、装备试验、作战任务规划等方面研究的工程技术人员、指挥管理人员和联合作战保障人员,能起到一定的启发作用;对于工学、理学、军事学、管理学等相关学科专业领域的师生,有一定的参考价值。

中国科学院院士
国防科技大学校长
2022 年 10 月

前　　言

装备试验是为满足装备设计、研制、鉴定、作战使用需求，采取规范的组织形式，按照规定的程序和条件，对装备的技术方案、战术技术性能、作战效能、作战适用性和体系适用性等进行验证、检验和考核的活动。装备试验对于发现装备的问题缺陷、掌握装备的性能效能底数，严把装备鉴定定型关，确保装备实用好用耐用，具有重要的作用。我们应树立实战化考核的理念，推动试验从试验装备到试验作战概念、试验战争拓展，使装备试验贯穿从军事需求到国防科研、装备战斗力生成全过程，充分发挥其在军事需求、国防科研、装备战斗力生成中的桥梁作用，更好更快地推动战斗力生成。

随着世界新军事革命迅猛发展，以信息技术为核心的军事高新技术日新月异，武器装备远程化、精确化、智能化、隐身化、无人化的趋势更加明显，战争形态向体系化、信息化和智能化演进，使得装备试验面临一系列新问题和前所未有的挑战。尽管国内外对于装备试验理论方法已进行了大量的研究，但是对于装备试验的本质特点和一般规律的认识还不够充分。为了适应装备试验的新形势对试验理论方法的需求，在军委装备发展部的支持和指导下，我们编写了本书。本书沿着装备试验的脉络，从模型和数据两个方面，系统梳理装备试验的社会科学方法、自然科学方法和工程科学方法。在写作过程中，特别注意在逻辑、理论、模型、数据和算法上的提炼，力图从方法论的视角审视装备试验，对装备试验的理论、技术，在方法论层面进行一些归纳、总结和系统化。

全书共 5 章，由王正明策划、把关与定稿。本书在撰写中，依据钱学森提出的综合集成研讨厅的思想，采用团队定期研讨和不断迭代修改方式推进。王正明和武小悦主持了全书各章编写内容研讨及修改。第 1 章由余奇执笔，第 2 章由战亚鹏执笔，第 3 章由李喆民、刘吉英执笔，第 4 章由刘吉英执笔，第 5 章由王正明、刘吉英执笔。王正明为各章配备了小结和思考题。

全书内容安排如下：第 1 章是对装备试验的总体介绍，包括装备试验的概念与内涵，美军装备试验的发展与启示，装备试验的要素与组织，现代局部战争对装备试验的启示，一些值得思考的问题。第 2 章介绍装备试验的社会科学方法，包括底线思维方法、系统思维方法、最大风险最小化、抓大放小、钱学森综合集成研讨厅、"物理–事理–人理"方法、幸存者偏差，这些内容对于理顺装备试验的流程、逻辑、关联关系很有启发，对于装备试验总体论证、设计、建模、测量与跟踪、数据分析也是不可或缺的。第 3 章介绍装备试验的自然科学方法,包括贝叶斯方法、试验设计、常微分方程与飞行力学、回归分析方法、序贯方法、节省参数建模、假设检验、偏微分方程定性理论、Navier-Stokes 方程、麦克斯韦方程、冯·诺依曼对策矩阵、纳什均衡、Monte-Carlo 方法、复杂自适应系统方法,这些方法是装备试验数学建模和数据分析的基础。第 4 章介绍装备试验的工程科学方法,包括 V 模型图、Hall 图、控制工程方法、仿真工程方法、网络工程方法、通信工程方法、大系统结构分析方法、冯·诺依曼体系结构方法、体系工程方法,也包括工程科学的大思想和重大工程案例的启发。第 5 章研究装备试验设计,包括引言、有趣的案例、试验统计方法、试验设计系统工程,这是前面几章的综合应用,也包括我们从事装备试验研究的经验,同时提出了一些值得思考的问题。为方便读者阅读,本书还配备了大量的小结和思考题。

本书力图阐述五个观点:第一,装备试验要尊重历史 (所有的相关历史模型、历史数据都要尽量用上),立足现实 (现实装备、现实条件、现实对手),面向未来 (未来对手、未来战场、未来科技);第二,大多数装备试验都可以转化为成败型试验;第三,装备试验应面向战场 (自然环境、电磁环境、威胁环境),特别是所有主战装备都必须经得起实战检验;第四,要充分重视测量、跟踪数据的收集、建模和处理;第五,装备试验是一个系统工程,本书的所有方法都体现了这一点。

本书作者在研究和撰稿中,得到了军委装备发展部试验鉴定局领导和科研试验处同志们的悉心指导与帮助,得到国防科技大学领导的鼓励和支持,引用了大量参考文献和同行的研究成果,得到了国防大学胡晓峰教授,海军金振中研究员,火箭军周宏潮研究员,国防科技大学张维明教授、王宏强教授、孙明波教授、朱启超教授、王红霞教授、汪洪波教授、李革教授、王志英教授、秦石乔教授、卢芳云教授、汤国建教授等的意见和建议。在此,作者一并表示衷心感谢。

装备试验科学方法论涉及领域广泛,实践性强、探索性强,本书只是作者管中窥豹,期望起到抛砖引玉的作用。鉴于作者的学识和能力有限,本书难免存在疏漏和不妥之处,恳请读者批评指正。

作　者

2022 年 10 月于长沙

目　　录

序
前言
第1章　装备试验···1
  1.1　实验与试验···2
    1.1.1　科学实验的历史··2
    1.1.2　实验与试验的区别··7
  1.2　装备试验的概念与内涵···7
    1.2.1　装备试验的定义与特点····································7
    1.2.2　从作战看装备试验··8
    1.2.3　装备试验鉴定的内涵·····································10
    1.2.4　体系试验···12
    1.2.5　小结···12
  1.3　美军装备试验的发展与启示······································13
    1.3.1　美军装备试验发展历程····································13
    1.3.2　美军装备试验的领导机构··································16
    1.3.3　美军装备试验的组织·····································20
    1.3.4　美军装备试验的未来发展动态······························24
    1.3.5　小结···26
  1.4　装备试验的要素与组织··26
    1.4.1　研制、试验、作战与环境··································26
    1.4.2　装备试验流程···27
  1.5　现代局部战争对装备试验的启示···································30
    1.5.1　几场典型的现代局部战争··································30
    1.5.2　对装备试验的启示··32
  思考题··33
  参考文献··34
第2章　装备试验的社会科学方法··37
  2.1　底线思维方法··37
    2.1.1　底线思维的本质特性和实践方法·····························37

　　　　2.1.2　底线思维方法的案例 ·· 40

　　　　2.1.3　小结 ·· 41

　　2.2　系统思维方法 ·· 41

　　　　2.2.1　系统思维方法的基本内容和特点 ·························· 41

　　　　2.2.2　系统思维方法的案例 ·· 46

　　　　2.2.3　小结 ·· 47

　　2.3　最大风险最小化 ·· 48

　　　　2.3.1　风险管理的内容和程序 ··· 48

　　　　2.3.2　最大风险最小化的案例 ··· 49

　　　　2.3.3　小结 ·· 50

　　2.4　抓大放小 ·· 50

　　　　2.4.1　矛盾的主要方面和次要方面 ··································· 50

　　　　2.4.2　抓大放小的案例 ··· 52

　　　　2.4.3　小结 ·· 53

　　2.5　钱学森综合集成研讨厅 ··· 53

　　　　2.5.1　开放的复杂巨系统及其研究方法 ·························· 53

　　　　2.5.2　综合集成研讨厅的案例 ··· 56

　　　　2.5.3　小结 ·· 58

　　2.6　WSR 方法 ·· 58

　　　　2.6.1　WSR 系统方法论的提出 ··· 59

　　　　2.6.2　WSR 系统方法论的内容及步骤 ··························· 60

　　　　2.6.3　武器装备试验鉴定中 WSR 工作过程 ·················· 62

　　　　2.6.4　小结 ·· 64

　　2.7　幸存者偏差 ·· 64

　　　　2.7.1　幸存者偏差的基本内容 ··· 65

　　　　2.7.2　幸存者偏差的案例 ··· 65

　　　　2.7.3　小结 ·· 68

　思考题 ··· 68

　参考文献 ··· 69

第 3 章　装备试验的自然科学方法 ··· 73

　3.1　引言 ··· 73

　　　　3.1.1　所有的判断都是统计学 ··· 73

　　　　3.1.2　从豌豆到遗传学定律 ·· 75

　　　　3.1.3　小结 ·· 78

　3.2　贝叶斯方法 ·· 79

　　　　3.2.1　贝叶斯方法概述 ·································· 79
　　　　3.2.2　贝叶斯定理的提出 ·································· 80
　　　　3.2.3　贝叶斯定理概述 ·································· 81
　　　　3.2.4　验前信息在导弹试验中的应用 ······················ 82
　　　　3.2.5　贝叶斯统计推断方法的应用 ························ 85
　　　　3.2.6　"频贝"之争 ································ 89
　　　　3.2.7　小结 ···································· 90
　　3.3　试验设计 ····································· 90
　　　　3.3.1　费希尔生平 ································ 90
　　　　3.3.2　费希尔试验设计三大原则 ························ 92
　　　　3.3.3　三大原则之间的关系 ·························· 93
　　　　3.3.4　女士品茶 ·································· 94
　　　　3.3.5　小结 ···································· 95
　　3.4　常微分方程与飞行力学 ··························· 96
　　　　3.4.1　常微分方程发展历程 ·························· 96
　　　　3.4.2　常微分方程定义 ···························· 97
　　　　3.4.3　用常微分方程的通解表示待估函数 ···················· 99
　　　　3.4.4　常微分方程的应用——放射性废物的处理问题 ··············· 102
　　　　3.4.5　常微分方程组的应用——人造卫星的轨道方程 ··············· 104
　　　　3.4.6　小结 ··································· 108
　　3.5　回归分析方法 ································· 108
　　　　3.5.1　回归分析概述 ····························· 108
　　　　3.5.2　线性回归 ································· 109
　　　　3.5.3　非线性回归 ······························ 111
　　　　3.5.4　断点回归及其在疫苗保护效果评价中的应用 ················ 112
　　　　3.5.5　小结 ··································· 115
　　3.6　序贯方法 ··································· 116
　　　　3.6.1　瓦尔德生平 ······························ 116
　　　　3.6.2　序贯分析方法 ····························· 116
　　　　3.6.3　序贯概率比检验在导弹试验中的应用 ·················· 117
　　　　3.6.4　贝叶斯序贯检验法及其在落点精度鉴定中的应用 ············· 119
　　　　3.6.5　序贯决策理论 ····························· 125
　　　　3.6.6　小结 ··································· 126
　　3.7　节省参数建模 ································· 126
　　　　3.7.1　数学模型 ································· 126

3.7.2　模型的简化 ·································· 127
3.7.3　弹道参数估计模型 ························· 128
3.8　假设检验 ··· 131
3.8.1　Pearson 简介 ······························ 131
3.8.2　t 检验 ······································· 132
3.8.3　F 检验 ······································· 133
3.8.4　两类错误 ··································· 134
3.8.5　小结 ··· 135
3.9　偏微分方程定性理论 ························· 135
3.9.1　偏微分方程发展历程 ·················· 135
3.9.2　偏微分方程定义 ······················· 136
3.9.3　定解方程及其适定性 ·················· 137
3.9.4　三类线性偏微分方程及分类 ·········· 139
3.9.5　求解方法与解的性质比较 ············· 145
3.9.6　蝴蝶效应 ·································· 148
3.9.7　小结 ·· 149
3.10　Navier-Stokes 方程 ·························· 149
3.10.1　NS 方程起源 ···························· 150
3.10.2　欧拉方程与 NS 方程 ·················· 151
3.10.3　NS 方程的空气动力学应用 ··········· 152
3.10.4　小结 ······································ 154
3.11　麦克斯韦方程 ································· 154
3.11.1　麦克斯韦方程起源 ···················· 154
3.11.2　麦克斯韦方程组与计算电磁学 ······· 155
3.12　冯 • 诺依曼对策矩阵 ······················ 159
3.12.1　冯 • 诺依曼简介 ······················ 159
3.12.2　"分蛋糕"与极小极大原理 ··········· 159
3.12.3　田忌赛马与对策矩阵 ·················· 161
3.12.4　博弈要素 ································· 162
3.12.5　博弈与信息、囚徒困境 ··············· 165
3.12.6　小结 ······································ 167
3.13　纳什均衡 ······································ 167
3.13.1　约翰 • 纳什简介 ······················ 167
3.13.2　纳什均衡发展历史 ···················· 167
3.13.3　纳什均衡的存在性证明 ··············· 168

　　3.14　蒙特卡罗方法 ·······························170
　　　　3.14.1　蒲丰投针问题 ·······················170
　　　　3.14.2　蒙特卡罗方法及应用 ···············172
　　　　3.14.3　小结 ·····························175
　　3.15　复杂自适应系统方法 ·····················176
　　　　3.15.1　复杂性系统 ·······················176
　　　　3.15.2　复杂自适应系统 ·················176
　　　　3.15.3　复杂自适应系统在战争中的应用 ·······178
　　　　3.15.4　小结 ·····························183
　　思考题 ·······································183
　　参考文献 ·····································184
第 4 章　装备试验的工程科学方法 ·················188
　　4.1　引言 ·····································188
　　4.2　V 模型图 ·································189
　　　　4.2.1　V 模型图的概念 ···················189
　　　　4.2.2　装备体系试验的 V 模型 ···········192
　　　　4.2.3　突击破坏者项目中 V 模型图的应用 ·····193
　　　　4.2.4　小结 ···························195
　　4.3　Hall 图 ·································195
　　　　4.3.1　Hall 三维结构 ···················195
　　　　4.3.2　三维结构的阐释 ·················196
　　　　4.3.3　空战进化项目的 Hall 图解读 ·······199
　　　　4.3.4　小结 ···························201
　　4.4　控制工程方法 ···························201
　　　　4.4.1　控制论的提出 ···················201
　　　　4.4.2　反馈控制理论 ···················202
　　　　4.4.3　小结 ···························204
　　4.5　仿真工程方法 ···························204
　　　　4.5.1　相似原理及模型 ·················204
　　　　4.5.2　实况–虚拟–构造仿真技术和数字工程 ·······207
　　　　4.5.3　小结 ···························209
　　4.6　网络工程方法 ···························209
　　　　4.6.1　互联网及其特点 ·················209
　　　　4.6.2　利用 Mesh 网克服空间作战的脆弱性 ·······211
　　　　4.6.3　小结 ···························213

　　4.7　通信工程方法 ·· 214
　　　　4.7.1　香农信息论及采样定理 ··· 214
　　　　4.7.2　装备与试验的互信息 ·· 215
　　　　4.7.3　5G 通信技术的试验 ·· 217
　　　　4.7.4　小结 ··· 219
　　4.8　大系统结构分析方法 ·· 219
　　　　4.8.1　大系统基本概念 ·· 219
　　　　4.8.2　大系统结构和控制 ··· 220
　　　　4.8.3　美天基导弹预警系统 ·· 222
　　　　4.8.4　小结 ··· 222
　　4.9　冯 • 诺依曼体系结构方法 ·· 223
　　　　4.9.1　冯 • 诺依曼体系结构 ·· 223
　　　　4.9.2　冯 • 诺依曼体系结构应用 ··· 223
　　　　4.9.3　小结 ··· 226
　　4.10　体系工程方法 ··· 226
　　　　4.10.1　体系的概念、特征与分类 ·· 227
　　　　4.10.2　体系工程与系统工程的区别 ····································· 228
　　　　4.10.3　诊断式体系试验 ·· 229
　　　　4.10.4　小结 ·· 231
　　思考题 ··· 231
　　参考文献 ··· 232
第 5 章　装备试验设计 ··· 234
　　5.1　引言 ··· 234
　　5.2　有趣的案例 ··· 234
　　　　5.2.1　机动车行驶证上的三个号码 ······································ 234
　　　　5.2.2　有文化的"三" ··· 235
　　　　5.2.3　洗净油瓶 ·· 236
　　　　5.2.4　三分球与导弹试验的成功概率 ···································· 236
　　　　5.2.5　卫星轨道方程的完善 ·· 237
　　　　5.2.6　豌豆改变世界 ··· 238
　　5.3　试验统计方法 ··· 238
　　　　5.3.1　经典统计分布 ··· 238
　　　　5.3.2　贝叶斯方法与装备子样 ··· 239
　　　　5.3.3　Fisher 试验设计三原则 ··· 242
　　　　5.3.4　回归分析 ·· 242

5.3.5 假设检验 ·· 243
5.4 试验设计系统工程 ·································· 244
5.4.1 社会科学方法 ·································· 244
5.4.2 自然科学方法 ·································· 247
5.4.3 工程科学方法 ·································· 249
5.4.4 装备试验的难题研究 ····················· 252
5.5 本章小结 ·· 259
思考题 ·· 259
参考文献 ··· 260

第 1 章 装 备 试 验

中共中央总书记、国家主席、中央军委主席习近平指出，希望同志们深入贯彻新时代党的强军思想，深入贯彻新时代军事战略方针，加紧推进"十四五"规划任务落实，加紧构建武器装备现代化管理体系，全面开创武器装备建设新局面，为实现建军一百年奋斗目标作出积极贡献（《人民日报》2021 年 10 月 27 日 01 版）。

生产和试验都是人类的社会活动，但它们与自然和社会有着不同的关系，前者主要是为了改造自然和社会，后者主要是认识自然和社会，特别是在已知某种事物的时候，为了了解它的性能或者结果而进行的操作。生产提供大量的、不容易被人注意其科学意义的信息；而试验能够以小得多的规模和少得多的次数，提供针对性强的信息。在科学发现和技术发明中具有重要的作用[1]。

试验要取得有意义的结果，需要科学的方法论。首先需要观察，并对观察到的现象提出有意义的问题，然后再提出假说来解释现象，之后设计试验来检验假说，核对从这些假说所作出的预测是否正确无误。

本章主要介绍装备试验的基本概念、重要特征以及发展方向等，包括实验与试验、装备试验的概念与内涵、美军装备试验的发展与启示、装备试验的要素与组织以及现代局部战争对装备试验的启示等。

首先，从科学试验的历史演进出发，探究科学实验活动的起源和发展脉络，以及在科学实验中最为重要的方法论——归纳和演绎，在此基础上通过对实验与试验的辨析，增进对科学试验的理解，然后从科学方法论出发看科学试验中所隐含的社会科学、自然科学以及工程科学方法及其背后的方法论意义。其次，通过对装备试验的概念与内涵的描述，分析了装备试验的定义与特点，以及其与作战的关系，对装备试验的流程和内涵进行了详细的介绍，并介绍了当前条件下装备体系试验的特征和挑战；随后，从美军装备试验靶场的发展和装备试验管理体制的演进出发，探究了美军装备试验体系的完善和发展历程，结合对美军装备试验的组织领导机构和美军装备试验的内容与组织形式的分析，对美军装备试验的未来发展动态进行了分析；此外，总结和分析了装备试验的要素和组织流程，尤其是试验、研制、作战和环境之间的逻辑关系。最后，通过对几场现代局部战争的分析，给出了战争对装备试验发展的启示。

1.1 实验与试验

1.1.1 科学实验的历史

实验活动是伴随着人们对自然的探索而产生的，和人类的起源有着同样久远的历史。在人类的认识史上，科学实验曾经经历了两个基本的发展阶段[2]。第一阶段，是在 15 世纪以前。从总体上说，那时科学实验还没有和生产活动相分离，并没有成为一种独立的社会实践活动，而是被包含在生产活动之中的，是生产活动的一个环节。例如：在农业、手工制造业、冶金业等方面，人类为了改进生产，进行了不少实验，但这些实验多数被包含在生产过程之中，并没有和生产相分离[2]。

在古代也曾经出现过一些独立于生产活动之外的实验活动，如阿基米德在实验的基础上对斜面、杠杆，滑轮省力的规律和浮力原理的研究，我国古代墨家对小孔成像实验的研究等。托勒密所做的有关光的折射实验，曾经达到了很高的水平，以至于有些科学史学家认为它们实际上已经是一些"近代型"的实验。然而，这些只是一些十分个别的现象[2]。在某种意义上，在古代的个别科学部门，甚至已经产生了独立于生产的，专为科学研究而进行的具有连续性和系统性的实验与观测活动，主要集中于天文学的观测和炼金术的实验研究活动[2]。但是，天文学观测毕竟是观测而并非实验，而炼金术虽然进行了大量实验，但还说不上是真正意义下的科学实验，而是被笼罩在神秘主义的色彩之中[2]。大约在 13 世纪前后，在欧洲曾出现过一个短时期的自觉实验的运动。这次运动中最杰出的代表人物就是英国的罗吉尔·培根 (1214—1293)，他非常重视并且自觉地强调实验活动[2]。他说，真正的学者应当依靠实验来弄懂自然科学、医药、炼金术和天上地下的一切事物，而且如果一个平常人或者老太婆或者村夫对于土壤有所了解，而他自己反而不懂得，就应当感到惭愧。罗吉尔·培根曾经明确地指出，实验的本领胜过一切思辨的知识和方法，实验科学是科学之王，因为"不依靠实验就不能更深入地认识任何东西"。在罗吉尔·培根的《大著作》一书中就专门论述了实验科学。这些实验，都已经是在生产活动之外，为了探索自然界的目的，自觉地进行的实验活动[2]。但是，由于当时生产和社会方面的历史条件，这一次自觉的科学实验运动并没有能持续下去，接着而来的仍然是中世纪的漫长黑夜，直至文艺复兴运动以前[2]。我国明末清初的著名科学家宋应星 (1587—1666)，在 17 世纪上半叶也曾提出自觉的实验运动。他指责当时"妄想进身博官者"的空而论道的现象，指出当时讨论"火药火器"，虽"人人张目而道，著书以献"，却"未必尽由试验"。他主张凡"未穷究试验"者，均"尚有待云"。由于社会历史条件的制约，宋应星的推进与实行并未能在我国开创出近代实验自然科学的新时代。就世界范围来说，在 15 世纪以前，近代自然科学的实验传统还没有诞生，当时的科学实验基本上还没有和生产活动相分离 [2]。

科学实验发展的第二个历史阶段，是从十五六世纪开始的，一直延续到今天 [2]。随着资本主义生产方式的产生和发展，资产阶级为了发展生产，需要自然科学；为了向深度和广度探索自然，实验研究的方法也就应运而生了，实验研究成为近代自然科学的主要精神 [2]。近代的实验研究精神和方法，一方面是作为古代科学中直观猜测方法的否定而问世的；另一方面，又是作为经院哲学思辨方法的对立物而产生的 [2]。这一时期的初期最有影响力的代表是伽利略 (1564—1642) 和弗朗西斯·培根 (1561—1626)[2]。伽利略在 1588 年就用自身的脉搏作为时间的度量单位，发现了单摆的周期与振幅无关，从而倡导用单摆作为事件的度量单位，为时间这个重要的物理量找到了客观的、较为准确的度量依据；1590 年他又以著名的自由落体实验和斜面实验为依据，发现了落体的加速度与物体的重量无关，定量地得出了自由落体定律以及惯性定律，进而在分析的基础上发现投射体的运行路线是抛物线。随后，英国哲学家弗朗西斯·培根在其《新工具》一书中对自然科学的实验研究方法从归纳主义的观点上作了系统的总结和提倡。弗朗西斯·培根在自然科学的方法论方面曾经做出了划时代的研究成果，所以马克思曾经把培根称作 "英国唯物主义和整个现代实验科学的真正始祖"[3]。

科学实验发展的这一历史阶段的主要标志就是科学实验从生产实践中脱离出来，作为自然科学的主要认识手段和方法而成为包含于自然科学研究活动之中的一种独立的社会实践活动，主要形成了以经验归纳法和假说演绎法为代表的认识方法论 [4-9]。

1. 经验归纳法

在科学方法论的理论中，长期以来存在一种流传甚广的观念，即在科学中，理论只能在试验观测的基础上通过归纳得到，并且理论的真假也只能在试验观测的基础上通过归纳法来予以证明。基于实验调查的原则，弗朗西斯·培根在其经典著作《新工具》中提出一种强调科学实验以及实验调查为指导的新逻辑方法——归纳法。培根批判了西方上千年来，获取知识的演绎法的两个致命缺陷，一个是知识无法扩展，演绎法的三段论只是把少量已知的知识进行了精细化的演化而已；另一个缺陷是，演绎法是建立在命题和概念之上的。概念是对现实事物的抽象，甚至是扭曲，所以基于命题和概念的推理并不可靠。

弗朗西斯·培根提出，人类最终的目的是利用和改造世界，而人类知识的目的就是认识世界，认识世界就是发现事物特定性质的形式，也就是事物的规律和结构。其中包括事物生成和变化的隐秘过程以及事物静止不动时的隐秘结构。

要从知识中获得一个真正而完美的原理，就是要找到另外一种与特定性质彼此转化的性质，而且对某种更加普遍的性质加以限定。需要对事物内在形式及其生成变化过程的规律加以总结，才能从知识中总结出普遍的原理。培根区分了知识和原理，原理是更普遍的知识，是一种规律，也是一种对事物之间相互转化关系的总结和概况。归纳法的关键在于从点状的知识中，从事物的特性性质和性质之间的转换过程中，通过观察、归纳、总结出自然运行的原理和规律，而不是仅仅停留在对事物内在的静态性质的了解上，这和亚里士多德的基于逻辑推理而获得的知识是完全不一样的。

关于事物的生成和变化的规律，主要有两种：第一种是单个事物内部的，把物体看成简单性质的集合。或者说事物都是按照简单的性质，按照一定的规律组合而成的。比如金子有黄色、重量、硬度、可延展、不易挥发等等性质。掌握了这些性质之间构成的规律，那么我们就可以做出黄金。第二种是复杂物体的生长或者产生过程。这个规律就要广得多了，比如要研究黄金或者其他金属是如何形成的，植物是如何生长的，动物是如何形成和发展的，以及消化过程，等等，总之包括所有自然事物生长和产生的过程的规律，这些知识应通过实验、观测和归纳总结获得，如果无法直接观测，就应该基于普遍的、初始的公理去研究。

总之，不管是隐秘过程还是隐秘结构的发现，都必须依赖于观测和实验，而不是纯粹的抽象和推理。这种观测和实验是长时间的、反复多次的和广泛的。在观测和实验基础上，再进行归纳和总结，从一般的知识中总结提炼出普遍的规律或者说原理，这种方法就称为"归纳法"。这个过程不仅涉及证明，也涉及证伪。所以，归纳法，不仅是基于事实和现象的归纳，也在于对各种现象的对比和反思。归纳法的特点是在寻求结论的过程中，不断通过正例和反例进行分析，最终发现和确定事物的性质，发现事物的结构和规律。所以，归纳法的本质，其实是观测和实验，或者说基于实践和事实的一种获得知识的方法，这种获得知识方法，我们也称之为经验主义。

培根把知识的产生划分为两个阶段，第一阶段是从经验中推断和形成原理，这要用到归纳法；第二阶段是在原理基础上演绎，发展出新的实验，由此循环往复，不断获得新的原理。第一个过程会用到三种能力：感官、记忆和理性。感官负责收集感官材料，记忆负责把收集来的感官材料分门别类整理排序，理性或者理解力的作用，就是用归纳法来分析感官材料，最后形成原理或者说知识。

随后，需要对经验材料进行有效分析，就需要用到"自然表格法"，就是把收集来的信息，放入一个表的三栏或者三列。比如：热的性质究竟是什么呢？热的性质是怎么来的？在表格的第一列里面，罗列出尽量多的正面的例子，比如光的照射、天然的泉水、加热的液体等等，都能让我们感受到热。在表格的第二列里面，罗列出对应的反面的例子，比如太阳光照射可以感觉热，但是月亮光、星星的光的照射，我们感觉不到热，甚至在满月的时候，我们感觉寒冷。以此类推，如果有的话，找出第一列的反例。最后，在表格的第三列对比第一列与第二列事例之间的关系，或者说发现其中的规律。比如对比这个表可以发现，所有坚固的物体，比如石头、金属、木头等等都不能产生热。对这些物体我们都感觉不到热，但能感受到温泉中的水的热，这是由外在的原因导致的，而不是自身导致的。

这个方法看起来挺简单。但实际上，弗朗西斯·培根提供的是一种自下而上的思维方式，从实践中获得新知识，既朴实又有用。这种方法对于今天的人来说，可能觉得太普通了，但是在当时，在一般人看来，人类一切的思想和物质，包括真理和道德判断都来自上帝。要想打破人们的这种传统思维模式，认为知识并非来自上帝，而可以从实践和经验中获得，也就是承认：人才是知识的创造者，这种思想在当时刚刚结束黑暗中世纪的欧洲来说，是非常大胆的，是需要勇气的。

马克思说，弗朗西斯·培根是"英国唯物主义和整个现代实验科学的真正始祖"。而实际上，如果说培根是西方唯物主义哲学的开创者和奠基人，那么马克思主义哲学实际上就是唯物主义哲学发展的重大成果。"知识就是力量""不管黑猫白猫，能抓住老鼠的就是好猫""摸着石头过河""实践出真知""实践是检验真理的唯一标准"，这些响亮的，耳熟能详的口号，充满了实践哲学的味道，有强烈的实践精神。

2. 假说演绎法

假说演绎法又称为假说演绎推理，是指在观测和分析基础上提出问题以后，通过推理和想象提出解释问题的假说，根据假说进行演绎推理，再通过实验检验演绎推理的结论。如果实验结果与预期结论相符，就证明假说是正确的，反之，则说明假说是错误的[10]。

笛卡尔在《哲学原理》中写道："鉴于这里所研究的事物具有相当重大的意义，而如果我断言我发现了别人所未发现的真理，那么我就可能被别人看成是鲁莽的——所以我宁可在这个问题上不做任何决定，而只是作为假说提出来，这假说也可能是离开真理极远的，但只要今后从这假说推出的一切东西与经验相一致，我就毕竟算是做出了一个巨大的贡献，因为那时候这假说对生活来说会和它是真理一样具有同等的价值。"[11] 笛卡尔是把自己的学说当作某种具有猜测性的假说提出来的，并认为如果从这个假说演绎出来的结果与事实相一致，则接受他的学说，反之则拒绝他的学说，这正是假说演绎法的实质。从提出假说到事实经验再到对假说的判别，这一过程被称为近代科学方法论史上的一座丰碑。

假说演绎推理的前提和结论之间的联系是或然的，前提并不蕴涵结论。前提真，结论未必真。从推理形式来看，它不符合充分条件假说推理的规则；肯定后件不能肯定前件。无论是某一个事实 E 与实验的结果相符合，还是一系列的事实 $(E_1, E_2, \cdots, E_N)$ 与观测实验的结果相符合，逻辑上都不能必然地断定结论 (假说) H 是真实的。如医生给病人诊断后提出假说：该病人患有肺炎。在此基础上，医生进一步演绎出病人有发烧、咳嗽、呼吸困难等现象，尽管这些现象可能都是事实，但并不能必然地得出病人患有肺炎的结论，因为存在这些现象的病人也可能患有别的疾病。因此，假说演绎推理结论 (假说) 只能是某种程度的证据。

科学史上，亚里士多德提出的归纳--演绎方法，可看作假说演绎法的雏形。亚里士多德主张科学家要从被解释现象中归纳出解释性原理，然后再从包含这些原理的前提中，演绎出关于这个事实的原因的知识。反映必然性知识的科学就是通过演绎组织起来的一组陈述 [12]。其后，中世纪英国哲学家罗吉尔·培根进一步发展了假说演绎法。亚里士多德曾满足于演绎出关于作为研究出发点的同一现象的陈述，罗吉尔·培根则要求演绎出新的能与经验耦合的事实。新知识实际上是某种理论预见。近代实验科学之父，也是近代科学方法奠基人的伽利略提出了用观测、实验和数学方法相结合来研究自然界的方法。这一方法包含两个重要的认识论原则：科学知识必须建立在观测实验的基础上，科学知识之间必须有确定的、必然的联系，这种联系要力求用数学公式定量地表达出来 [13]。因此，人们常常把伽利略看作假说演绎法的创立者。在近代科学史上，牛顿是物理学集大成者，也是假说演绎法的完善者。牛顿创立光的颜色理论的过程，是运用假说演绎法的范例，人们常依据它来说明假说演绎法的基本步骤和特征。

假说演绎法不仅是形成和构造科学理论的思维方法，而且成为解释科学发现的一种模式，即假设主义模式。一般认为 19 世纪英国哲学家惠威尔和威廉姆·斯坦利·杰文斯 (William Stanley Jevons) 是假设主义模式的奠基人，卡尔·古斯塔夫·亨佩尔 (Carl Gustav Hempel)、皮尔士等进一步丰富、完善了假设主义模式的内容，波普尔则把假设主义的科学发现模式发展为一种证伪主义的模式，走向极端。假设主义模式的基本内容就是假说演绎法，认为在科学研究中，为了解释现象，科学家必须提出假设，然后从假设演绎出可由经验检验的结论，并用实验来进行检验和修正。

孟德尔的豌豆杂交实验就是假说演绎法的一次成功应用。19 世纪中期，孟德尔用豌豆做了大量的杂交实验，在对实验结果进行观测、记载和进行数学统计分析的过程中，发现杂交后代中出现一定比例的性状分离，两对及两对以上相对性状杂交实验中子二代出现不同性状自由组合现象 [14]。孟德尔首先根据已经获得的实验现象提出了性状分离和自由组合的假设，然后在假设成立的前提下，通过进一步的杂交实验获得了支持假说成立的实验结果，从而验证了假说的正确性。

1.1.2 实验与试验的区别

《现代汉语词典》中对"实验"一词的定义为"为了检验某种科学理论或假设而进行的某种操作或从事某种活动";而对于"试验"一词则释义为"为了察看某事的结果或某物的性能而从事某种活动"[15]。而在英语的表述中,"实验"一词为"experiment",通常指的是用以发现未知的现象或规律,检验或建立假设而实施的操作或程序;"试验"则是用"test"来表达,指的则是用于识别或表征物质特征的操作或程序。美国国防部《试验鉴定管理指南》[37]中将试验定义为任何旨在获得、验证或提供用于鉴定数据的计划或流程,英国国防部对于试验的定义则是对某一性能的演示验证、测试和分析[58]。

综上所述,"实验"中被检验的是某种科学理论或假设,是验证理论与假设的过程,比如通过光的干涉实验检验光的波动理论;"试验"中用来检验的是已经存在的事物,是为了获得一个可以预期的结果、结论,或者查看可以预期的某事的结果或某物的性能。从科学研究的角度说,"实验"是归纳过程的起始点,而"试验"是演绎过程的终结点[16]。

1.2 装备试验的概念与内涵

1.2.1 装备试验的定义与特点

装备试验是为了满足装备研制和作战使用需求,采取规范的组织形式,按照规定的程序和条件,对装备的技术方案、关键技术、战术技术性能、作战效能和作战适用性等进行验证、检验和考核的活动。装备试验对于发现装备问题缺陷、掌握装备的性能效能底数,严把装备鉴定定型关,确保装备实用、好用、耐用具有重要的作用。国防大学宋振国等在相关文献中总结,从整体上看,装备试验具有以下几个特点。

1. 问题导向、标准严格

基于问题导向,在试验中发现问题,在评估中分析问题,在改进中解决问题是装备试验工作的典型特点。无论是外军还是我军,无论是何种类型的军事装备,装备试验的工作都具有明显的问题导向性,即发现装备问题缺陷、改进提升装备性能、确保装备实战适用性和有效性[17]。同时,装备试验还是一项科学严谨的综合性军事实践活动,无论是验证类还是鉴定类,都要严格地执行相关的法规、标准、技术规范,要求在试验设计、试验准备、试验实施的各个阶段,在试验数据采集、整理、分析等各个方面,都需要精细严格的标准作为支撑和保证。因此,严格规范的装备试验标准是客观性、公正性和权威性的基本保证。

2. 对象众多、针对性强

装备试验的一个典型特点是对象众多、针对性强。从装备试验类型来讲，既包括验证类试验，又包括鉴定类试验；从武器装备类型来看，既有传统武器装备的试验，也包括新概念武器装备的试验，如无人作战系统、高超声速武器、激光武器等；从装备试验的场域来看，既有陆、海、空、天一维、二维、三维空间实施的试验，又有在虚拟的电磁空间实施的试验，如电磁空间武器试验鉴定等；从装备试验的依托条件看，既有专门在靶场进行的试验，也有依托具备条件的实验室实施的试验，既有在海外、境外实施的试验，也有装备部署之后在实际使用中进行的试验；从试验的对象看，既包括单装，又包括相互影响、相互作用的装备分系统和装备系统，以及装备体系等。

3. 条件众多、技术复杂

装备试验是试验环境、装备技术状态和使用保障等要素的综合，是支撑和保障开展科研、试验、评估等任务实施的各种软硬件资源，是组织高效试验指挥与筹划、构设近似实战训练环境、开展数据采集和科学评估的重要支撑。另外，装备试验技术体系构成较为复杂，包括试验总体技术、靶标与环境构建技术、试验指挥控制技术、试验测试测量技术、综合分析评估技术和试验鉴定基础与保障技术等 [18]。没有强有力的试验条件作为保障，也就难以有效地组织和开展军事装备试验，从而也就难以对被试装备做出科学的试验结论。为此，各国军队都高度重视装备试验条件建设，并将其作为装备试验创新发展，提高试验能力的重要支撑。

4. 存在风险、注重安全

风险是人们对未来行为及客观条件的不确定性可能引起的后果相对于预定目标发生负偏移的综合，是不利事件发生的概率和不利事件发生后果的函数，具有客观性、突发性、多变性、相对性和无形性等特征 [19]。装备试验风险是指在试验过程中，因为试验的计划制定、操作流程、管理制度、技术复杂性、人为因素以及外部客观因素的不确定性所引起的，使试验结果不能达到预定目标要求的程度 [20]。随着现代科学技术和军事装备的不断发展，现代武器装备的技术含量、毁伤机理和作战效能都发生了很大变化，装备试验过程中的不确定性因素进一步增加，试验风险进一步加大。

1.2.2 从作战看装备试验

武器装备最终是为作战服务的。为避免装备实战化考核不足导致交付部队后可能出现的"高分低能"以及部队对装备的使用感受与试验鉴定结果不一致等问题，并适应未来网络信息体系条件下联合作战和全域作战能力生成需要，需要结合作战指挥体制与机构变革，采用新型试验鉴定理念，构建新型试验鉴定组织，推行新型试验鉴定要求[21]。装备试验正在呈现"实战化、一体化、多样化、全周期"的"三化一全"特点。

1. 实战化[21]

实战化试验鉴定的根本出发点是"能打仗，打胜仗"的战斗力标准，这是装备试验的最高标准，也是唯一标准。其内涵包括四点：

(1) 体系环境。未来单件装备一定是在体系中与其他装备联动与协同作战的，因此，装备试验必须要充分覆盖网络信息体系支持下联合作战与全域作战中可能的装备组合。

(2) 复杂环境。复杂电磁环境、地理环境和气象环境，在未来作战中一定是一种常态，仅将装备在单一环境下以一种工作模式去考核，不符合装备设计与考核的实战化要求。

(3) 性能底数。装备实际使用条件通常会超出设计的典型环境、典型剖面与典型目标，装备试验需要在摸清基本性能的基础上，掌握装备的最大、最小能力与潜力。

(4) 人在环路。现代武器装备的自动化水平越来越高。实战中，人是装备使用最具有能动性的因素，人在各种条件下可以怎样使用装备，能达到的水平如何，应该通过实际使用和考核研究清楚。

2. 一体化[21]

现代武器装备试验可以从多个维度考察。从时间维度，通常安排性能试验和作战试验两大类，性能试验先于作战试验。从空间维度，某些空基装备涉及飞行试验和地面试验。其中，地面试验通常开展通用质量特性试验，包括可靠性、环境适应性、电磁兼容和软件测试等内容。对于某些难以通过飞行试验验证的能力，也可以在地面条件下开展验证。无论是飞行试验还是地面试验，一般在时间维度上有先后关系，但部分试验项目也可以同步开展。

武器装备试验的一体化特点，要求前后拉通、统筹安排。其中，前后拉通首先是尽早暴露问题的需要，本质上是要及早化解需求符合性风险。性能试验主要解决功能性能的逐条验证，作战试验主要解决效能及适用性的综合验证。如果综合验证开展过晚，针对暴露问题再开展装备技术状态更改，一是改动可能较大，二是周期可能较长，再加上无论是性能试验还是作战试验，过去都是以装备实物为主开展，而未来装备复杂度可能进一步提升，如果完全串行验证和过度依赖实物验证，装备实物与用户需求不一致的风险将更加严重。随着基于模型的系统工程 (Model-Based Systems Engineering, MBSE) 和数字孪生技术的发展，装备验证将更加前移和虚拟化。

为进一步提高试验效率和试验的科学化水平,要求做好试验项目统筹。例如,包括可靠性和环境等在内的地面专项试验能有效暴露装备问题,并成为开展飞行试验的前提和基础,但也存在两类不足。一是地面专项试验总体偏向于从难从严,容易造成过设计而降低产品效费比;二是即使在地面试验从难从严的情况下,很多问题也未能在地面试验中暴露出来。

3. 多样化

装备试验方法有计算、仿真、地面半实物/实物验证、全实物地面验证以及飞行验证 (对于空基装备) 等多种方式。强化建模与仿真在装备试验中的应用,是装备试验的主要特征。美空军在 F-22 战斗机的初始作战试验鉴定中,通过建模仿真和试验计划的优化,将原定 700 多试飞架次缩减到 200 多架次,多样化试验鉴定带来的效益得以彰显。

此外,进一步重视依托专用测试设备与环境开展实装的相关试验验证,也是装备多样化试验鉴定的重要体现。

4. 全周期 [21]

长期以来,装备考核时间段仅集中在列装定型之前。新时期我军武器装备试验要求开展“在役考核”,强化了武器装备试验鉴定的全寿命周期特性,标志着装备试验理念的重要改变。

首先,将在役考核纳入试验,有助于完成对装备的全面检验。无论是性能试验、作战试验还是在役考核,其考核目标、考核环境、时间约束和考核重点等要素均有所不同。由于前期试验时间的有限性、剖面的综合性以及操作人员对装备的认识深化与个体差异,部分问题难以在前期试验中暴露。

其次,针对前期试验没有暴露、只有在在役考核阶段才能暴露的各类问题,开展故障与失效机理的深入分析,有助于进一步发现设计缺陷,不断提高装备研制质量与水平。

1.2.3　装备试验鉴定的内涵

国内外研究结果表明,将装备试验工作前伸到立项论证阶段,后延至装备使用以及退役阶段,对提升装备质量效果十分显著。因此,装备试验应贯穿装备全寿命周期,覆盖论证立项、工程研制、列装定型、生产部署与使用维护各个阶段 [22,23]。

相应地,装备试验划分为试验总体论证、性能试验、作战试验和在役考核四个阶段。其中,试验总体论证是从装备立项时开始,主要对装备试验进行整体筹划,论证试验资源、试验安排、试验科目、试验行动、试验保障、提出装备试验初案和总案等内容。

性能试验属于从试验总案批复，到申请状态鉴定的装备试验鉴定活动。性能试验分为性能验证试验和性能鉴定试验。性能验证试验包括各类科研过程试验，主要由研制单位负责。性能鉴定试验主要是以鉴定定型为目的的试验，由装备部门组织试验系统实施，研制单位配合参加。

状态鉴定是对通过性能鉴定试验的装备，评定其是否符合立项批复和研制总要求明确的主要战术技术指标和使用要求并对其数字化模型进行审验[18]。状态鉴定结论是转入作战试验阶段和列装定型的基本依据。新研制装备通过性能鉴定试验后，即可申请组织装备状态鉴定。

作战试验指的是从装备通过状态鉴定，到申请列装定型前的装备试验活动。作战试验是在近似实战环境和对抗条件下，对装备作战效能和作战适用性进行考核评估的试验活动。主要目的是检验装备完成规定作战使命任务的满足情况及其适用条件，摸清装备在作战任务剖面下的战技指标和能力底数，探索装备作战运用方式。作战试验主要依托部队、试验训练基地、院校以及科研院所等实施。

列装定型是装备通过试验考核后，向定型管理机构提出列装定型申请，定型管理机构综合考虑性能试验、状态鉴定、作战试验和生产条件审查结论，做出列装定型结论，批准列装定型的装备方可正式列装交付部队。在此之前，所有参试装备均属于科研样机或试用装备。

在役考核是新研装备列装部队后的装备试验活动。在役考核是在部队实际环境条件下，对装备或装备体系开展的全面检验，根据考核结果做出考核评价结论，提出后续改进或改型的意见建议，并对装备的效费比进行评估，为后续采购提供决策咨询。对效费比不高或存在其他重大问题缺陷的，可以提出装备召回或中止列装的意见建议[18]。

1.2.4 体系试验

装备体系试验是在特定任务背景下，为检验评估装备体系完成特定任务的作战能力，按照典型作战流程，通过科学的方法手段，对装备体系作战性能、效能和适用性进行考核的规范化试验活动[24]。相对于传统的装备试验，武器装备体系试验具有如下特点：

(1) 试验指标体系探索性强[24]。单装试验具有明确的试验指标，包括被试装备研制总要求或研制任务书中有明确的规定，而装备体系试验很难提出明确的试验指标体系。装备体系试验指标既是单装性能指标的综合，又不仅仅是其简单的叠加，如体系间的相互作用的顺畅性往往比单个装备性能更为重要。此外，由于结构、功能及作战环境的复杂性，装备体系试验指标多、组成关系复杂。

(2) 试验环境构建复杂[24]。试验环境指的是装备试验过程中所处的地形、气

候等硬环境以及模拟信息化战场和一体化火力打击等软环境的综合 [24]。在一体
化联合作战的背景下，装备体系对抗受到环境复杂性的显著影响。因此，装备体
系试验中的环境构设必须尽可能地与实际作战环境相近 [25]。

(3) 试验实施复杂 [24]。装备体系试验涉及装备多、规模庞大、持续时间长、参
与人员多 (试验参与方包括试验主管部门、试验训练基地、相关部队以及科研院
所)，使得试验实施非常复杂 [24]。首先体系试验的流程复杂，装备体系试验必须
遵循作战运用原则，与单装性能试验相比，试验流程要复杂得多；其次是组织协
调复杂，除了需要实现系统内部的相互协同，还要实现各级指挥机构之间的相互
协同；最后是综合保障复杂，体系试验所需的保障项目多、数量大，包括人员保
障、试验区与设施保障、气象水文保障、靶场测绘保障、计量鉴定保障、试验资
料档案保障、试验后勤保障等 [24]。

(4) 试验结果分析与评估复杂 [24]。装备体系试验结果分析与评估的复杂性主
要体现在：一是试验数据类型多、关系复杂、动态变化；二是底层评估指标计算复
杂，一般需建立与装备体系结构和装备性能参数有关的、较复杂的计算模型；三
是评估方法复杂，装备体系试验评估指标体系通常为网状结构，传统的线性综合
方法无法满足武器装备体系试验评估需求，应当采用能反映复杂网状结构关系的
非线性综合方法，如网络分析方法等 [24,26,27]。

体系试验，应该是尊重历史，立足现实，面向未来，遵循《军队装备试验鉴
定规定》，并为装备系统研制和装备系统鉴定，提供模型、数据和建议。

1.2.5　小结

中央军委主席习近平签署命令发布的《军队装备试验鉴定规定》(简称《规定》)，
自 2022 年 2 月 10 日起施行。《规定》共 11 章 56 条，按照面向部队、面向实战
的原则，规范了新体制新编制下军队装备试验鉴定工作的管理体制；着眼装备实战化
考核要求，调整试验鉴定工作流程，在装备全寿命周期构建了性能试验、状态鉴定、
作战试验、列装定型、在役考核的工作链路；立足装备信息化智能化发展趋势，改进
试验鉴定工作模式，完善了紧贴实战、策略灵活、敏捷高效的工作制度。(《光明日
报》2022 年 2 月 13 日 01 版)

关于装备试验的定义和内涵，不同的国家、不同的视角，有不同的解读，但
大同小异。装备试验的目的，主要是服务于装备研制、鉴定定型、装备作战。服
务于装备研制的装备试验，在一定意义下更贴近科研实验，需要更多地结合相关
学科的科学基础理论和相关核心技术。服务于装备鉴定定型的装备试验，需要更
多地关注装备性能、效能及适用性，需要更多地应用系统工程和数学方法。服务
于装备作战的装备试验，需要充分应用前两类试验的模型和数据，开展战法研究
和创新。

1.3 美军装备试验的发展与启示

20 世纪 70 年代初，以美国为代表的主要西方国家对武器装备采办管理体制进行了全面改革，将武器系统研制与使用划分为相对独立的建设阶段。

经过越南战争长期的作战经验和教训，美军意识到装备的试验应分为两个基本类型，第一类是研制试验，主要任务是验证装备的技术指标是否达到设计要求，工程设计是否足够完善；第二类是作战试验，主要检验装备的作战效能[28]。一方面，研制试验要求装备研制的承包商参与，但试验计划及其监督工作则由军方研制主管部门负责。此类试验涉及内容十分广泛，复杂程度有较大差异：既有整系统的试验，也有分系统或部件的试验；既可以采用模型、模拟系统和试验台，也可采用样机或工程研制模型[28]。这类试验活动贯穿武器装备采办全过程，通过"试验—分析—改进—再试验"的迭代方式，不断促进新武器的设计日臻完善[28]。

另一方面，作战试验最突出的特点是由军方独立的专门机构组织实施，主要目的是考核检验新武器系统的作战效能和作战适用性 (包括可靠性、适用性、协同性、可维修性、可保障性和生存性)[29]。同时，美军还特别强调作战试验要在逼真的作战环境中进行，通过作战试验对装备设计各项性能指标进行折中平衡，并要为拟定战术、编制和人员要求及编写操作手册等提供必要支持。区分研制试验与作战试验，既是武器装备建设发展的需要，又是装备试验发展客观规律的集中反映。装备试验的不同类型在武器装备采办过程中发挥的作用不同，要求管理机构、方式、技术与手段也不尽相同。

1.3.1 美军装备试验发展历程

从第二次世界大战开始，军事装备技术以及军工行业的发展极为迅猛，现代军事装备的高技术含量越来越明显，装备试验的要求越来越严格，试验的规模和手段也开始趋于全面、复杂。同时，对于装备试验的独立性、权威性的认识进一步加深，装备试验开始从装备研制系统中分离出来，具体表现在以下两个方面：

一方面，大批专业化程度较高的武器试验场不断涌现，成为装备试验独立发展的重要基础。武器装备试验靶场是考核各类武器装备战术技术指标，检验武器效能、适用性和生存能力的特定场所，是装备试验资源的重要组成部分，是保障和开展装备试验活动的重要物质基础。美军试验靶场历经 20 世纪初期的兴起、"烟囱式"的粗犷发展、"逻辑靶场"和"联合试验与训练靶场"的发展建设等近一个多世纪的发展，已具备规模庞大、种类齐全、试验设施先进、专业化程度高和试验能力强等特点和优势[30]。2002 年，美国国防部开始削减全国靶场的数量，优化整合试验资源和设施,降低试验消耗和减少靶场重复建设[30]。目前,美国国防部共有 24 个重点靶场,分属国防信息系统局和各军种管辖[30]。

美国防信息系统局隶属于美国国防部长办公厅,下辖联合互操作能力试验司令部和国防信息系统局 2 个重点靶场,主要对信息化装备和国家安全系统进行试验鉴定[30]。美国陆军管辖 9 个重点靶场,其中包含实施复杂自然和边界条件下的武器装备研制试验的白沙导弹试验中心、尤马试验中心及寒区试验中心等 7 个靶场以及实施空间和导弹防御相关试验鉴定的高能激光系统试验设施和夸贾林导弹靶场[30]。美国海军管辖 6 个重点靶场,其中包含兼具试验与训练职能的太平洋导弹靶场,负责海军飞机及武器系统研制试验鉴定的海军空战中心穆古角武器分部、中国湖武器分部和帕图森特河飞机分部,负责舰艇、潜水艇及武器系统研制试验鉴定的大西洋水下试验鉴定中心和基港太平洋西北靶场[30]。美国空军管辖 7 个重点靶场,其中包含实施航天器发射和洲际弹道导弹试验的第 45 航天联队和第 30 航天联队,兼具空军部队飞行训练、演习和航空武器装备作战试验职能的内华达试验与训练靶场,以及实施飞机及武器装备试验的空军飞行试验中心、阿诺德工程发展中心等 4 个靶场[30](表 1.1)。

另一方面,逐步建立相对健全的装备试验管理体制。1969 年 7 月,美国总统蓝带委员会认为,由研制部门自行实施作战试验证明装备的作战效能,难以保证公正、客观。因此,蓝带委员会建议在国防部层面加强对作战试验的监管,在军种设立独立于研制部门和使用部门、直接向军种参谋长汇报工作的作战试验鉴定机构。1971 年,美国海军作战鉴定试验鉴定部队正式成立;1972 年,美国陆军成立作战鉴定司令部;1973 年,美国空军成立作战试验鉴定中心;1978 年,美国海军陆战队也成立了作战试验鉴定处[31]。与此同时,美国在 1971 年率先对军事装备采办体制和政策进行了全面改革,颁布了一系列重要的国防部指令。其中,DoDI5000.01 指令 (已更新到 2020 版[32]) 除了将采办过程划分为若干的关键决策点之外,还规定了试验与鉴定的总任务;5000.02 指令 (已更新到 2020 版[33]) 主要是关于军事装备采办总的协调政策,要求建立国防系统采办审查委员会;5000.89 指令 (已更新到 2020 版[34]) 则是美国国防部所有部门实施试验鉴定的关键性政策文件,它将采办周期内进行的试验与鉴定划分为三种主要类型,即研制试验鉴定、作战试验鉴定和实弹试验鉴定。

表 1.1 美军国防部重点试验靶场 [30]

	名称	所在地区	构成与功能
陆军	尤马试验场	亚利桑那州	沙漠环境试验中心，水陆两栖装备、地面武器和航空武器试验、炮兵弹药和空投系统等
	杜格威试验场	犹他州	陆军化学、生物和放射性武器试验中心
	白沙导弹靶场	新墨西哥州	战术导弹试验、战略导弹、航天器分系统的单项试验、预先研究试验、各种模拟试验，以及靶场测量设备的研制试验
	阿伯丁试验场	马里兰州	陆军常规武器检测，军械人员训练、外国陆军武器的性能数据检测
	高能激光系统试验设施	新墨西哥州	高能激光系统试验
	里根试验基地	马歇尔群岛夸贾林环礁	原称美陆军夸贾林靶场，导弹防御和太空研究项目试验
国防部系统局	联合互操作能力试验司令部	亚利桑那州	军事信息系统、联合作战互操作性、无人作战系统、通用/开放式互操作架构和国防部标准制定等
	国防信息系统局	马里兰州	国防通信系统、无线电频谱、信息保障、网络攻击等
海军	海军水下作战中心	华盛顿州	水下系统及水下战科学技术、开发舰载系统的性能和作战使用方法、日常技术支撑保障等
	海军空中作战中心	加利福尼亚州	海军陆战队模拟训练中心等
	太平洋导弹靶场设施	夏威夷州	保障舰队联合演习，水上、水下、空中一体化靶场试验空间
	大西洋水下试验与鉴定中心	佛罗里达州	潜艇水声检测机构及试验、新型水中兵器试验、潜艇训练、反潜战研究
空军	第 30 航天联队	加利福尼亚州	美国西部发射场，遂行航天运载任务、洲际弹道导弹测试、助推器发射等
	第 45 航天联队	佛罗里达州	航天运载任务发射，空间作战等
	阿诺德工程发展中心	田纳西州	下一代喷气发动机、导弹和航天器火箭发动机测试、高超声速风洞等
	空军飞行试验中心	加利福尼亚州	试飞最先进的飞机、试验飞行器和各种武器系统
	空军军械中心	新墨西哥州	空军装备司令部核武器中心、核技术、定向能技术、太空技术等
	犹他试验与训练靶场	犹他州	爆炸物的处置，试验性军事装备的测试以及地面和空中军事训练演习
	内华达试验与训练靶场	内华达州	具备模拟的防空系统、保障"红旗军演"等空军军事演习

1.3.2　美军装备试验的领导机构

经过长期的发展，美军已经建立了国防部统一领导与各军种分散实施相结合的管理体制和领导机构。其中，美国国防部设作战试验鉴定局、研制试验鉴定办公室和试验资源管理中心，负责监管和指导全军的试验鉴定工作，在美军各军种层面，根据自身的特点都设置有一个"试验鉴定执行官"的职位或者部门，负责试验鉴定政策落实、监督管理试验鉴定程序以及各项试验鉴定活动的具体实施，如陆军负责监管试验鉴定的职位主要是陆军采办执行官和陆军试验鉴定执行官[33-38]，如图 1.1 所示。

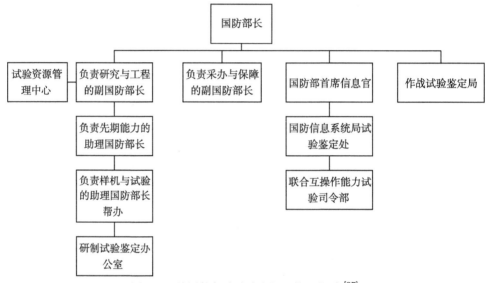

图 1.1　美军装备试验鉴定组织管理体系[37]

美国国防部作战试验鉴定局 (DOT&E) 于 1984 年筹建并于 1985 年建成，作战试验鉴定局直接隶属于国防部长领导，除向国防部长汇报工作外，也有向国会报告的特殊要求，其组织结构如图 1.2 所示。该办公室的主要任务是聚焦作战试验，以独立鉴定评估新武器系统是否达到最初承诺的能力，特别是武器系统是否作战有效和适用。2021 年 7 月，实弹试验与鉴定监督部并入作战试验鉴定局的其余四个部门。这四个部门分别是: 空战装备作战试验鉴定处、陆战和远征装备作战试验鉴定处、海战装备作战试验鉴定处以及网络中心与空间系统试验鉴定处。试验资源管理中心则是负责各类试验资源管理的主体单位，对美军的各个靶场资源进行统筹管理，如图 1.3 所示。

除美国国防部直接隶属的两个试验管理机构之外，美军各军种也有相应的装备试验的管理机构，如图 1.4—图 1.6 所示。陆军装备试验鉴定的监管机构是试验鉴定办公室，主要负责陆军试验鉴定的顶层监管、资源规划和政策制定等工作[31]。组织实施机构是试验鉴定司令部，主要监管研制试验活动，通过陆军参谋部主任向上级汇报工作，下设职能部门包括负责监管作战试验活动的作战试验司令部、分析评定研制试验和作战试验结果的陆军鉴定中心以及承担试验实施与保障的试验中心 (靶场)[31]，如图 1.4 所示。

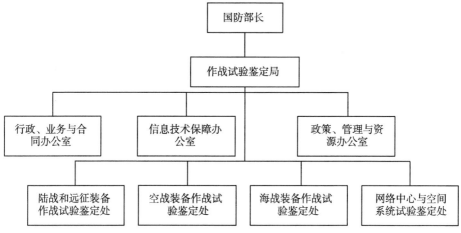

图 1.2 美军作战试验鉴定局组织管理机构 [39]

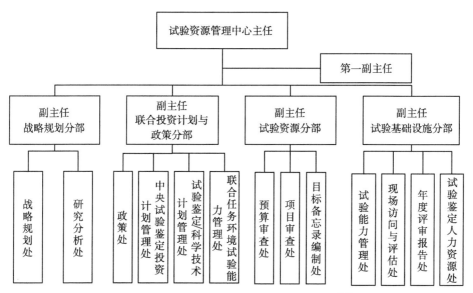

图 1.3 美军试验资源管理中心组织机构 [37]

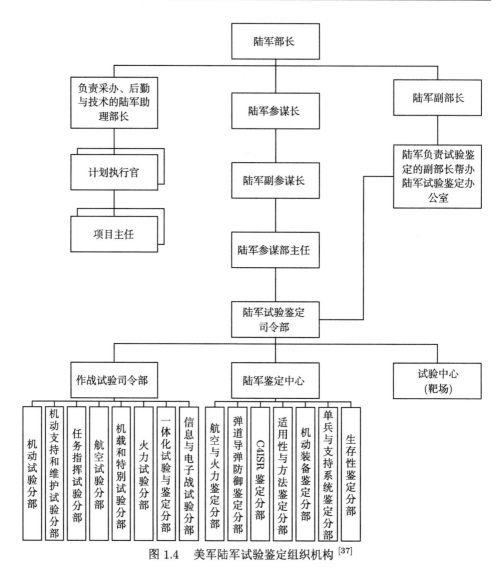

图 1.4　美军陆军试验鉴定组织机构 [37]

　　美国海军试验鉴定的创新、试验鉴定与技术需求处的职能与陆军试验鉴定办公室相似。研制试验鉴定的组织实施机构是海军和海军陆战队各系统司令部，它既是装备研制部门又是装备研制试验鉴定部门，同时负责各新型系统的研制和研制试验鉴定工作 [30]，但区别于陆军研制试验鉴定和作战试验鉴定的集中统管，海军和海军陆战队拥有相对独立的作战试验鉴定组织实施机构，即作战试验鉴定部队和海军陆战队作战试验鉴定处。这两个机构的级别均高于陆军作战试验司令部 [30]，直接向海军作战部长和负责研究、发展与采办的海军助理部长汇报工作，并负责作战试验规划、实施和报告以及海军和海军陆战队独立和联合作战试验活动[31]。

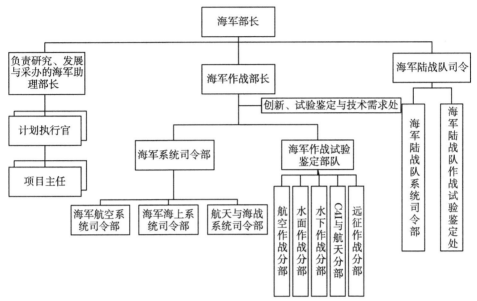

图 1.5　美军海军试验鉴定组织机构[37]

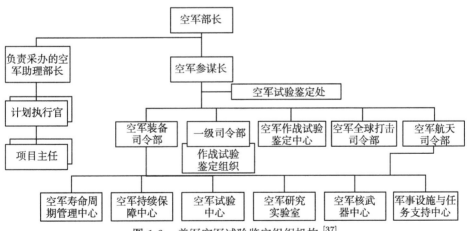

图 1.6　美军空军试验鉴定组织机构[37]

　　美军空军试验鉴定处是美空军装备试验鉴定的监管机构。装备司令部负责组织实施研制试验鉴定，作战试验鉴定中心负责组织实施独立的作战试验鉴定[30]。各级司令部承担部分研制及作战试验，主要提供作战试验方案、技术人员和试验资源，并且下设作战试验组织，协助作战试验鉴定中心开展后续作战试验鉴定[30]。
　　美军装备试验鉴定发展是不断适应装备发展需要、满足作战需求的过程。试验鉴定技术提高和试验保障条件建设应以装备发展趋势和先进作战理念为牵引，以适应未来主战装备的试验鉴定要求[30]。未来装备以无人化、信息化、智能化为主要趋势，相应作战形式也趋向于信息化网络化条件下的装备体系对抗。美军装备试验鉴定瞄准未来装备发展趋势，融入先进作战理念，不断加大相关试验保障资源投入，加强相关试验鉴定关键技术和武器装备运用战术战法研究，加快各军种试验靶场资源共享和互联、互操作，形成适应支撑未来装备发展的试验鉴定能力[31]。

1.3.3 美军装备试验的组织

美国国防部指令文件 DoDI 5000.89 的规定，美军的装备试验鉴定可以划分为三种类型：研制试验鉴定 (Developmental T&E, DT&E)、作战试验鉴定 (Operational T&E, OT&E) 和实弹试验鉴定 (Live Fire T&E, LFT&E)。DoDI 5000.89 认为试验鉴定的根本目的是使美国国防部能够获得支持作战人员完成任务的系统。试验与鉴定能够为工程师和决策者提供知识以协助管理风险，衡量技术成熟度并描述作战有效性、作战适用性、互操作性、生存能力和杀伤力等。这些目标都是通过遵循和执行稳健而严格的试验鉴定计划来完成的。

1. 研制试验鉴定 (DT&E)

研制试验鉴定主要任务是为独立评估提供支撑，获取试验过程中的数据，从而能够为项目管理者和决策者提供信息，以衡量进度、识别问题、描述系统功能和限制，以及管理技术和项目风险。项目主任利用研制试验鉴定活动管理和降低开发过程中的风险，验证产品是否符合合同和技术要求，为作战试验做准备，并在整个项目生命周期内及时反馈给决策者。

美军的研制试验鉴定从能力需求开始，一直持续到产品开发、交付和验收；在试验鉴定时间流程上，研制试验鉴定完成后将转入作战试验鉴定以及最后的生产、使用和保障阶段。在需求和系统工程过程中，研制试验鉴定可确保能力需求是可测量的、可测试的和可实现的。与后期发现系统缺陷相比，早期识别和纠正缺陷的成本更低。因此，项目主任充分利用美国国防部的靶场、实验室和其他资源，对研制试验鉴定进行严格把关。美军的研制试验鉴定包括如下的几个方面：

首先是制定研制试验鉴定计划，需要包含如下内容：

- 验证关键技术参数的实现和实现关键性能参数 (KPPs) 的能力；
- 评估系统达到规定的阈值的能力；
- 评估系统规范合规性；
- 向项目管理人提供数据，以便确定试验出现的故障的根本原因并确定纠正措施；

- 在任务环境中验证系统功能以评估作战试验的准备情况；
- 提供有关成本、性能和进度权衡的信息；
- 报告计划的进展情况，并评估可靠性和可维护性，为里程碑决策提供参考；
- 识别系统功能、极限和缺陷；
- 评估系统安全性；
- 评估与旧系统的兼容性；
- 在预期的相关任务环境中加强系统；
- 支持相关的认证流程；
- 记录合同技术指标的实现情况，并验证增量改进的可能性和系统纠正措施；
- 评估后续作战试验鉴定的进入标准；
- 提供研制试验鉴定数据以验证模型和仿真中的参数；
- 评估技术成熟度；
- 检测硬件和软件中的网络漏洞；
- 支持网络安全评估和授权。

其次是研制试验鉴定的实施。项目管理人员和试验团队将为试验鉴定总计划中确定的每个研制试验内容制定详细的试验计划并提供相关文件。对试验鉴定总计划或其他试验策略文档中确定的事件进行试验准备审查。

再次是研制试验鉴定的评估。包括项目评估和充分性评估两个方面，项目评估是对照试验鉴定监督清单上的采办计划，由研制试验鉴定计划批准机构对其进行研制试验鉴定充分性评估，在征求建议书发布和相关里程碑节点向里程碑决策机构提供计划评估，以符合里程碑决策机构或项目管理的要求。项目评估参考已完成的研制试验鉴定和已完成的所有试验鉴定活动，并将项目规划的充分性、已有试验结果的影响以及实现剩余试验鉴定活动目标的风险包含在内；充分性根据美国法典第 10 篇第 2366b(c)(1) 和 2366c(a)(4) 节，当负责采办和保障的美国副国防部长是里程碑决策的负责人时，研制试验鉴定计划批准机构在相关里程碑阶段对项目进行研制试验鉴定充分性评估，并向美国国会提供简要总结报告。当军种采购执行官是里程碑决策负责人时，负责研制试验的军事部门、国防机构或国防部外勤活动的高级官员将对项目进行研制试验鉴定充分性评估，并将简要总结报告提供给美国国会。

最后是研制试验鉴定的报告和数据整理。研制试验鉴定计划批准机构和采办指挥链及其指定代表能够全面且迅速地访问所有正在进行的开发试验和集成试验数据与报告，包括但不限于：来自所有试验的数据、试验状态和执行报告、认证、用户和操作员评估等。所有试验鉴定监督计划的项目管理人员和试验机构将向美国国防技术信息中心提供所有报告以及相关数据。美国国防部将收集和保留来自研制试验鉴定、集成试验和作战试验鉴定的可靠性和可维护性的数据。

2. 作战试验鉴定 (OT&E)

美军作战试验鉴定包括如下几个部分：① 作战评估。牵头作战试验机构将酌情准备和报告早期作战评估的结果，以支持项目开发 (即能力开发文档验证、项目征求建议书发布等)。对于进入里程碑节点的项目，主要作战评估部门将在项目启动后和关键设计审查之前准备并报告早期作战评估结果。主要作战评估部门根据作战试验鉴定局批准的试验计划对试验鉴定监督下的项目进行作战评估。作战评估部门可以将作战评估与训练事件结合起来。② 项目征求建议书。在发布项目征求建议书之前，军事部门将向作战试验鉴定局和研制试验鉴定计划批准机构提供批准的试验鉴定总计划或其他试验策略文件。③ 作战试验鉴定可靠性和可维护性。试验鉴定总计划或其他试验策略文档中包括可靠性和可维护性要求分配的计划，以及可能分配给组件和子组件的要求的基本原则。可靠性分配可能涉及硬件和软件，也可能包括商业和非开发项目。④ 作战试验准备。美国国防部各部门将分别建立一个可在任何作战试验之前执行的操作试验准备审查流程。在初步作战试验鉴定之前，该过程包括对研制试验鉴定结果的审查；根据试验鉴定总计划或其他试验策略文件中的关键性能指标、关键系统属性和关键技术参数评估系统进度；对已识别的技术风险进行分析，以确保这些风险在研制试验鉴定或作战试验鉴定期间尽可能消除或降低。⑤ 认证。应与所有其他试验一起计划支持认证的试验。项目管理人负责确定需要哪些认证。项目管理人将按要求向里程碑节点管理机构、作战试验鉴定局和主要作战试验机构提供有关认证的所有数据。根据美国国防部指令文件 DoDI 8330.01，所有项目试验鉴定总计划必须满足互操作性要求，并作为互操作性评估和认证的基础。

3. 实弹试验鉴定 (LFT&E)

美军的实弹试验鉴定主要是为了避免用户伤亡进行的试验，同时考虑系统对攻击的敏感性和战斗性能。根据美国法典第 10 篇第 2366 节定义，系统的实弹试验鉴定策略和实弹试验鉴定试验计划应由作战试验鉴定局批准。图 1.7 给出了计划、执行和报告作战与实弹试验鉴定的一般过程。

首先，在准备阶段需要完成如下内容：①对于试验鉴定监督下的所有项目，作战试验鉴定局根据美国法典第 10 篇第 2399 节批准作战试验计划和实弹试验计划，主要的实弹试验应在试验鉴定总计划 (或实弹试验鉴定策略) 中确定。②对于试验鉴定监督下的项目，试验部门应尽早 (在任何此类试验开始前不少于 180 日内) 向作战试验鉴定局简要介绍作战试验计划或主要实弹试验鉴定的构想。作战试验机构在不迟于试验开始前 60 日内，交给美国国防部批准其作战试验计划以供作战试验鉴定局审查。对重大实弹试验鉴定应在不迟于试验开始前 90 日提交，实弹试验计划应包括数据收集和管理计划。③在作战试验鉴定中，典型用户

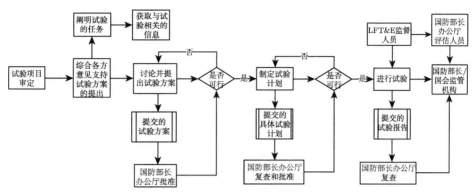

图 1.7　作战和实弹试验鉴定组织实施流程

或单位将根据美国法典第 139 条第 10 篇，在平时和模拟战时的条件下操作和维护系统或项目。牵头作战试验机构与用户和项目管理协商后，将根据从联合任务基本任务列表或美国国防部特定任务基本任务列表中得出的作战行动概念和任务线程来确定作战场景。④根据美国法典第 10 篇第 2399 节，承包商雇用的正在系统开发的相关人员只能在规定的范围内参与作战试验鉴定。⑤参与美国国防部(或美国国防部的另一承包商) 的系统开发、生产或试验的承包商不得以任何方式参与建立数据收集标准、性能评估或作战试验鉴定评估活动。⑥早期作战试验鉴定应对系统功能进行端到端试验，包括使用和支持这些功能所需的所有相关系统。⑦对所有项目，项目经理可以和主要作战试验机构协调联合试验或参与演习，考虑开展综合试验。这种试验会带来更高的效率，但本质上增加了无法发现重大问题的风险。如果在初始部署之前没有进行后续作战或实弹试验鉴定，那么通常需要在初始部署之后进行额外试验。

其次，在实施试验过程中，①根据美国法典第 42 篇第 4321—4347 节和第 12114 号行政命令，试验计划必须考虑对人员和环境的潜在影响。②除非出现重大不可预见的情况，经批准的作战试验计划或实弹试验计划的所有要素必须在作战或实弹试验结束时完全满足。③未经作战试验机构或适当的试验组织部门和作战试验鉴定局的同意，不能对已批准的试验计划进行补充。④当在试验鉴定总计划或其他试验策略文档中确定执行顺序会影响数据分析时，试验计划应包括有关试验事件执行顺序和试验点数据收集的详细信息。⑤应考虑作战文件 (例如，战术、技术和程序；标准操作程序；技术手册；技术命令) 对试验结果的影响，并在相关时导入作战试验计划中。⑥试验计划必须包括计划变更准则 (例如，天气延迟、试验停止)。⑦如果判定试验成功所需的数据丢失、损坏或未收集，则试验不完整。

最后，在数据管理、评估和报告阶段：①作战试验鉴定局、项目管理及其指定的代表有权访问所有记录、报告和数据。②作战试验机构和其他试验鉴定机构应书面记录每一次作战试验鉴定和实弹试验鉴定事件。③当发现重大问题时，采办决策机构应及时向国防部高级领导报告这些问题。当试验事件为项目决策者提供直接重要的信息时，作战试验机构应发布临时试验事件摘要作为临时报告。④对于试验鉴定和实弹试验鉴定监督计划，应随时向作战试验鉴定局通报可用的计划资产、评估、试验结果以及报告预期的时间表。

1.3.4　美军装备试验的未来发展动态

美军作战试验鉴定局 2021 年度总结报告 [39] 中对美军装备试验鉴定的未来的发展方向和问题进行了探讨，主要包括以下几个方面。

1. 软件和网络安全试验鉴定

绝大多数美国国防部涉及的装备系统都是软件密集型系统。软件质量和系统的整体网络安全往往是决定作战效能和生存力，甚至是杀伤力的因素，对生存性尤其重要 [40]。许多美国国家安全专家预测，下一次珍珠港事件不会以炸弹摧毁船只的形式出现，而是以关键打击和隐藏的恶意软件的形式出现，使舰队在母港或在海上闲置。

比以往任何时候都更为重要的是，获得可信的网络对于武器系统的实际使用和效能的发挥至关重要。作战人员、指挥官和项目主任依靠作战试验鉴定来了解网络安全风险及其潜在后果，并帮助他们设计解决方案。这意味着必须确保了解威胁，并且能够在试验期间准确地模拟它。云计算等商业技术和服务的使用增加了另一层需要评估的风险：这些商业产品、服务及其供应链是否安全且适合军事用途？不可否认，网络安全试验仍然面临着巨大的变化和机遇。

网络安全试验必须揭示该系统是否可被黑客入侵，是否会受到危害，以及会产生什么影响；操作员是否会根据伪造的系统读数做出错误的选择，是否失去了某些进攻或防御功能，进而妨碍个人或部队完成任务，或者武器装备平台是否完全不可用。必须将网络安全试验鉴定拓宽到检查整个平台和系统体系结构，以及反映联合多域作战的作战概念。更广泛地使用自动化试验方法也是必要的，人工智能和机器学习会增强自动化试验方法在网络安全试验鉴定中的作用，现阶段由于试验要求的规模和范围不断扩大，单纯依靠人类进行网络安全试验鉴定已不再可行。

必须建立一个更大、更深层次的网络专业知识平台，包括内部和外部的网络专业知识，以便根据需要进行武器装备系统的开发。在系统设计和开发的早期阶段，应正确掌握网络安全原则，提高系统弹性，使平台能够应对不断快速变化的挑战。

2. 下一代试验与鉴定能力

试验鉴定的质量取决于使用的试验与鉴定工具、基础设施和流程的质量。试验鉴定必须能够处理武器装备所涉及的任何技术，并且必须反映真实世界的环境和场景，包括对威胁和对抗的准确模拟，以便全面、有代表性地衡量装备的作战效能。

针对在研系统或即将开发的系统类型的需求，美军试验鉴定机构和设施并没有做好必要的准备。美国国防部的大部分露天试验和训练场及实验室都已过时，必须进行现代化改造，以适应当今和未来作战环境的复杂性与能力。人工智能、自主和自适应系统、天基系统、定向能、高超声速和生物技术将挑战美国国防部的试验与鉴定能力、设施和方法。为了跟上预期的技术进步，并在复杂动态的多域作战环境中充分试验和训练美军及其盟军部队，美国国防部需要对试验鉴定基础设施进行大量持续投资。

2020年末，美军作战试验鉴定局委托美国国家科学院、工程院和医学院对用于作战试验鉴定的靶场、基础设施和工具进行了详细的评估，反映的主要问题是：美国国防部能否在2025—2035年的时间框架内，按照预期的系统和技术，进行可靠的作战试验与鉴定[41-45]。

美国国防部作战试验鉴定局已经在致力于改革作战试验与鉴定以及整个采办过程中最重要的一个方面：数据管理。获取正确的数据，与正确的人共享，并及时做出最佳的数据驱动决策，对于以需要的速度试验和部署至关重要。将作战能力作为一个整体进行分析时，在试验鉴定的所有阶段 (承包商试验、研制试验、一体化试验和作战试验) 收集的数据的效用可能会更广泛。这些海量数据可能会揭示系统设计和性能、威胁模拟和仿真、试验设计和执行、项目管理以及其他领域的趋势。现阶段美国国防部缺乏用于积累、安全存储、轻松访问和查询、跟踪并快速分析其所收集试验数据的手段。

美国国防部作战试验鉴定局聘请了外部专家帮助改进其处理和使用试验数据的方式，与其他利益相关者合作，制定数据管理能力和体系架构蓝图草案。

3. 一体化试验与鉴定

美国国防部作战试验鉴定局认为，美国国防部提高试验鉴定效能和效率的最佳途径是大幅减少独立的承包商试验、研制试验和作战试验。需要用一个一体化的承包商试验、研制试验和作战试验过程来取代这种分离的、顺序的方法，以便最大限度地提高试验效能和效率。实际上，这意味着设计的试验任务需要同时收集满足研制试验和作战试验需求的数据。此外，项目管理必须让用户和试验人员参与制定系统规范以及编制合同条款，以确保它们与作战相关且可试验，使试验要求尽早满足作战试验需求，并收集正确的数据。

4. 数字化转型

美国国防部正在致力于数字化试验方法研发和试验鉴定能力的开展。除了需要新的工具和数据管理实践，最关键的不足是"数字孪生"和建模与仿真。早在

20 多年前，美国国防部作战试验鉴定局就认识到了建模与仿真的必要性 [46]。随着时间的推移，这一需求只会变得更加紧迫。由于各种原因，在具有威胁代表性的环境中进行实装作战试验并不总是可行的。美国国防部作战试验鉴定局认为，必须拥有高保真度的建模仿真，以产生足够高置信度的数据，为确定作战效能、适用性和生存能力提供信息，且不断更新，并进行持续验证、确认和认证。

基于实况事件期间收集的数据的验证、确认和认可 (VV&A) 至关重要。某些实况作战试验的结果和建模与仿真预测的结果存在显著差异。创建准确、高质量的建模仿真是一项复杂的工作，但必须继续投入，并通过验证、确认和认可进行跟进，以确保作战人员能够信任作战试验与鉴定的结果。

5. 试验鉴定人员队伍：基本的人力要素

复杂技术的试验鉴定需要大量深入而广泛的前沿专业知识。在这一方面，美国国防部认为需要建立吸引更多人才的机制，也需要持续与学术界和工业界的专家保持交流与沟通。

1.3.5 小结

美军装备试验有几个明显特点：一是试验基地的布局，在美国本土沿东西海岸从南到北，在海外还有许多基地，装备在各种自然环境、电磁环境下得到充分检验；二是参与实战，美军大部分装备以不同方式通过战场的考验，三是重视装备作战试验，美军装备作战试验主要通过作战部队和军校学员实施，试验、训练、作战相互结合。

1.4 装备试验的要素与组织

1.4.1 研制、试验、作战与环境

装备的研制、试验、作战与环境之间的关系如图 1.9 所示。值得注意的是，由于装备试验理念和技术的不断发展，装备的研制、试验、作战之间在时间上已经不再是单纯的先后关系，而是相互嵌套、互为促进的。例如，一些研制周期较长的装备系统在研制的同时也进行阶段性的试验，甚至有限度地服务于作战行动。

图中的环路 1 代表研制和试验的紧密结合，通过"研试结合"的试验结果反馈促进研制工作的迭代升级，将装备可能遇到的问题尽量提前，在研制设计环节予以最大程度的解决；环路 2 则代表作战和试验的紧密结合，通过作战试验实现对装备实战能力的探边摸底，为提高装备试验质效提供重要的支持；环路 3 则是研制和作战的反馈结合，将作战数据反馈到研制方进行进一步的武器装备改进，能够将作战中的问题及时反馈到装备研制阶段，给新武器、新装备的研制和试验提

供重要的参考。另一方面,这三个流程均受到装备所处环境的密切影响,包括自然环境、电磁环境以及威胁环境这三个方面 (图 1.8)。

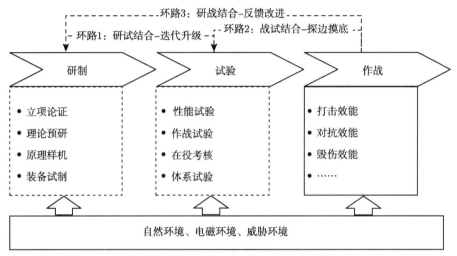

图 1.8 研制、试验、作战与环境的逻辑关系

本书内容沿着装备试验的脉络,从模型和数据两个方面系统梳理装备试验的社会科学方法、自然科学方法和工程科学方法。特别注意在逻辑、理论、模型、数据和算法上的提炼,注重操作性,力图从方法论的视角审视装备试验,对装备试验的理论、技术,在方法论层面进行一些归纳、总结和系统化 (图 1.9)。

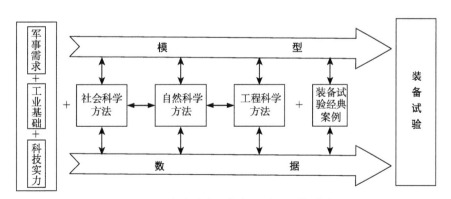

图 1.9 本书内容与装备试验之间的联系

1.4.2 装备试验流程

由装备试验工作的阶段划分可知,应在立项综合论证阶段编制形成装备试验初案,并随立项综合论证报告一同报批。在进入性能试验之前,完成装备试验总

案拟制和审批。此后的装备试验流程通常按照性能试验、作战试验和在役考核顺序进行。

装备性能试验的流程如 1.10 图所示，按照时间顺序主要包含四个阶段：预先准备阶段、试验准备阶段、试验实施阶段以及试验总结阶段。其中，预先准备阶段是指从上级机关明确装备性能试验任务承担单位至正式接受上级下达的性能试验任务为止的时期。对于装备性能试验，这一阶段的实际开始时间可视装备研制计划和实际需求确定；试验准备阶段是从正式下达试验任务至装备进入试验场区为止，这段时期承担试验的单位要在人员、技术、组织等多种保障方面做好充分的准备；试验实施阶段是从被试装备进入场区开始，到试验现场的任务结束为止，这一阶段各级指挥所对所有参试单位和装备实施现场指挥，协调一致地行动，按照试验实施方案要求完成预定的试验科目，取得有效的试验数据；最后是试验总结阶段，试验任务完成之后，承试单位需要及时完成相应的试验报告，主要包括对数据处理分析给出的被试装备的性能试验结论，提出改进建议，并编写和上报试验数据处理报告和试验结果分析评定报告，组织对性能试验的任务进行工作总结与技术总结。

装备作战试验是为了检验装备作战效能、作战适用性、体系适用性和在役适用性而开展的活动 [47]，按照工作性质和时间顺序，作战试验可分为作战试验准备、作战试验实施、作战试验总结三个阶段，如图 1.11 所示。其中，作战试验准备阶段是为了保障作战试验顺利实施而进行的一系列活动，具体可分为成立组织机构、做好人员准备、装备准备和方法准备等内容；作战试验实施是按照作战试验大纲和作战试验方案，在作战试验预定的引导下，实施预定的各项试验内容和试验项目，包括构设战场环境、构建装备体系、组织行动、全程采集数据、试验过程管控等；作战试验实施结束后应当及时编制工作总结和作战试验报告，并对作战试验数据进行整理、汇总，在规定的时间内将作战试验的工作总结、报告、数据等按照规定的渠道上报。

装备在役考核是在装备列装部队服役期间，为检验其满足部队作战使用与保障要求的程度所进行的持续性试验活动，主要依托列装部队、相关院校等单位结合正常的战备训练、联合演训及教学实践等任务组织实施，重点跟踪装备使用、保障、维修等情况，持续验证装备作战效能和适用性，发现问题缺陷等。按照工作组织顺序，装备在役考核可分为在役考核准备、在役考核实施和在役考核总结三个阶段，如图 1.11 所示，每一阶段都是对上一阶段工作的继承和深入，又是下一阶段工作的输入。

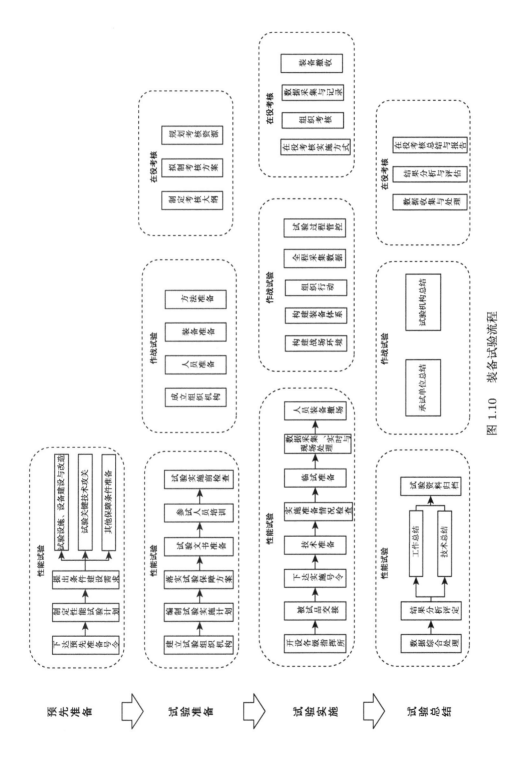

图 1.10　装备试验流程

1.5 现代局部战争对装备试验的启示

1.5.1 几场典型的现代局部战争

1. 海湾战争

海湾战争是美军在冷战末期主导的第一场大规模局部战争。海湾战争包括 3 个主要军事行动：沙漠盾牌行动、沙漠风暴行动和海上拦截行动。在战争中，大量高科技装备，如精确制导武器、电子战装备等首次被投入实战。

"沙漠风暴"作战行动是海湾战争的最著名的作战行动，其中空袭占据了主要的地位。美国、英国、法国等国共部署了 1200 多架作战飞机，包括了 F-117 隐形战斗机、F-15E 战斗轰炸机、F-15C/D 战斗机、F-111 战斗轰炸机、F-4C 反雷达攻击机、B-52C 战略轰炸机，还有法国的幻影-2000 和英国的"旋风"等战斗机，电子战飞机则包括了 E-3D 空中预警机、EF-111A 电子干扰机、E-8A 联合监视与目标攻击系统飞机、TR-19 战略侦察机、RF-4C 战术侦察机等当时世界上最先进的信息化、电子战机群。还有 3 个航母战斗群，游弋在地中海、红海和阿拉伯海的海上阵地上 [48]。

海湾战争极大地改变了传统的作战模式，对第二次世界大战以来形成的传统战争观念产生了强烈的震撼，以美国为首的多国部队普遍使用各种先进技术，使得海湾战争具有以下特点：

(1) 电子战对战争进程和结果产生重要影响。以美国为首的多国部队的行动证明，电子战和电磁空间的优势将会成为现代战争新的制高点。

(2) 空中力量发挥了决定性作用。海湾战争开创了以空中力量为主体赢得战争的先例，为后续科索沃战争大规模空袭作战提供了重要参考。由于大量精确制导武器的使用，提高了空袭的准确性，攻击效率得到进一步提升。

(3) 作战空间空前扩大，战场向大纵深、立体化方向发展，不存在明显的前方和后方。

(4) 高技术武器装备极大提高了传统部队的作战能力，作战行动向高速度、全天候、全时域发展。

海湾战争显示出高技术武器的巨大威力，标志着高技术局部战争已经作为现代战争的基本样式登上了世界军事舞台。由于高技术武器的使用，使现代战争的作战思想、作战样式、作战方法、指挥方式、作战部队组织结构以及战争进程与结局等方面都出现了重大变化 [49]，对第二次世界大战以来形成的传统战争观念产生强烈震撼，促使在全世界范围内掀起了研究未来新型战争的热潮 [50]，从而引发了一场以机械化战争向信息战争转变为基本特征的世界新军事革命。

2. 科索沃战争

科索沃战争是一场在以美国为首的北大西洋公约组织推动下，发生于 1999 年 3 月 24 日至 6 月 10 日的一场重要的现代高技术局部战争 [51]。战争以大规模空袭为主要作战方式，以美国为首的北大西洋公约组织 (简称北约) 凭借绝对的空中优势力量和高技术武器，对南斯拉夫联盟共和国的军事目标和基础设施进行了连续轰炸 [52]。

科索沃战争作战行动呈现战场空间扩大、持续时间压缩、人力密度减小、战略指导直接等新特点，以及突然性、集中火力、精确行动、联合作战等作战原则；要求军队战斗力战场感知力要强、作战指挥效率要高、战场生存力要强、后勤保障能力要强，促进了军事装备理论的发展。科索沃战争的作战样式是一种典型的非接触式交战，交战双方从始至终都没有在战场上近距离交战，这在世界战史上是极为少见的。

依托现代信息技术的支持，北约指挥机构向一线部队下达命令只需 3 分钟，越级向导弹部队下达命令仅需 1 分钟，配合由 GPS 制导的巡航导弹、激光制导炸弹和联合直接攻击弹药，实现了信息与火力一体化 [54]，基本做到了"发现即摧毁"。南斯拉夫联盟共和国在武器装备科技水平远远落后于北约联军的情况下，利用复杂的山地优势，修建了许多洞库和地下设施，使得大部分飞机、坦克等重装备能躲过大规模空袭，一定程度上保存了作战实力。最终取得了击落 61 架北约飞机、30 余架无人机以及 238 枚巡航导弹的战果，其中最具代表性的则是击落了当时最先进的 F-117A 隐身战斗机。

3. 阿富汗战争

阿富汗战争是以美国为首的联军在 2001 年 10 月 7 日起发动的战争。

战争初期的军事行动与科索沃战争类似，从大规模的空袭开始，取得了较为明显的战果，但仅仅远距离打击是根本不够的，还必须派遣地面部队进入阿富汗的每一个城市、每一个村庄，但躲进山区和乡村的塔利班保存了有生力量。从阿富汗战争中可以看出，虽然高科技当远距离打击时，可以发挥卓越的打击效能；但近距离作战，美国尽快结束战争的打算就成了空想 [55]。

4. 伊拉克战争

伊拉克战争，是以英美军队为主的联合部队在 2003 年对伊拉克发动的军事行动。

2003 年 4 月底，美国战略与国际问题研究中心 (Center for Strategic and International Studies) 发表了一份题为《伊拉克战争的"直接教训"》("The 'Instant Lessons' of the Iraq War") 的研究报告 [56]。报告从战略、战术、军事理论、科技运用等方面对美伊战争进行了分析和总结。其中包括如下观点：

(1) 能力、适应力和战争计划的弹性。美国和英国从一项全面的战争计划开始，当该计划的要素在战争期间失败时，他们迅速进行了针对性的调整。当伊拉克出现新的战术和能力时，他们及时有效地做出了回应，这种规划中的专业性和适应性极大地得益于各个级别的计算机化和集成的重大进步。

(2) 同步性、实时性、速度、联合行动和武器。美国在整合陆地和空中力量，并以非常快的协调行动节奏从海上和友军基地支持作战需要以及根据在整个战区转移联合行动组合的能力。如此操作的问题远不止联合本身，而是在战斗的各个方面的协调和行动的绝对速度。

(3) 情况获知、情报监视和侦察。美国在情报、目标定位以及指挥和控制能力的各个方面都得到了极大的改进，并且花了大约 12 年的时间来监视伊拉克的行动和军事发展。其情报和侦查系统结合了图像、电子情报、信号情报和人类情报 [57]，并在伊拉克的行动中加以改进，使其具有近乎实时的昼夜态势感知能力。

(4) 训练、战备和人的因素的价值。低事故率、在大约 20 天内维持持续作战行动的能力、管理极其复杂的空中行动的能力、联合作战能力、城市战训练。

(5) 技术的价值。美国和英国军队在拥有对伊全军的技术优势，而伊拉克军队自 1990 年夏天以来只进行了最低限度的现代化改造，而且只是以不稳定的走私武器交付的形式出现。

(6) 持续性的重要性。美国装甲和机械化部队能够维持长时间机动运动和作战，拥有足够的战斗和服务支持部队，以维持几乎 24 小时 7 天不间断地行动。

(7) 全天候能力。美国和英国军队可以在夜间作战和机动。尽管有严重的沙尘暴、云层和降雨，行动仍可进行。

(8) 后勤和力量投送。从支援车辆到新的运输包装形式和转发器可读编码，物流在各个层面的重大进步，战斗力投射的实践经验。为飞机加油、为机动部队运送燃料和水、维护和修理现场设备的能力对于作战都至关重要。

1.5.2　对装备试验的启示

装备试验伴随着武器装备的出现而产生，随着武器装备现代化和战争形态演进的步伐而发展，从简单到复杂，从低级到高级 [58]。几场现代化条件下的局部战争给装备试验的发展带来了巨大的影响。

首先，确立了战争实践是装备试验演进的主导性因素。海湾战争、科索沃战争、阿富汗战争、伊拉克战争等，这些以高技术局部战争为主要特征的联合作战样式，对装备试验鉴定提出了全新要求 [58]。应急作战采办试验鉴定、武器系统的体系对抗试验鉴定、新型毁伤机理武器试验鉴定，要求加强试验鉴定技术长远发展的整体谋划 [58]。

其次，军事战略对装备试验的演进也起到了重要的牵引性作用。军事战略牵引作战概念和装备发展的同时，也支配着装备试验鉴定的转型[58]。21世纪以来，特别是"9·11"事件后，美国国防部的采办政策发生了很大变化，"基于能力的采办"正式推出，旨在以更高效的方式，更快、更好、更方便地获得良好的产品与服务。与此同时，2003年，美国国防部成立试验资源管理中心，旨在加强美国国防部对试验靶场建设与试验技术发展的统筹管理，推动美军转型的顺利实施[58]。2014年，美国提出实施第三次"抵消战略"，美国国防部随即开启新一轮战略管理改革，高度重视作战理念的开发和验证，与此相一致，试验鉴定左移策略有效保证了一些先进技术的转化和装备的物化[58]。2017年，美军提出马赛克战概念，2019年即发布公告提出发展"马赛克实验"能力，提出对马赛克战进行实验、试验和鉴定，标志着美军继续前移试验关卡，将试验鉴定能力发展同步于作战概念开发[58]。

最后，新兴技术是装备试验演进的支撑性因素[58]。随着现代作战概念与军事技术的快速发展，新型武器装备技术含量越来越高，试验鉴定技术往往需要达到相应甚至超出被试对象的技术水平，才能对军事技术进行验证、评估，对武器装备进行检验、考核[58]。美国自2002年开始实施"试验鉴定与科学技术计划"，旨在开发对军事能力转型进行试验所需要的新技术，推进试验鉴定能力的发展，满足美军装备采办的试验鉴定需求[58]。近年来，美军已经将大数据、云计算、人工智能等突破性技术运用到靶场设施设备改造，试验数据采集、融合、分析以及逼真威胁环境设置与试验规划设计等领域，大大提高了装备试验的效率与效益[58]。而随着颠覆性技术和新质作战装备的不断涌现，装备试验技术的发展受到高度重视，其中核心的关键技术的突破需要社会科学方法、自然科学方法和工程科学方法的协力作用，切实提升装备试验鉴定的能力才能最终为作战服务。

思 考 题

1. 装备试验与科学实验有哪些共同点，有哪些不同点？
2. 21世纪已发生的战争对信息装备建设和试验，有什么启发？
3. 21世纪已发生的战争对陆军装备建设和试验，有什么启发？
4. 21世纪已发生的战争对海军装备建设和试验，有什么启发？
5. 21世纪已发生的战争对导弹装备建设和试验，有什么启发？
6. 21世纪已发生的战争对智能无人装备建设和试验，有什么启发？
7. 21世纪已发生的战争，对于网络信息体系的建设和试验有什么启发？
8. 美军本土试验基地与其海外军事基地的综合布局，从战场环境看，具有什么优势，有哪些启发？
9. 美军作战试验有什么特点？

10. 航母战斗群的性能试验、作战试验，有哪些基本要求？

11. 试验测量有哪些前沿技术，对于装备试验会带来哪些实质进步？

12. 体系试验的内涵是什么？与《军队装备试验鉴定规定》中提到的性能试验、状态鉴定、作战试验、列装定型、在役考核是什么关系？

13. 目前条件下，如何加强海军装备试验的靶标建设？

参 考 文 献

[1] 林定夷. 论科学中观察与理论的关系 [M]. 广州: 中山大学出版社, 2016.

[2] 林定夷. 科学实验的历史发展及其方法论思想之演化 [J]. 学术研究, 1986(2): 26-31.

[3] 韦建桦. 马克思恩格斯文集 [M]. 北京：人民出版社, 2009.

[4] 王续琨. 自然科学研究方法的历史发展 [J]. 社会科学辑刊, 1979(3): 99-105.

[5] 赵碧云. 第九讲自然科学研究的方法和方法论 [J]. 求实, 1982(11): 44-47.

[6] 林定夷. 关于科学理论的检验 [J]. 现代哲学, 1986(1): 44-47.

[7] 卡尔纳普 R. 科学哲学导论 [M]. 张华夏, 李平, 译. 北京: 中国人民大学出版社, 2007.

[8] 林定夷. 科学理论的演变与科学革命 [M]. 广州: 中山大学出版社, 2016.

[9] Delanty G, Strydom P. Introduction: What is the philosophy of social science?[J]. New York: Open University Press, 2003.

[10] 魏艳菊. 落实 "假说–演绎法" 的教学 [J]. 东西南北：教育观察, 2012(3): 32.

[11] 笛卡尔. 哲学原理 [M]. 北京: 商务印书馆, 1958.

[12] 薛迪群. 归纳推理——数学中易被忽视的思维形式 [J]. 科学技术与辩证法, 1986(2): 26-32.

[13] 胡兆胜. 理论创新的哲学透视 [D]. 南京: 东南大学, 2004.

[14] 李红. "遗传与进化" 模块中 "假说–演绎法" 的教学 [J]. 生物学通报, 2007, 42(4): 36-38.

[15] 金有景. "实验" 和 "试验"[J]. 汉语学习, 1981(4): 41-42.

[16] 宗淑萍, 李川, 张月清, 等. "实验" 与 "试验" 辨析 [J]. 编辑学报, 2009, 21(5): 405-406.

[17] 郑宁歌, 何文卿, 刘国亮, 等. 装备极限边界条件试验考核现状及对策研究 [J]. 现代防御技术, 2018, 46(4): 133-138.

[18] 王鹏. 虚实结合的武器装备试验方法的若干技术研究 [D]. 长沙: 国防科技大学, 2018.

[19] 李艳春, 孔捷. 军事装备试验项目风险管理研究 [J]. 项目管理技术, 2010(6): 61-64.

[20] 洛刚, 文良浒, 李崖. 装备定型试验风险识别及管理措施 [J]. 装备学院学报, 2012, 23(3): 5.

[21] 张鹏, 曹晨. 新时期武器装备试验鉴定特点分析与启示 [J]. 中国电子科学研究院学报, 2021, 16(1): 87-92.

[22] 潘星, 常文兵, 符志民. 装备研制可靠性工作项目风险等级评估方法研究 [J]. 项目管理技术, 2009(7): 6.

[23] 赵喜春. 战术导弹靶场试验风险分析与处理方法 [J]. 现代防御技术, 2013, 41(3): 5.

[24] 郭齐胜, 姚志军, 闫耀东. 武器装备体系试验问题初探 [J]. 装备学院学报, 2014, 25(1): 99-102.

[25] 倪忠仁, 王月平. 武器装备体系实验室体系结构与技术框架 [J]. 军事运筹与系统工程, 2001(3): 4.

[26] 付翔, 付斌, 赵亮. "马赛克战" 对装备体系试验鉴定的启示 [J]. 国防科技, 2020, 41(6): 8.

[27] 李杏军. 试验鉴定领域发展报告 [M]. 北京: 国防工业出版社, 2017.

[28] 张国斌, 曾望. 美国陆军装备试验与鉴定体制浅析 [J]. 外国军事学术, 2009(9): 3.

[29] 李明. 科学评价——美军武器装备研发的重要机制 [J]. 国防科技, 2002(1): 4.

[30] 李永哲, 李大伟. 美军装备试验鉴定发展历程分析及启示 [J]. 国防科技, 2021, 42(2): 8.

[31] 昭荀, 古先光. 美军装备试验鉴定现代化的发展演变 [J]. 军事文摘, 2021(8): 6.

[32] DoDD 5000.01. The Defense Acquisition System. November 20, 2007.

[33] DoDI 5000.02T. Operation of the Defense Acquisition System, January 2015, Incorporating Change 10, December 31, 2020.

[34] DOD 5000.89. Test and Evaluation. November 2020.

[35] 邢云燕, 姜江, 杨克巍. 美军作战试验与鉴定发展研究 [J]. 国防科技, 2020, 41(3): 6.

[36] 邢云燕. 美军装备试验与评价机构及职能 [J]. 国防科技, 2015(3): 6.

[37] Test and Evaluation Management Guide. The Defense Acquisition University Press sixth edition, 2012.

[38] 武小悦, 刘琦. 装备试验与评价 [M]. 北京: 国防工业出版社, 2008.

[39] Director. Operational Test and Evaluation FY2021 Aunnal Report. January 2022.

[40] 刘映国. 美军网络安全试验鉴定 [M]. 北京: 国防工业出版社, 2018.

[41] CRS Report. Department of Defense Research, Development, Test, and Evaluation (RDT&E): Appropriations Structure [R]. October 07, 2020.

[42] NDAA: Research, Development. Test and Evaluation Authorizations. March 2022.

[43] DOT&E Memorandum, Guidelines for Operational Test and Evaluation of Information and Business Systems[R]. September, 2010.

[44] DoDD 5141.02. Director of Operational Test and Evaluation (DOT&E)[S], February 2009.

[45] Director. Operational Test and Evalution. FY2019 Annual Report[R], 2019.

[46] DODI 8330.01: Interoperability of Information Technology (IT), Including National Security Systems (NSS)[S]. May 21, 2014, Incorporating Change 2, December 11, 2019.

[47] 王凯, 赵定海, 闫耀东, 等. 武器装备作战试验 [M]. 北京: 国防工业出版社, 2012.

[48] 军事科学院军事历史研究部. 海湾战争全史 [M]. 北京: 解放军出版社, 2002.

[49] 杨庆祥. 江泽民科技强军思想系统论探析 [D]. 哈尔滨: 黑龙江大学, 2008.

[50] 刘朝晖. 100 小时地面进攻结束战斗: 海湾战争带来全球军事理念大变革 [J]. 新民周刊, 2020(7): 2.

[51] 军事科学院外国军事研究部. 科索沃战争 [M]. 北京: 军事科学出版社, 2000.

[52] 郑鑫. 冷战后美国 "人道主义干预" 研究 [D]. 青岛: 青岛大学, 2011.

[53] 杨琦. "一带一路" 倡议下中国的中东外交策略研究 [D]. 延安: 延安大学, 2019.

[54] 田德红. 航空弹药供应保障模型及决策支持系统的设计研究 [D]. 南京: 东南大学.

[55] 钱七虎. 从阿富汗战争特点看美国军事高技术和作战理论新动向 [C]. 钱七虎院士论文选集, 2007.

[56] Cordesman A H. The "Instant Lessons" of the Iraq War: Main Report, 2003.

[57] 安东尼·科兹曼, 曹培旭. 美军在伊拉克战争中的经验教训 [J]. 外国军事学术, 2003(6): 4

[58] 赵勋, 古先光. 装备试验鉴定现代化的内在驱动与未来趋向 [J]. 军事文摘, 2021(8): 6.

[59] TEP Cooperation, Memorandum of Understanding Between the United State of America and the United Kingdom of Great Britain and Northern Ireland for Test and Evaluation Program[R], October 16, 2006.

第 2 章　装备试验的社会科学方法

　　哲学社会科学是人们认识世界、改造世界的重要工具，是推动历史发展和社会进步的重要力量，其发展水平反映了一个民族的思维能力、精神品格、文明素质，体现了一个国家的综合国力和国际竞争力。一个国家的发展水平，既取决于自然科学发展水平，也取决于哲学社会科学发展水平。一个没有发达的自然科学的国家不可能走在世界前列，一个没有繁荣的哲学社会科学的国家也不可能走在世界前列。坚持和发展中国特色社会主义，需要不断在实践和理论上进行探索、用发展着的理论指导发展着的实践。在这个过程中，哲学社会科学具有不可替代的重要地位，哲学社会科学工作者具有不可替代的重要作用。(2016 年 5 月 17 日，习近平总书记在哲学社会科学工作座谈会上的讲话，共产党员网)

　　本章主要介绍装备试验的社会科学方法，包括底线思维方法、系统思维方法、最大风险最小化、抓大放小、钱学森综合集成研讨厅、WSR 方法、幸存者偏差等思想及方法。

2.1　底线思维方法

2.1.1　底线思维的本质特性和实践方法

　　底线思维的运用，有利于防范危机和风险；有利于更好地处理当前与长期、个人与集体、国内与国际等关系，更好地运用主观能动性，化危机于危难之中；有利于更好地开展新的历史条件下的伟大斗争 [1]。

　　"底线"贯穿于社会生活的方方面面，与每一个人的发展息息相关。在伦理上，底线是从善向恶转化的最终障碍。从唯物辩证法的角度看，底线是量变和质变规律中坏的事情从量变到质变的边界线。在现实生活中，底线为人们的实践活动提供正确的指导方针，人们需要遵循道德底线、法律底线，这是一条不能逾越的边界，一旦突破底线，即代表着主体的行为由高尚变得低劣，此时必将受到道德上的谴责，法律上的制裁。从社会运行机制看，底线是个人、组织、社会有序运行的坚实阵地，一旦失去阵地，就会出现个人失语、组织失范、社会失序等现象，久而久之，就会导致颠覆和破坏性的结果 [2]。

　　底线思维是一种科学的思维方式，它是"客观地设定最低目标，立足最低点争取最大期望值" [3] 的科学思维方式。底线思维的妥善运用，需要首先回答一系列问题: 底线在哪里, 突破底线可能面临的风险和挑战有哪些, 最坏的情况是什么? 如何防范, 如何化险为夷, 如何变劣势为优势, 如何坚定信心、掌握主动权、实现最高目标。底线思维的妥善运用还需要发挥主观能动性, 守住底线仅仅是最低要求, 更要在守住底线的前提下, 掌握战略主动权, 主动实现更多利益。科学预见性、主观能动性和辩证性是底线思维的三个特性。

(1) **科学预见性**。底线思维是一种科学的战略预见, 科学预见是对宏观事物发展趋势的认识和判断, 有利于增强忧患意识, 必须提前做好准备, 提前筹划好应对风险危机的对策 [1]。为了预见事物未来的发展情况, 首先, 必须要立足当下, 睹始知终, 从当前的现实中来判断未来的趋势。现实是事物发展中各种矛盾和斗争的结果, 是已经实现的可能性。可能性是现实矛盾所决定的现存事物发展的未来和趋势, 所以它可以在现阶段或在不久的将来转化为现实。其次, 要从表象中看到事物的本质。事物所表现出来的现象往往是片面的、表面的东西, 仅仅从表象中得到信息是远远不够的, 隐藏在表象之中的事物的本质才是更值得关注的, 通过把握事物的内在规律, 才能更好地增加对事物未来发展趋势的认识。再次, 根据因果关系的连续性和渐进性来增强可预测性。事物的发展是一个连续的过程, 其过去的历史和现在的状态可以被用来预测未来的发展趋势。最后, 对事物发展趋势的科学预测需要分析事物的主要矛盾和主要矛盾的主要方面。事物的性质是由矛盾各方之间的关系决定的, 并且矛盾中蕴含着事物未来的走向。事物发展的可能性很多, 但总的来说, 可以概括为两种, 即利与弊、好与坏的可能性, 趋利避害、克服不利条件、争取有利条件、向着最高目标进军的过程, 是底线思维的应有之义 [1]。

(2) **主观能动性**。马克思主义认为, 社会历史发展是受客观规律支配的, 但人在一定范围内可以发挥主观能动性来认识世界、改造世界 [4]。底线思维充分尊重客观规律, 但不被动执着于成功, 而是主动追求最大期望值。追求最大期望值的过程, 就是在底线以上的巨大空间中, 发挥主观能动性实现目标的过程。无论对个人还是对某一组织, 在解决具体问题时都需要从最坏的情况出发, 预判事物发展中可能出现的各种情况, 做好更多的准备, 避免在发生事故时急于求成、被动挨打。守住底线, 也要努力攀高线、防风险, 更要一步步创新, 实现最高利益, 做到主动占优。要充分发挥人的主观能动性, 用底线思维化危为机。事物发展从良好的可能性转化为现实, 需要内因外因、主次因素等多方面条件。我们需要找到支撑好的和坏的可能性发展的内外部因素和条件, 弱化坏的可能性的内外部因素条件, 增强好的可能性的内外部因素条件, 推动事物向好的方向发展, 这是实现从坏到好、从危险到安全的过程, 也是守住底线、越过高线、发挥主观能动性的过程 [1]。

(3) **辩证性**。底线是绝对性和相对性的统一, 坚守底线是绝对的、无条件的, 但确定底线要立足当下的具体情况, 分析当下的历史背景和现实, 坚持原则性和灵活性相统一 [1]。首先, 底线不是一成不变的, 每当风险发生变化或者新的风险出现时，就应当划定新的底线，从而消除因为风险的改变而带来的影响。在实际操作中，因为误估了风险可能划出不符合实际的底线，应当及时进行纠正。其次，随着主体实践能力的提高，底线也会发生变化。有些风险过去是无法抵御的，但随着主体实践能力的提高，慢慢变得可以控制，主体应根据不同风险点及时调整底线。总而言之，由于风险点并不是固定的，底线需要不断调整，我们应根据历史背景、资源环境状况、个人能力等因素分析具体问题，辩证看待底线变化，准确确定底线。

底线思维的实践方法主要涉及以下三个方面。

(1) 严守底线，实现最低预期的基本路径。

首先，我们需要根据实践主体的价值取向、拥有的资源和能力以及所处的历史地位，设定合理的目标底线。目标的底线往往不是一元化的，不能有任何遗漏，否则就会导致某个领域没有底线。此外，事物总是处于复杂的普遍联系中，即使相同的底线目标可以分析出许多实践维度的基本原则，但它们之间的相互作用仍然需要充分考虑[5]。

其次，需要把目标底线转化为行动底线，努力做到在行动层面全面精准有力。设定好行动底线极为重要，底线标准定得太高，很难有行动空间；底线标准定太低，难以确保实现目标底线。底线的设定过程是一个不断探索的过程，往往是主体不断加深认识和反复实践的结果，通过主体的实践，底线得以不断修正和逐步完善。在很多情况下，受限于实践主体的能力或历史局限性，为了获得确保实现底线目标的具体条件，我们要付出艰苦的努力，甚至是必要的代价。此外，在确定行动底线的过程中，也会出现底线冲突的现象，即实践主体在行动层面无法满足多维目标底线的实现，这需要从战略格局和能力提升的维度，对多维目标的底线进行价值权衡[5]。

再次，健全底线预警机制，努力把问题预防在萌芽状态。许多风险在转化为现实之前就发出了信号。对于实践主体来说，对其进行研究和分析，以有效地防范和化解风险是十分必要的。

最后，还要谋划触碰或突破底线的应急机制，并坚决落实到实践中，做好准备，进一步强化底线的实效。

(2) 活用底线，展开积极防御。

底线思维要求我们看到事物发展中既有好的一面，也有坏的一面，这样我们才能防患于未然。由于矛盾双方经过斗争，在一定条件下具有走向自己反面的一种趋势，因此我们应该辩证看待"好"与"坏"之间的关系，从而最大限度地发挥底线思维的动态效应。"未雨绸缪"一方面意味着预防不利局势的发生，提前做好心理预防和战略应对，另一方面意味着我们可以积极引导不利因素转化为有利因素[5]。我们应该从"坏"的一面看到"好"的可能性，努力推动事情由"坏"向

"好"发展。

用底线进行积极防御，是变不利因素为有利因素、变被动为主动的有效途径。如果被动地看底线，只能被动防守，即使到最后，也很难守住底线。相反，积极应对底线，不仅可以更有效地守住底线，还可以创造战略主动。

(3) 善用底线，争取最好结果。

底线思维是一种防患于未然的思维方式，要求充分认清事物发展的"坏"的一面，底线以上的广阔天地，为我们发挥主观能动性、尽力而为取得最好结果提供了战略空间。在实践中，在底线以上，我们期望获得最优解，然而由于个人能力以及历史发展的局限性，往往只能得到次优解。我们一方面要瞄准最优解，扎扎实实地尽最大努力；另一方面，我们也要认识到事物发展的曲折本质，一帆风顺通常只是一个美好的愿望，事情更有可能以波浪式向前发展[5]。为了用好底线，可以从以下两个方面考虑。

首先，对可能出现的不同实践结果应当有预期，针对预期的结果，提前制订相应的行动计划。古人云："取法于上，仅得为中；取法于中，故为其下。"这一哲理蕴含在战略思想史上的许多经典战略理论中，它反映了实践结果与主体的期望可能存在较大差距，在制定行动计划前有必要运用底线思维做最坏打算。

其次，根据发展的不同时期，分阶段划定底线。过于长远的底线目标可能会随着时代的进步变得越来越不适用。科学预测和谋划不同阶段的底线，使之环环相扣、循序渐进，对于实践主体积极把握自身发展的主动权具有重要意义。也只有在长期尺度上把握实践的历史和主体，才能对当前的底线有更准确的认识和理解。

2.1.2　底线思维方法的案例

案例一　底线思维在生态保护中的应用

2011 年，《国务院关于加强环境保护重点工作的意见》中提出："国家编制环境功能区划，在重要生态功能区、陆地和海洋生态环境敏感区、脆弱区等区域划定生态红线，对各类主体功能区分别制定相应的环境标准和环境政策。"[6] 党的十八届三中全会提出划定生态保护红线[7]。2014 年修订的《中华人民共和国环境保护法》也增加了划定生态保护红线的相关内容，其中第二十九条明确规定"国家在重点生态功能区、生态环境敏感区和脆弱区等区域划定生态保护红线，实行严格保护[8]"。生态保护红线就是一条底线，在生态保护红线提出后，社会各界逐渐关注生态保护红线，国家层面也更加重视划定和严守生态保护红线工作，将生态保护红线划定作为生态文明制度建设的重要内容之一[9]。生态保护红线涉及资源、环境、生态三个领域，根据特定的时代背景和最新形势的需要，生态保护红线可以定义为：为维护国家和地区生态安全和经济社会可持续发展，在提升生态功能、保障生态产品和服务可持续供给方面必须严格保护的最小土地空间，是生态文明建设过程中必须坚守的生态底线[10]。

根据生态保护红线的定义，其内涵包括四个方面[8]：一是目标明确，即以维护国家和区域生态安全为基本目标，以促进经济社会可持续发展为长远目标；二是严格管护，即一旦划定生态保护红线，就必须严格保护红线区域，且红线面积相对固定，不能轻易调整；三是功能提升，即生态保护红线要增强重点生态功能区、生态环境敏感区、脆弱区的生态功能，确保生态红线区域生态产品和服务的可持续供给；四是空间特征，生态保护红线是狭义的空间红线，即必须严格保护的最小国土空间，要求生态保护红线能够落地，便于地方政府管理，具有较高的可操作性。由此可见，红线是基于底线思维实行的科学管理，更好地体现了底线思维在生态环境保护中的应用[11]。

案例二　底线思维在抗击疫情中的应用

凡事预则立，不预则废。底线思维和忧患意识，是一种强烈的危机感和使命感，也是我们战胜各种风险挑战的宝贵经验[12]。只有做最坏的打算，我们才能争取最好的结果。正是由于底线思维和强烈的忧患意识，坚决做到严防疫情大规模扩散，坚决打赢疫情防控攻坚歼灭战，我们才能成功应对新冠肺炎疫情这一突发公共卫生事件。面对重大挑战、重大风险、重大阻力、主要矛盾，只有辩证认识和把握国内外大势，加强战略性、系统性、前瞻性研究谋划，做好长期应对外部环境变化的思想准备和工作准备，乘风破浪，才能在危机中培育新机遇，在变局中开创新局面[13]。

在实现中华民族伟大复兴的征程上，必须坚持底线思维，增强忧患意识，保持充沛、百折不挠的奋斗精神。

2.1.3　小结

底线思维在装备试验和作战任务规划中，有广泛的应用。比如：在最严酷的自然环境，在强敌的威胁环境，在实战的电磁环境中，装备的性能效能试验及数据分析，装备体系作战的能力分析等。

2.2　系统思维方法

2.2.1　系统思维方法的基本内容和特点

系统思维方法是从系统的角度出发，注重从整体与局部、局部与局部、结构与功能、优化与建构、信息与组织、控制与反馈、系统与环境的关系、相互作用等方面对对象进行全面研究和精准考察，以达到正确认识对象和开展实践活动的思维方式[15]。它是建立在实体思维方式基础上的，不是把研究对象看作一个质点，而是把它看作一个整体。系统思维的基本内容和特征是整体性思维、综合性思维、立体性思维、结构性思维、信息性思维、控制性思维和协调性思维等 [16-18]。

1. 整体性思维

整体性是系统的本质特征。整体性思维是系统思维方法的核心内容，它决定了系统思维方法的其他内容和原则 [19]。它是对系统、要素、结构、层次 (部分)、功能、组织、信息、联系方式、外部环境等进行全面的思考，从它们之间的关系来揭示和把握系统的整体特征与规律 [20]。

整体性思维的基本观点是：把系统作为一个整体来认识和把握，是思维和认识系统的出发点和根本目的，是全面分析和把握系统各要素在整个系统中的地位和作用的基本前提 [21]。系统作为一个整体存在于系统的构成要素、层次 (部分) 和外部环境的相互联系和相互作用中，因此，只有从系统的构成要素、层次 (部分) 与外部环境的关联，即从它们的相互联系和相互作用中才能理解和把握系统的实体整体和各种属性 [22]。系统作为一个整体是一个有序的整体，它植根于系统的构成要素、层次和外部环境的有序信息联系 [16]。由于系统是一个有序的整体，为了能把握系统的内在整体性，必须要正确认识系统构成要素、层次和外部环境的有序信息联系。某些系统的要素、层次 (部分) 包含同质系统或新系统的基因，在具备条件的情况下，必然会孕育出相应的同质系统和新系统的整体 [20]。要根据系统及其变化的自组织性和可控性，正确把握系统作为一个整体的动态平衡和演化，深刻认识万物的系统整体性。

整体性是系统的本质特征，而非加合性则是整体性思维的本质特征。非加合性使得对整个系统及其属性的理解，突破了传统分析方法的局限性，摆脱了局部决定整体和线性因果决定论的束缚。反对把系统的特点和活动简单概括为系统的要素、层次 (部分) 的孤立特征和活动的总和，摒弃把整体看成由部分机械相加、以部分求整体的固有思维方式，这使人们的思维视角和把握事物的方式发生了很大的变化，具有明显的现代思维方式特征 [21]。

2. 综合性思维

综合性思维以综合为出发点和归宿，综合与分析同步进行来把握系统对象的思维原则 [23]。其基本模式是：综合–分析–综合。在思维运行的过程中，综合性思维主要表现为两种情形。

一种是，要把握系统的复杂性，思维必须始终以综合为出发点和前提，全面分析和审视系统的要素、结构、层次、功能、相互联系、相互作用、历史发展和规律 [21]。思维演变的过程就是综合分析和深入逻辑运算的过程，这个思维过程的结束将实现对系统整体的全面把握。

另一种是，根据系统论将对象系统物化，其思维过程是：综合-分析-综合。首先进行综合，形成可能的系统方案；然后进行系统分析，分析系统的各个要素及其相互关系；最后进一步综合结果，形成一个整体的概念性系统[20]。这种概念形式的系统整体就是物化意识。在确认其可行性后，可以通过实践将其物化为对象系统。

综合性思维是适应和反映现代科学和现代社会发展高度融合、一体化的趋势而产生的。一方面，综合与分析始终贯穿于思维过程，使综合与分析在同一个思维过程中同时进行；另一方面，它突出了思维的全面性，并将其作为思维活动的出发点和归宿[16]。综合性思维不仅不同于古代将直观与思辨形而上学混杂在一起的自发性综合思维，而且在继承现代综合思维辩证本质的基础上，对传统综合思维进行了改造和深化，打破了先分析后综合的思维模式。因此，综合性思维是从整体上把握系统的根本思维原则和重要思维方法[24]。

3. 立体性思维

任何系统都是由许多要素组成的多维、多层次的整体，与环境有许多联系。系统始终处于特定时空背景下的网络联系中，因此，为了能更好地认识和把握系统，应当具备立体性思维，即能够对系统客体进行多维度、多变量的全方位立体化考察。

可以从以下四个方面入手来实现对系统对象的立体性思维。

第一，主体应当对系统客体进行全面考察。全面考察是指主体从多角度、全方位、多层次及其与外界的联系，对多相空间中的多方向、多物质体系进行全面考察。其中，包括对系统前、后、左、右、上、下相关事物的相互联系和相互作用的多视角考察。全面考察是实现系统对象立体性思维的基础。

第二，主体应当对系统客体进行立体化考察和把握。其中，主要是把握立体结构、多维层次、整体互动、整体功能等方面，反映系统对象在特定时间的内在联系和各种属性，使系统对象各方面之间错综复杂的潜网在思维中得以清晰展现[20]。

第三，开拓思维空间，进行逆向思维。系统的对象及其内部要素之间存在着各种复杂的关系，其中许多关系往往是因果的、双向的和可逆的[16]。因此，在理解系统客体时，主体应开阔视野，从相反的角度对系统客体进行逆向思考。通常来说，逆向思维可以使我们对系统对象的理解产生意想不到的效果。

第四，在观察和处理系统问题时，主体要打开思路，由此及彼、由表及里、由近及远地不断思考；思维必须自由驰骋，既倡导发散思维，又倡导跃迁思维。立体思维扬弃了传统的单向思维、一维思维或线性思维，是全面正确把握系统多维整体的重要思维方法[16]。

4. 结构性思维

任何系统都有结构。结构是指系统内在诸要素相互作用和相互联系所形成的结合方式。结构具有三个要素：一是纳入并构成结构的不同性质的要素，即结构不同性质的组分。这是建构结构的最基本材料，也是决定结构实体的基础。二是结构组分的数量，它在一定程度上决定结构的复杂程度。三是组分数量的结合方式和有序度[20]。所谓结构性思维，就是主体对系统客体结构的构成要素、结构的本质和特征、结构的内在联系和相互作用、结构与功能的关系的思维[25]。

结构性思维是深刻理解和把握系统客体，正确引导人们改变事物所必要的现代思维原则。

第一，把握系统的结构是把握系统整体、系统立体的前提。因为系统结构是系统整体的内在基础，只有首先抓住系统的结构完整性，才能把系统作为一个整体来把握[20]。

第二，结构的性质和状态由系统要素的内在约束力和结构信息决定。系统的有序度或有序参数是衡量结构优劣的主要指标。要通过改革实现结构优化，就要自觉从增加系统要素约束力入手，增加结构性信息量，提高系统的有序度。

第三，结构从实体方面决定了系统的性质。人们不仅可以通过把握事物的结构来把握事物的本质，而且可以根据结构的变化来正确判断系统的质变，这无疑丰富和深化了唯物辩证法的质量互变规律[16]。

第四，结构决定和制约着系统的功能。只有当系统的整体结构是最优的，才有可能实现系统的最佳功能。

第五，通过结构性思维，人们在科学研究和工程设计中，能够认识无法直接进行变革的事物，改造旧结构，创造具有新结构的事物，为人们的实践活动提供科学的管理理论和方法。

5. 信息性思维

信息、物质和能量是构成客观世界的三大要素，香农认为："信息是用来消除随机不确定性的东西。"任何系统都包含大量的信息，通过从系统中获得的信息，我们可以了解到系统的状态、构成要素、结构、功能等一系列内容。信息性思维就是主体通过对信息含义的把握来理解系统的内容及其动态过程和机制的思维。

信息性思维的要点有：

第一，信息性思维的基本前提是准确理解信息的含义。通过从系统中获得的信息，主体才能认识和了解系统，这些信息反映了系统的性质、要素、结构、功能等全部内容，可以说，信息是人们打开系统的秘密大门的钥匙。但由于主体的认知水平存在历史局限性，不同主体掌握的技术手段也有差异，对获得的信息能否准确理解存在不确定性，对信息的理解程度也存在差异。因此，为了更好地了解系统，必须深入和正确地理解获取到的信息。

第二，信息性思维的核心内容是通过信息理解系统演化的内在机制。信息不仅以系统为载体，而且在系统演进中发挥着积极作用。信息等于负熵，负熵是控制和组织系统载体定向进化变异的基因，是系统活力之源，具体地说，信息是一切系统自组织和自我秩序的源泉，是一切生物保存自身及其发展的源泉，是一切生命系统自我复制和进行传承的源泉，是一切自动系统照常控制的源泉。只有把信息作为系统演化的内在机制来理解，才能在理性的层面上把握系统的目的性及趋向目标演进的必然性。

第三，自为系统信息及其应用产生了巨大的社会效应，这是信息性思维的突出功能。主体不可能完全理解系统的全部信息。按照是否为主体所理解，将系统信息分为两类——主体掌握并理解的信息称为自为系统信息；不为主体掌握的客观信息称为自在系统信息。自为系统信息是将客观的系统信息转化为主体对系统相关内容的认识，形成包括信息科学在内的关于系统文化形态的知识。20 世纪末以来，以互联网、移动通信等为代表的信息技术获得了飞速发展，这种飞速发展的基础就是自为系统信息的广泛应用 [16]。

6. 控制性思维

20 世纪 40 年代末以来，系统论、信息论和控制论被提出和完善，系统论提出了系统的概念并揭示了系统的一般规律，控制论研究系统演变过程中的规律性，信息论则主要研究控制的实现过程，这三大理论推动了人们对系统的研究从静态研究转向动态控制，由此产生了现代科学的控制性思维。控制性思维是主体通过信息反馈对系统客体进行动态控制的思维方式，由于客观世界中有大量的控制系统，有必要建立控制性思维。任何系统都不是孤立存在的，都需要与外部环境进行能量交换，只有适应外部环境变化的系统才有可能处于最佳运行状态，在外部环境不确定的影响下，为了实现或保持系统与环境的相对统一，就必须加强对系统的内部控制和调控。

所谓控制，就人为系统而言，主要是指主体按照既定的目的，通过信息反馈实现最优调控，使系统沿着给定的方向运行在最佳状态，从而达到预期目的的活动 [20]。要实现最优调控，关键环节是采取有效的信息反馈。反馈是指将系统的输出返回到输入端并以某种方式改变输入，进而影响系统功能的过程。通过信息反馈，动态运行系统的"真实状态"可以不断地与"理想状态"进行比较，并通过持续的调控来修正或减少它们之间的偏差，从而实现系统控制的最优化。

根据反馈的不同性质，反馈分为正反馈和负反馈。正反馈是破坏系统原有均衡，实现系统变化的反馈。一旦系统变化太大，负反馈就会起到抑制作用。负反馈是指实现或使目标恢复到原始状态的反馈，负反馈使系统稳定。正、负反馈相辅相成、相得益彰，共同实现系统的动态控制。任何开放的系统，为了适应环境的一切偶然变化，都必须不断接受外部环境的新信息，并通过正负反馈保持自身发展过程的优化。

7. 协调性思维

在系统中有内部协调。协调是系统整体与要素、层次与层次、结构与功能、要素与要素、系统与环境之间的和谐统一 [22]。协调性思维是主体对系统客体协调的认识，是系统客体有效协调的思维原则和方法。

协调性思维的内容主要包括：

第一，协调是普遍的，所有的系统都包含协调。具体而言，宇宙系统的协调不仅体现在自然、社会、思维三大领域的协调，也体现在各个领域及其所包含的系统的内部协调；每个系统的协调程度反映了要素与要素、层次与层次、结构与功能、要素与系统、系统与环境之间的协调状况 [22]。

第二，协调是基于差异、矛盾和冲突的。协调与不协调相辅相成，能消除不和谐的结果。协调导致有序，协调是通过系统内部的矛盾和适当的斗争实现的。

第三，有意识地协调相关系统。系统发展的过程就是协调的过程。协调性与系统的有序度、稳态和非稳态是内在一致的，它是系统保持相对稳定的内在机制，是系统从无序向有序演进的内在机制，协调对系统的生存和发展至关重要 [26]。因此，我们应该自觉协调人类生存和发展的相关系统。一方面，要及时打破对人类生存和发展已经失去意义的旧系统，建立人类需要的新的协调的系统；另一方面，要积极改进和调整系统中失调的层次和要素，使之成为功能最佳的全面协调的动态平衡系统 [27]。

第四，系统协调的主要内容和表现是矛盾协调。客观规律是通过差异事物之间的相互作用及其过程展示出来，并在这一过程中呈现出和谐与稳定，或是矛盾对立和冲突 [28]。矛盾协调不是指调和矛盾，而主要是指矛盾双方、诸矛盾间构成和谐的动态矛盾整体。其基本特征是矛盾双方及诸矛盾之间处于动态平衡状态，内耗和对立面减少到最低程度 [20]。

2.2.2　系统思维方法的案例

阿波罗计划是美国从 1961 年到 1972 年组织的一系列载人登月飞行任务，目的是实现载人登月飞行和月球实地考察，为载人行星飞行和探测做好技术准备 [29]。

阿波罗计划是 NASA 成立后执行的规模最大的月球探测计划，它的成功实施对人类科学技术和管理的发展产生了极其重要的影响[30]。

阿波罗计划的庞大研究项目是由 NASA 制定、组织和实施的。为了统一发展计划的管理，成立了一个系统办公室，约瑟夫·谢伊博士担任第一任主任，负责收集、汇总和做出所有相关方案的决定。指挥部设立了空间科学、应用、先进研究与技术、载人航天飞行四个规划室。

该项目组织了 42 万名科学家、工程师和其他技术人员，以及约 60 万名管理人员和工人，12000 多家科研和生产机构参与其中。登月计划包括飞行系统、土星 C-S 航天运载火箭及推进系统、燃料系统、发射系统、轨道控制系统、通信跟踪系统、航天医疗系统等。涉及的技术非常复杂，有 200 多万个零部件。要圆满完成登月计划，要求各部件可靠、正常运行。例如，三种飞行方案：①直航，使用新型运载火箭；②地球轨道交会，分别使用土星运载火箭发射载人航天器和液氧储存罐；③月球轨道交会，利用土星运载火箭用于发射载人航天器和登月舱[31]。这三种方案各有优缺点。经过深入细致的分析和权衡，从制导精度、通信和跟踪要求、研制难度、飞行安全概率、对整个计划的影响、费用、发展潜力等方面对三种方案的性能进行了比较，最后选择了第三种方案[31]。

对于阿波罗计划这样庞大的现代化管理体系，通常采取的决策方法是集体研究、集体攻关，但同时也注意发挥个别科技人员的主观能动性。例如，月球轨道交会计划是霍巴特博士在 1960 年提出的，他进行了一系列的分析和论证，最终获得了 NASA 的支持。

阿波罗计划中的许多具体工作都是由承包商完成的。为了适应承包分散的组织形式，聘请了一批管理人员、科学家和工程师，对承包人的工作进行监督；自上而下，建立了计划主任专管制，定期召开计划主任会议。上下互派专职工程代表及时会商情况，贯彻落实计划管理法，赋予主任相应权限，如制定计划、实施检查计划进度、部署生产部门和工作人员技术力量等，定期检查、严格把关，充分排查影响进度的潜在因素[31]。发布项目进度报告，并相互沟通，确保计划按时完成。

2.2.3 小结

系统思维对于各类装备的各方面试验都是至关重要的。我们要通过学习科学方法论，通过积累实战案例，通过厚积相关装备的科学理论、技术发明和工程创新的知识，从更长的时间、更多的维度、更细的粒度、更广的范围、更大的格局，在不断的学习和实践中改进和完善。

2.3 最大风险最小化

2.3.1 风险管理的内容和程序

风险是指系统造成失败的可能性以及这种失败造成的损失或后果。风险具有以下特点：①风险的客观性和普遍性。风险作为损失发生的不确定性，是一种不以人的意志为转移的客观现实，只能降低风险发生的概率和风险造成的损失，但不能完全消除风险[32]；②风险的影响往往不是局部的，不是某一段时间的，也不是某一方面的，而是整体的；③不同的主体承担相同风险的能力不同；④装备试验风险变化复杂。装备试验的设计与实施涉及多方面因素，既有确定因素，也有随机因素、模糊因素和未确知因素。风险的性质和后果很可能在装备试验中发生变化。

风险管理就是对装备试验活动中涉及的风险进行识别、评估和制定相应的对策，以避免或减少风险事件造成的实际效益与预期效益之间的偏离，使之成本降到最低，从而实现装备试验的总体目标[33]。风险管理包括风险度量、评估和应急策略。理想的风险管理是一系列按优先顺序排列的流程，在这些流程中，那些可能造成最大损失和最有可能发生的事件被优先考虑，而风险相对较低的那些被推迟。

风险管理的过程通常包括：风险识别、风险评估与分析、风险对策的制定、风险处置和风险监控等。

1. 风险识别

风险识别是对各种风险因素和可能发生的风险事件进行分析，是风险管理的第一步。风险识别应回答以下问题：试验中潜在的风险因素有哪些，这些因素会造成什么风险。这些风险的后果是什么？如果不能正确评估风险，如缩小或夸大风险的范围，就会造成不必要的损失。常见的风险识别方法有：专家调查法、故障树分析 (分解法)、情景分析法等[35]。

2. 风险评估与分析

风险评估和分析是衡量风险对项目实现既定目标的影响及其程度。常用的方法有：专家评分法、蒙特卡罗模拟法、决策树法、影响图法、随机网络法、模糊分析法等[33]。

3. 风险对策的制定

在风险识别和评估完成后，应根据具体情况采取对策，以减少损失，增加收益。一般来说，风险管理技术分为两大类：控制性技术和财务技术[36]。

控制性技术的主要作用是避免、消除和降低风险事故的机会,并限制已经发生的损失的继续扩大,包括风险规避和损失控制[37]。在装备试验中,风险是不可避免的,但对于风险最大的,也就是风险发生的概率很高,造成的损失很大,必须尽量避免。损失控制包括预防措施和降低风险的方法,损失控制是一种积极的方法,但其局限性是可能在技术上难以实现,或在技术上可行但不经济[36]。

财务技术包括风险转移和风险自留,在工程项目中得到了广泛的应用。风险转移是指以各种方式转移风险,主要手段是保险转移——将不太可能发生但损失难以承担的风险转移给保险人。风险自留是工程事故损失后自行承担经济后果的一种方式。

防控风险的方法和策略很多,但必须根据装备试验的具体情况正确选择和使用,才能取得更好的效果。

4. 风险处置和风险监控

正确的决策之后,具体的实施是非常重要的。在实施过程中,要对实施情况进行监测,及时反馈,必要时调整风险管理对策,最后,应及时评估实施的效果和差异[38]。

2.3.2 最大风险最小化的案例

1944 年英美联军在诺曼底的登陆战,是人类战争史上最有影响力的登陆战役之一。联军的登陆作战具有很大风险;在登陆点选择上诺曼底是风险最小的 (登陆地点)。

1941 年 6 月德国进攻苏联后,苏德战场成为抗击德国的主要的战场。1943 年 5 月的英、美华盛顿会议,决定于 1944 年 5 月在欧洲大陆实施登陆,开辟西欧战场。

联军在拟定登陆作战计划时认为,登陆地点的选择必须综合航渡距离、附近是否有大的港口、从英国机场起飞飞机的作战半径等各方面因素进行考虑。经过反复衡量,初步确定了三个备选点:加来地区、诺曼底的塞纳湾地区和靠近塞纳湾的康坦丁半岛。

康坦丁半岛地形狭窄,不利于登陆队伍向纵深发展,又有德军重兵驻守,因而首先被否决了。加来地区虽有明显的地理优势,也便于迅速向法国首都巴黎和德国的鲁尔工业区进攻;但此处距离英军港口较远,缺少内陆通道,且德军布有强大的防御工事,如果在此登陆,会造成较大的伤亡。诺曼底地区有综合优势。从地理上来看,有宽阔的海滩登陆场,可容 26 至 30 个师的兵力同时登陆,且距英军主要港口较加来近。从德军的防守力量看,此地相对薄弱;同时便于掩护,只要将塞纳河和卢瓦尔河上的桥梁炸毁,就可切断德军的增援。综上因素并结合气象条件考虑,联军最终将登陆地点选在了诺曼底。后续的事实证明,在三个可能的登陆点中,诺曼底的风险是最小的。

诺曼底登陆战役的胜利,成功开辟了欧洲第二战场,德军由此陷入英美联军和苏军的两面夹击之中。这一局面加速了德、意法西斯的失败,对加快结束第二次世界大战起了重要的作用 [39,40]。

2.3.3　小结

最大风险最小化方法,对于作战任务规划和装备试验都有现实的指导意义。知己知彼,百战不殆,体现了最大风险最小化的思想,对敌的战略意图、作战装备、敌我双方的优势短板都清楚、都有应对策略,才能取得胜利。最大风险最小化方法,也可以与冯·诺依曼对策矩阵联系起来,建立数学模型。

2.4　抓 大 放 小

2.4.1　矛盾的主要方面和次要方面

抓大放小,既是一种管理理念,也是一种管理方式,意思是抓住主要矛盾和矛盾的主要方面,搞好宏观控制,对次要矛盾和矛盾的次要方面进行微观调节 [41]。

矛盾是指客观事物的内在的、对立统一的性质及其在人们头脑中的正确反映。辩证矛盾是对立统一的关系。世界上所有的事物及其内在要素都包含着两个方面,既相互区别、相互排斥又相互一致、相互关联。辩证矛盾就是关于事物内部和事物之间的对立统一关系的基本哲学范畴。

矛盾是普遍存在的,矛盾的性质及其在事物发展中的地位和作用是客观的。矛盾既不会因为人的主观制造而产生,也不会因为人的主观抹杀而消失。人们不能混淆矛盾的不同性质,更不能颠倒矛盾的主次地位。

矛盾的发展具有不平衡性。它主要表现为以下两种情况:一种是主要矛盾和次要矛盾的不平衡性,另一种是矛盾的主要方面和次要方面的不平衡性 [42]。

第一,主要矛盾和次要矛盾。主要矛盾是指在许多复杂的矛盾系统中占据主导地位、起主导作用的矛盾,它的存在和发展调节或影响着其他矛盾的存在和发展,对事物的发展起着决定性的作用,处于服从地位上的其他矛盾是次要矛盾 [42]。主要矛盾和次要矛盾是相辅相成的,相互依存,相互制约。主要矛盾界定和制约次要矛盾,次要矛盾也影响和反作用于主要矛盾。主要矛盾和次要矛盾的区别不是一成不变的,两者在一定条件下是可以相互转化的。因此,必须正确处理主要矛盾和次要矛盾的辩证关系。在把握主要矛盾时,不能忽视次要矛盾，也要注意主要矛盾和次要矛盾的相互转化，及时抓住机遇，转移工作重点。

第二，矛盾的主要方面和次要方面。不仅不同矛盾之间的地位不平衡，而且同一矛盾中双方的力量也不平衡，在矛盾双方之间起主导作用和占主导地位的是矛盾的主要方面，其他则为矛盾的次要方面，事物的性质主要是由矛盾的主要方面决定的[42]。矛盾的主要方面和次要方面既相互制约，又相互作用，共同发展，主要方面支配着次要方面，但同时，主要方面也会受到次要方面的反作用。另外，矛盾的主次方面不是一成不变的，随着客观条件的变化，矛盾的主次方面在一定条件下会相互转化，这一过程也会导致事物的性质发生变化。在实际工作中，成功的关键在于把握事物的本质和主流，但并不意味着非本质、非主流的问题不重要，一旦量变引起质变，即非本质的问题逐渐累积至一定程度，就可能对成败产生决定性影响。

主要矛盾与次要矛盾、矛盾主次方面的关系原则，要求我们在实际工作中坚持"重点论"和"两点论"的统一。重点论是，在处理和解决矛盾时，必须区分主要矛盾和次要矛盾，抓住主要矛盾或矛盾的主要方面，不能把矛盾的两面性等同起来，更不能把主要矛盾和次要矛盾颠倒过来，否则就会犯"均衡论"的错误。两点论是，既要看到主要矛盾和矛盾的主要方面，也要看到次要矛盾和矛盾的次要方面，不能只顾一方面而忽视了另一方面，否则就会犯"一点论"的错误[43]。重点论和两点论是相互包含辩证统一的。坚持重点论和两点论的统一，就是看问题、办事情既要抓重点，又要兼顾全面[42]。

毛主席在《矛盾论》中对主要的矛盾和主要的矛盾方面做了深刻阐述，提出了以下观点："在复杂的事物的发展过程中，有许多的矛盾存在，其中必有一种是主要的矛盾，由于它的存在和发展，规定或影响着其他矛盾的存在和发展。"[44]

《矛盾论》中提到："由此可知，任何过程如果有多数矛盾存在的话，其中必定有一种是主要的，起着领导的、决定的作用，其他则处于次要和服从的地位。因此，研究任何过程，如果是存在着两个以上矛盾的复杂过程的话，就要用全力找出它的主要矛盾。捉住了这个主要矛盾，一切问题就迎刃而解了。"[44]

毛主席进一步指出："不能把过程中所有的矛盾平均看待，必须把它们区别为主要的和次要的两类，着重于捉住主要的矛盾，已如上述。但是在各种矛盾之中，不论是主要的或次要的，矛盾着的两个方面，又是否可以平均看待呢？也是不可以的。无论什么矛盾，矛盾的诸方面，其发展是不平衡的。有时候似乎势均力敌，然而这只是暂时的和相对的情形，基本的形态则是不平衡。矛盾着的两方面中，必有一方面是主要的，其他方面是次要的。其主要的方面，即所谓矛盾起主导作用的方面。事物的性质，主要是由取得支配地位的矛盾的主要方面所规定的。"[44]

"在研究矛盾特殊性的问题中,如果不研究过程中主要的矛盾和非主要的矛盾以及矛盾之主要的方面和非主要的方面这两种情形,也就是说不研究这两种矛盾情况的差别性,那就将陷入抽象的研究,不能具体地懂得矛盾的情况,因而也就不能找出解决矛盾的正确的方法。这两种矛盾情况的差别性或特殊性,都是矛盾力量的不平衡性。世界上没有绝对地平衡发展的东西,我们必须反对平衡论,或均衡论。"[44]

《矛盾论》中提到的观点同样适用于装备试验,由于每次试验的目标都是明确的,只要能把握主要矛盾,抓大放小,就能以最小的代价获得最大的收益。

2.4.2　抓大放小的案例

1948 年 6 月,我军及时抓住决战机遇,组织了辽沈、淮海、平津三大战役。首先组织辽沈战役 [46]。

1947 年 5 月至 1948 年 3 月,我军在东北战场连续发动夏秋冬三场攻势。敌军约 50 万的兵力被分割在长春、沈阳、锦州三个互不相连的地区 [47]。锦州只靠辽西走廊的狭长地带与关内保持联系。

为了将敌就地歼灭,中央军委做出了先打锦州的决定。之所以作出这一决定,是因为北宁铁路是连接国民党军东北战略集团和华北战略集团的大动脉,而锦州是北宁线的咽喉,攻占锦州就能从中间把东北的国民党军分隔开来,关上了东北的大门,形成了"关门打狗""瓮中捉鳖"之势。

蒋介石深感形势严峻,从海路把国民党华北战略集团的第六十二军三个师、第九十二军一个师、独立第九十五师调至葫芦岛。他命令烟台第三十九军两个师赴葫芦岛 (未赶到),外加驻锦西的第五十四军四个师,共 11 个师组成援救锦州的"东进兵团"。蒋介石还命令海空军配合"东进兵团",巡洋舰"重庆"号于 10 月 12 日驶入连山湾。在沈阳方面,国民党军由新三军、新一军、新六军、第七十一军、第四十九军等组成援救锦州的"西进兵团",试图形成解决锦州围困的"东西对进"之势。

按照"攻锦打援"的战略部署,我军在锦西县北的虹螺山、白台山、塔山、打鱼山岛、西海口、高桥一线,由第四纵队、第十一纵队和冀热辽军区设置防线,以阻止国民党"东进兵团"援锦;在彰武、新立屯、黑山等地,则由第十纵队和第五纵队、第六纵队主力等设置防线,阻击来自沈阳方向的"西进兵团"[49]。

1948 年,东北野战军第四纵队参加了攻占锦州的战斗,并于 9 月 16 日包围了易县的敌人,随后,第四纵队昼夜奔赴到达锦西以南,夺取了月亮山、砬子山高地。9 月 27 日,第四纵队第十师完成了对兴城的包围,29 日早晨,仅用了两个小时就攻占了兴城,歼灭了守敌。就这样,第四纵队与兄弟部队一起,切断了北宁铁路,使锦西、锦州之敌陷于孤立境地。

在此期间，东北野战军第二纵队、第三纵队、第七纵队、第八纵队、第九纵队等，正加紧完成对锦州的包围。

10 月 4 日，第四纵队在第二军团司令员程子华的直接指挥下，在第十一纵队和冀热辽军区 2 个独立师配合下，受领了在塔山地区阻击敌人的任务 [49]。

10 月 10 日，塔山阻击战打响。坚守整整 6 个昼夜后，我军主力攻克锦州。锦州战役的胜利，为实现中央军委关于辽沈战役作战方针奠定了基础。

锦州战役是辽沈战役的关键一战，因为只有攻克锦州，切断东北与华北联系，才能将东北国民党军全部封闭，就地歼灭。

2.4.3 小结

每次的装备试验设计，都要应用到抓大放小的方法，例如：装备的主要性能、效能，新的性能、效能，就是装备试验中的大，已经成熟的技术和子系统，就是装备试验中的小。抓大放小也要与时俱进，大小是一个相对的概念，是一个变化的概念。

2.5 钱学森综合集成研讨厅

钱学森 (1911—2009)，应用力学学家、系统科学家，工程控制论创始人之一，中国科学院学部委员 (院士)、中国工程院院士，"两弹一星" 功勋奖章获得者。

2.5.1 开放的复杂巨系统及其研究方法

系统科学以系统为研究对象，系统在自然界和人类社会中普遍存在，比如太阳系是系统，人体是系统，家庭是系统，工厂企业是系统，国家也是系统 [53]。客观世界有各种各样的具体系统。按照不同的划分标准，系统可以分为不同的类型。例如，自然系统和人造系统的区别在于系统的形成和功能有无人的参与；开放系统和封闭系统的区别在于系统与其环境之间

钱学森

有无物质、能量和信息的交换；动态系统和静态系统的区别在于系统状态是否随时间变化。

根据组成系统的子系统的数量和它们之间关系的复杂程度，系统可以分为两类：简单系统和巨系统 [53]。简单系统意味着组成系统的子系统数量相对较少，它们之间的关系自然也相对简单。如果子系统的数量比较大 (比如几十个、几百个)。无论是小系统还是大系统，对这种简单系统的研究都可以从各子系统

之间的相互作用直接融入整个系统的运动功能中。这可以说是一种直接的方法，没有一波三折，顶多是在处理大系统的时候，借助大型机，或者超级计算机。

如果子系统的数量很大，比如几百亿、几万亿，这就是巨系统。如果巨系统中没有太多种类的子系统，而且它们之间的关系比较简单，就称为简单巨系统。我们不能使用研究简单小系统和大系统的方法来研究这样的系统。人们想到 20 世纪初统计力学的伟大成就，省略了由数亿分子组成的巨型系统的功能细节，用统计方法进行处理这是非常成功的。这要归功于普里戈金和哈肯的贡献，它们分别被称为耗散结构理论和协同学。

如果子系统种类繁多，具有层次结构，且它们之间的关联关系非常复杂，则这样的系统就是一个复杂的巨系统，如果这个系统是开放的，则被称为一个开放的复杂巨系统，例如：人脑系统、生态系统、社会系统等 [54]。这些系统在结构、功能、行为和演化上都是如此复杂，以至于今天，仍然有大量我们不清楚的问题。例如，人脑系统的输入输出响应特性是非常复杂的，因为它具有记忆、思维和推理功能以及意识。人脑可以通过使用记忆和推理以及输入的信息和当时的环境作用来做出各种复杂的反应。从时间上看，这种反应可以是实时反应，也可以是延迟反应，甚至是超前反应；从反应的类型来看，可能是真反应，也可能是假反应，甚至是无反应。因此，人的行为绝不是一个简单的"条件反射"，它的输入输出特征随着时间而变化。事实上，人脑约有 10^{12} 个神经元和同样多的神经胶质细胞，它们之间的相互作用极为复杂，所以美国 IBM 研究院的 E. 克莱门蒂曾说过，人脑像是由 10^{12} 台每秒运算 10 亿次的巨型计算机并联而成的大计算网络！

再上一个层次是以人为主体的系统，这类系统的子系统还包括人类制造的具有智能行为的各种机器。对于这样的系统，"开放"和"复杂"具有新的和更广泛的含义。在这里，开放是指系统与外部世界之间的能量、信息或物质的交换，具体地说：①系统和系统中的各子系统分别与外界交换各种信息；②系统中的各子系统通过学习获取知识。由于人类意识的作用，各子系统之间的关系不仅复杂，而且随着时间和情境的变化具有很大的易变性 [54]。人本身就是一个复杂的巨系统，现在又把这个复杂巨系统作为大量的子系统，形成一个巨系统——社会 [55]。人们要认识客观世界，不仅要靠实践，更要利用人类过去创造的精神财富。知识的掌握和运用是一个非常突出的问题。人们创造了巨大的高性能计算机，并致力于开发具有智能行为的机器，人和这些机器作为系统中的子系统相互协作、和谐工作，这是迄今为止最复杂的系统 [55]。在这里，不仅用子系统的数量来表征系统的复杂性，而且知识也起着非常重要的作用。这类系统的复杂性可以概括为 [53]：①系统的各个子系统之间可以有多种联系方式；②有很多种子系统，每种子系统都有自己的定性模型；③每个子系统中的知识表达是不同的,获取知识的方式多种多样;④系统的子系统结构会随着系统的演化而变化,所以系统的结构也是不断变化的。我们称上述系统为开放的特殊复杂巨系统,即社会系统。

这种对系统的分类清楚地描述了系统的复杂程度,对系统科学的理论和应用研究具有重要意义。这一点也可以从最近对社会系统的研究中看出。对人这个复杂巨系统的研究,可以看作是对社会系统的微观研究。在对社会系统的宏观研究中,有三种社会形态,即经济的社会形态、政治的社会形态和意识的社会形态[56]。社会系统可以分为三个组成部分,即社会经济系统、社会政治系统和社会意识系统。按照系统工程的定义,社会经济系统组织管理的技术是经济系统工程,社会政治系统组织管理的技术是政治系统工程技术,社会意识系统组织管理的技术是意识系统工程[53]。社会系统工程是使这三个子系统之间、社会系统与环境之间协调发展的组织管理技术。

从上面列举的开放的复杂巨系统的例子可以看出,它们涉及自然科学和社会科学的许多理论,所以这是一个非常广阔的研究领域。另外,这些领域的理论最初分布在不同的学科甚至不同的科技部门,而且都有着悠久的历史,都或多或少地用各自的语言涉及开放的复杂巨系统的思想,但今天可以用开放的复杂巨系统的理论来概括,而且更清晰、更深刻[57]。这个事实启发我们,开放的复杂巨系统概念的提出及其理论研究,不仅必将推动这些不同学科理论的发展,而且还为这些理论的沟通开辟了新的令人鼓舞的前景[53]。

目前,开放的复杂巨系统还没有形成从微观到宏观的理论,也没有从子系统相互作用出发而构建的统计力学理论。实践证明,目前只有定性与定量相结合的综合集成方法,才能有效地处理开放的复杂巨系统。这种方法是在以下三个复杂巨系统的研究实践的基础上进行抽象、总结和概括的。[57]

(1) 在社会系统中,由几百个或上千个变量所描述的定性定量相结合的系统工程技术,对社会经济系统的研究和应用;

(2) 在人体系统中,把生理学、心理学、西医学、中医和传统医学以及气功、人体特异功能等综合起来的研究;

(3) 在地理系统中,用生态系统和环境保护以及区域规划等综合探讨地理科学的工作。

在这些研究和应用中,经验性假设 (判断或猜想) 通常是由科学理论、经验知识和专家判断相结合提出的,但这些经验假设不能用严格的科学方法来证明,这些假设通常是一种定性的理解,但其真实性可以通过数十、数百和数千个参数的模型以及经验性数据和材料来检验。而这些模型也必须建立在经验和对系统的实际认识的基础上,通过定量计算,通过反复比较,最终形成结论,这样的结论是我们在现阶段对客观事物的认识所能得出的最好结论,正在从定性认

识上升到定量认识 [58]。

由此可见,定性与定量相结合的综合集成方法,本质上是将专家群体、数据和各种信息与计算机技术有机结合,将各学科的科学理论与人类经验知识相结合 [59-61]。这三者也构成了一个系统。这个方法的成功应用,就在于发挥这个系统的整体优势和综合优势。

2.5.2　综合集成研讨厅的案例

案例一　长江三峡水利枢纽工程

三峡水电站,也被称为三峡工程,不仅是世界上规模最大的水电站,也是中国有史以来最大型的工程项目。三峡水电站于 1992 年经全国人民代表大会批准建设,1994 年正式动工建设,2003 年 6 月 1 日下午开始蓄水发电,2009 年竣工。

三峡工程采用"一次开发、一次建成、分期蓄水、连续移民"的建设模式。此次水库淹没涉及湖北省、重庆市 20 个区县、270 多个乡镇、1500 多家企业、3400 多万平方米房屋 [62]。1993 年至 2005 年移民工程开展时,每年平均移民约 10 万人,共有 110 多万移民告别家乡 [63]。

大坝坝体可抵御万年一遇的特大洪水,最大下泄流量可达每秒钟 10 万立方米。截至 2021 年 12 月 31 日 24 时,三峡水电站 2021 年累计发电量 1036.49 亿千瓦时,再次突破千亿千瓦时大关,相当于节约标准煤 3175.8 万吨,减排二氧化碳 8685.8 万吨、二氧化硫 19400 吨、氮氧化物 20200 吨,为国家"稳增长、调结构、惠民生"注入了强大动力 [64]。

三峡工程的成功离不开决策的科学和民主。在三峡工程建设过程中,除了来自长江水利委员会的数千名专业人员外,来自高校、科研院所、装备制造部门等行业的一大批国内专家学者也参与了该项目的研究工作,并组织了全国范围的专家论证和研讨,还有来自美国、苏联、日本、德国等国家的同行,也采取了各种方式,不同程度地参与了三峡科研工作。

20 世纪 80 年代以来,三峡工程多次论证。1983 年,长江水利委员会在多年勘察、设计、规划和科学研究的基础上,提出了三峡水库 150 米水位设计方案可行性研究报告,原国家计划委员会组织了 350 多名专家对报告进行审查,虽然原则上同意报告,但对水库水位存在很大争议 [65]。

1984 年,国务院指示原国家计划委员会进一步论证。1986 年 6 月,中共中央、国务院印发《关于长江三峡工程论证工作有关问题的通知》,指示原水利电力部在广泛征求意见、深入研究论证的基础上,组织各方面专家参加,重新提交可行性研究报告 [66]。1989 年 9 月,三峡工程论证领导小组向国务院报告了重新编制的长江三峡工程可行性研究报告。1992 年 4 月 3 日,第七届全国人民代表大会第五次会议表决了关于长江三峡工程建设的决议，通过了兴建三峡工程的决议[67]。

三峡工程是经过数万名中外工程师反复研究论证后作出的决定。有人将其概括为 70 年设想，50 年勘探，30 年争论。三峡工程是科学民主决策的典范，彰显了慎重务实的科学态度[68]。

案例二 中国载人航天发展战略

载人航天发展战略涉及政治、经济、军事、社会、科技等多个方面，具有很强的社会科学属性和自然科学属性。载人航天发展战略也是一个涉及多层次（发展战略、目标体系、技术途径）、多学科、多部门的战略性、宏观性、综合性的复杂巨系统[69]。为此，研究人员通过运用钱学森院士提出的"定性与定量相结合的综合集成方法"得出了科学的结论。

按照定性与定量相结合的综合集成方法，研究过程分为以下几个步骤：

1. 总体设计

依据命题将诸多方面涉及的各种约束条件以及内在联系（界面关系）进行总体分析，提出总体框架，并将其分解成多个独立的分系统专题[70]，包括：

- 为什么要发展载人航天；
- 各国发展载人航天的技术途径；
- 我国发展载人航天的技术基础；
- 我国的经济发展与投资强度；
- 我国载人航天的任务目标；
- 载人航天与政治、经济、科学技术和社会发展的关系；
- 载人航天发展战略要素及其约束条件；
- 载人航天技术发展战略、目标体系、技术途径；
- 我国载人航天的总体发展蓝图。

2. 专题研究

对总体框架所确立的每一个专题从局部进行研究，通过纵向的具体分析，以得出的结论作为整个命题综合分析的基础。

不同的专题涉及不同的领域，采用不同的研究方法。例如，关于"为什么要发展载人航天"，中外对载人航天的不同理解和争论的焦点在于对载人航天的意义和技术途径的理解。因此，研究人员综合分析了各国的决策方式，比较了他们采用的各种技术方案，找出了载人航天与政治、经济、军事、科技和社会的关系，以及各国选择载人航天计划的起点。

3. 综合集成

在专题研究的基础上，着重从相互关系进行综合、优化，经综合集成，得出满足任务目标要求和全部约束条件的符合中国国情的正确结论，为领导提供决策咨询建议。

综合集成，主要有三个方面：

- 总体—局部—总体；
- 宏观—微观—宏观；
- 实际—理论—实际。

开展"中国载人航天发展战略"研究，首先要从我国社会主义建设的全局中找准载人航天发展的定位，然后再研究载人航天规划；从宏观社会环境研究载人航天的必要性；从微观研究载人航天的可能性，得出我国载人航天是否应该开展的结论；分析研究中国的实际情况 (投资规模、技术基础、发展周期、人才结构等)，通过对各种可能的技术途径进行理论分析，找出符合中国国情的载人航天发展道路 [69]。

2.5.3   小结

钱学森综合集成研讨厅方法，对我国各类重大工程做出了许多可圈可点的贡献，在不断应用中得到了多方面的发展和完善。在装备试验中，我们要注意几点：一是不仅要学习钱学森综合集成研讨厅的原创理论，而且要学习同行业专家在原创理论上的新发展；二是要把这个方法与其他社会科学方法、自然科学方法、工程科学方法紧密结合，使得总体设计、专题研究、综合集成三方面工作更加专业、更加系统、更加深入。

2.6   WSR 方法

顾基发 (1935—)，著名运筹学和系统工程专家，"物理–事理–人理"复杂系统方法论创建人。中国运筹学和系统工程理论研究的早期开拓者之一，率先提出优序法和虚拟目标法。20 世纪 60 年代，首次将运筹学应用于导弹突防概率的论证和计算。70 年代初，他致力于最优化方法的推广和应用；70 年代末，他与钱学森、许国志等共同开创了中国系统工程的研究和应用。在他的培养下，一大批运筹学和系统工程领域的人才获得了成长。顾基发为中国运筹学和系统工程事业的发展作出了重大贡献。

2.6.1   WSR 系统方法论的提出

人们在各种实践活动中都遵循一定的规律和规则。"物理"、"事理"和"人理"这三个名词经常用来表示适用于不同对象或不同领域的规律或规则 [71]。国内系统工程界对这些术语的讨论和应用始于 20 世纪 70 年代末。1978 年,钱学森、许国志、王寿云在《文汇报》发表了《组织管理的技术——系统工程》一文,指出"相当于处理物质运动的物理,运筹学也可以叫作'事理'"。1980 年,许国志先生专门撰写了《论事理》一文,宋健撰写了《事理系统工程和数据库技术》。1979 年,钱学森先生给美国著名的系统工程专家李耀滋先生写信,李耀滋先生回答说,他同意"物理"和"事理"的提出,并建议增加"人理"[72],遗憾的是,当时国内系统工程界并没有把"人理"提到应有的高度。

20 世纪 80 年代中期,顾基发在中共中央办公厅干部班讲授系统工程时,发现领导干部的"人理"固然有其长处,但有时又缺乏自然科学和管理科学的知识,因此,他把"物理"、"事理"和"人理"放在一起,提出一个好的领导干部应该"懂物理、明事理、通人理"[71]。然而,对许多专家来说,一些专家很擅长"物理"(自然科学),一些系统工程和运筹学的专家非常精通"事理"(管理科学),但让他们与各种各样的人打交道却很难,他们不大懂得做,都是有各方利益冲突的,需要有妥协与折中。一些专家倾向于将一些社会问题简单化或物化,导致出现偏差。因此,只有把"物理"、"事理"和"人理"有机地结合起来,才能解决一些复杂的社会问题,这是物理–事理–人理系统方法论的出发点之一[71]。

1993 年访日期间,顾基发与日本系统研究所所长椹木义一教授共同探讨了合作研究系统方法论。当时,椹木义一正在推广他的西那雅卡系统方法论,国内钱学森的综合集成方法也在进行实证研究。椹木义一提出,双方共同的研究方向可以称为东方系统方法论。

1994 年 10 月,顾基发应英国赫尔大学系统研究中心邀请赴英国开展系统方法论合作研究。在英国的两个月里,他一方面介绍了中国系统科学和系统工程的研究和应用,以及综合集成方法论,另一方面也向他们学习了西方的系统方法论。从而对东西方的系统方法论进行了深入的比较。

经过 20 世纪 80 年代的国际性的系统反思,英美等国出现了一批系统方法论,其特点是缺乏数学模型、强调思维方法、工作过程和人的参与[73-77]。这些对于长期从事科学和工程技术工作的我国学者来说并不容易接受,所以他们觉得需要我们自己的系统方法论。尽管西方欣赏古老的东方系统思想,但他们不会为东方设计一套适合现代东方的系统方法论。顾基发等人在当时比较研究的背景下,结合系统的实践原则,从"懂物理、明事理、通人理"的角度出发,根据系统工程的实践,认真分析了物理、理性、人理三个方面的因素,通过对东西方文化的比较和观察,借鉴了西方系统方法论形成的经验。他与朱志昌和其他一些学者反复讨论和碰撞,最终形成了"物理-事理-人理"系统方法论的概念。在顾基发和朱志昌共同完成的一份英文研究报告中,首次详细阐述了"物理-事理-人理"的系统方法论。后来,又在理论方面进行完善,并且不断地加以实践。

2.6.2　WSR 系统方法论的内容及步骤

在 WSR 系统方法论中,"物理"是指物质运动的机理,它不仅包括狭义的物理,还包括化学、地理、天文学、生物等。自然科学知识通常被用来回答"物"是什么。例如,自由落体的运动可以用万有引力定律来解释,基因密码由 DNA 中的双螺旋携带,核电站的原理是将核反应产生的巨大能量转化为电能[78]。"物理"需要的是真实性和对客观现实的研究。

"事理"指的是做事的道理,主要是解决如何安排事情[79]。运筹学和管理科学的知识通常被用来回答怎么做的问题。典型的例子是美国的阿波罗计划、核电站的建设以及供应链的设计和管理。大学工学院的工业工程、管理学院的管理科学和运筹学都教授用于回答"事理"问题的基本知识[79]。目前,已经有一些专门的事理科学研究。

"人理"是指做人的道理,通常需要用人文社会科学的知识来回答"应该做什么"和"什么是最好的"的问题[78]。处理现实生活中的任何事和物都离不开人去做,判断这些事和物是否合适也必须由人来做,因此系统实践必须充分考虑人的因素。人理的作用可以体现在世界观、文化、信仰等方面,特别是人们在处理一些事和物的利益观和价值观上[80]。在处理认识世界时,可以表现为如何更好地认识事物,学习知识,如何激发人的创造力,调动人的积极性,发展人的智慧。"人理"还表现在它对物理和事理的影响。例如,尽管核电对资源和土地短缺的国家来说可能更经济,但由于人们害怕核事故和辐射,核电站的建设在一些地方会遭到反对、抗议甚至否决,这就是"人理"的作用。

系统实践是物质世界、系统组织和人的动态统一。我们的实践活动应该涵盖这三个方面,即考虑"物理"、"事理"和"人理",以便对被考察对象有一个令人满意的全面假设,或对被考察对象有更深的了解,以便采取适当和可行的对策。课堂教育只传授基本知识,而理解和实践可以形成"新知"或"见地"。真正懂得运用好知识,不断发展新知识的人,才是知者,才能组织和鼓励人们用好自己的知识造福于人,深入实践,积极了解新事物。表 2.1 说明了 WSR 系统方法论的基本内容。

WSR 系统方法论认为,在处理复杂问题时,不仅要考虑对象系统的物理方面,还要考虑如何更好地利用对象系统的事理方面,以及人(人理)与认知问题、处理问题、实施管理和决策密不可分的方面[82]。把这三个方面结合起来,利用人的理性思维的逻辑性和形象思维的全面性、创造性来组织实践活动,以产生最大的效益和效率。

表 2.1　WSR 系统方法论的基本内容 [81]

要素	物理	事理	人理
道理	物质世界、法则、规划的理论	管理和做事的理论	人、纪律、规范的理论
对象	客观物质世界	组织、系统	人、群体、人际关系
着重点	是什么？功能分析	怎样做？逻辑分析	应当怎么做？人文分析
原则	诚实，真理，尽可能正确	协调，有效率，尽可能平滑	人性，有效果，尽可能灵活
需要的知识	自然科学	管理科学，系统科学，运筹学	人文科学，行为科学

一个好的领导者或管理者应该懂物理，明事理，通人理，或者说，应该善于协调使用硬件、软件、人才，才能把领导工作和管理工作做好。也只有这样，系统工程工作者才能把系统工程项目搞好。

需要看到的是，任何社会系统都不仅是由物、事、人组成的，而且是物、事、人之间动态交互的过程。因此，物理、事理和人理是密不可分的，它们共同构成了关于世界的知识，如果某一要素缺失或被忽视，对系统的研究将是不完整的。

WSR 系统方法有一套工作步骤来指导项目的开发。这套步骤大致分为以下六个步骤，有时需要重复，也有一些可以提前进行。

(1) 理解领导意图。这一步体现了东方管理的特点，强调与领导沟通，而不是从一开始就强调个性和民主。这里的领导者是广义的，可以是管理人员、技术决策者或一般用户。大多数情况下，提出任务的总是领导，他的愿望可能是明确的，也可能是相当模糊的。愿望通常是项目的起点，由此推动项目。因此，传达和理解愿望是非常重要的。在这个阶段，可以开展的工作是接受、明确、深化、修改和完善愿望。

(2) 调查分析。这是一个物理分析的过程，任何结论都只能在仔细调查情况后才能得出，而不是在此之前。这一阶段开展的工作是分析可能的资源、制约因素和相关愿望，在专家和广大群众的配合下开展调查分析。

(3) 形成目标。对于一个复杂的问题，领导和系统工程工作者在一开始往往不太清楚这个问题要解决到什么程度。在了解领导意图、调查分析和获取相关信息后，现阶段可能开展的工作是形成目标。这些目标可能不会与领导的初衷完全一致，经过大量分析和进一步考虑后，可能会发生变化。

(4) 建立模型。这里的模型比较笼统，除了数学模型外，还可以是物理模型、概念模型、操作步骤规则等。一般来说，它是在与相关领域的主体讨论和协商进行思考的基础上形成的。在目标形成之后，在这个阶段，可能的工作是设计和选择相应的方法、模型、步骤和规则来分析和处理目标，这就是建模。这一过程主要是物理和事理的运用。

(5) 协调关系。在处理问题时，由于不同的人有不同的知识、不同的立场、不同的兴趣、不同的价值观、不同的认知，往往会对同一个问题、目标、方案有不同的看法和感受，因此，经常需要协调。当然，在整个项目过程中，协调相关主体之间的关系是非常重要的，但在现阶段，这一点更加重要。相关主体应该在协调层面拥有平等的权利，在表达态度方面也应该有平等的发言权，包括做什么、怎么做、谁去做、什么标准、什么秩序等。在这个阶段，普遍会有一些新的关切和问题，可能的工作是相关主体的认知和利益协调。这一步体现了东方方法论的特点，属于人理的范畴。

(6) 提出建议。物理、事理、人理融合后，要提出解决问题的建议，要切实可行，尽可能让相关主体满意，最后让领导从更高的层面综合权衡，来决定是否采用它。在这里，建议也包含实施，这取决于项目的性质和目标设定的程度。

必须看到，有时即使是实施结束也不能算项目完成，还要进行落实后的反馈和检查。当然，这也可以说是进入了一个新的 WSR 循环周期。

在运用 WSR 系统方法论的过程中，需要遵循下列原则：

(1) 在整个项目过程中，除了系统工程人员外，领导和有关的实际工作者都要经常参与，只有这样，才能使系统中的工作人员了解意图，吸取经验，改正错误想法；

(2) 由于问题涉及各种知识、信息，因此经常需要将它们与专家意见进行综合，集各种意见、方案之所长，相互弥补；

(3) 人机结合，以人为主，把人员、信息、计算机、通信手段有机结合起来，充分利用各种现代化工具，提高工作能力和绩效；

(4) 迭代和学习不强调一步到位，而是时时考虑新信息，对极其复杂的问题，还要摸着石头过河；

(5) 尽管物理、事理、人理三要素彼此不可分割，但是不同的道理必须区分对待。

2.6.3 武器装备试验鉴定中 WSR 工作过程

将 WSR 方法用于武器装备试验鉴定其工作图如图 2.1 所示。

(1) 理解领导意图。在试验评估的过程中，需要综合考虑不同部门的意见，这里涉及的部门可能包括工业部门、各军兵种、战区等，不同部门在试验鉴定中关注的侧重点不同，工业部门希望能尽快完成试验，尽快验收；军兵种的领导希望装备能尽快投入使用；战区领导则更多考虑装备的有效性，考虑装备在实战中能取得的效果。

通过理解领导的意图，初步明确了主要任务后，可以边调研边理论联系实际，进行系统分析，以进一步明确具体的技术方案，即进入了形成目标阶段。

(2) 形成目标。例如，围绕抗干扰性能内外场联合测试与评估时缺少一体化测试方案指导的现实需求，开展抗干扰性能边界一体化测试设计方法研究，突破内外场联合测试序贯设计的关键技术，形成抗干扰性能边界一体化测试方案设计规范流程及通用方法，为性能内、外场测试的联合实施提供方案，为抗干扰性能的内外场联合评估提供内外场测试数据，研制性能边界一体化测试设计软件，为典型场景下性能边界评估提供一体化测试设计的工具集。

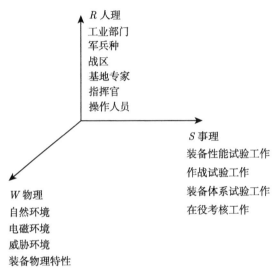

图 2.1 武器装备试验鉴定 WSR 工作图

(3) 调查分析。调查应广泛而深入，调查中除了与各部门领导进行充分沟通外，还应咨询相关技术专家、装备操作人员的意见，该过程需要与各方不断沟通并逐渐加深对任务的理解。

(4) 建立模型。根据调查分析成果，特别是结合用户意见和已获取的数据资料，本阶段重点调整原有设计的一些目标，构造一些策略 (如编制模型)，从而采用真实数据判断这些模型是否可行。这里具体表现为对模型的选择。

初始方案设计：例如，针对电磁环境复杂、测试因子数量和种类众多、因子之间耦合性强的问题，在不包含定性因子的情况下采用空间填充设计初始方案，在包含定性因子的情况下采用分片空间填充设计初始方案，在含有不同类型高低精度测试情况下，采用嵌套空间填充设计初始方案。

数据建模与目标参数统计推断：针对初始方案下得到的测试数据，结合效应机理模型，构建合适的节省参数响应模型，利用回归分析方法对模型目标参数进行统计推断，并检验模型和评估精度，以此为基础判断是否需要进行优化。

基于高低精度的序贯方案设计：在模型和评估精度未满足指标要求的情况下，结合响应曲面设计、正交列复合设计和扩充均匀设计等，通过序贯设计增加测试点，在此基础上进行模型寻优，研究因素与响应之间的潜在规律，建立更为精确的模型，进一步提高模型和评估精度。

(5) 协调关系。本工作贯穿于整个 WSR 工作过程。如在模型的研究中考虑了这样一些关系：学术追求与工程处理之间的关系，功能与模型的关系，用户与建模者之间的关系，等等。在项目研究中，存在一些表面现象，认为协调关系就是协调用户与系统开发者、建模者的关系，即所谓的协调人际关系。有时甚至认为利用上下级的关系就能"摆平"一些困难，让用户接受原本无法接受的方案。实际上，仅仅依靠表面功夫无法真正解决实际的问题，协调关系应包括协调各种软性因素与建模的关系。

2.6.4 小结

WSR 方法，对于装备试验特别有意义。在装备试验的人理方面，我们要更多地考虑人因工程试验，更多考虑缩小幸存者偏差，更多考虑适时应用钱学森综合集成研讨厅。在装备试验的物理方面，我们要更多更细地考虑装备试验的自然环境、电磁环境、威胁环境，这三个环境要尽可能贴近真实战场环境，还要考虑装备的物理特性。在事理方面，应该把服务于研制的、服务于鉴定的、服务于作战的方方面面的装备试验，做到全面、深入、系统，为研制、鉴定、作战提供可靠的模型和数据。

2.7 幸存者偏差

瓦尔德

亚伯拉罕·瓦尔德 (Abraham Wald, 1902—1950)，罗马尼亚裔美国统计学家，主要从事数理统计研究，用数学方法使统计学精确化、严密化，取得了很多重要成果 [83]。

瓦尔德对统计学的贡献是多方面的，其中最重要的成就是 1939 年发展起来的统计决策理论。他提出了一般决策问题，并引入了损失函数、风险函数、极小极大原理和最不利先验分布等重要概念。其次是序贯分析。在第二次世界大战期间，他首次提出了著名的弹药检验的序贯概率比检验方法 (简称 SPRT)，并研究了这种检验法的各种特性，如计算两类错误概率及平均样本量。他和 J. 沃尔弗维茨合作证明了 SPRT 的最优性，被认为是理论统计领域中最深刻的结果之一。他的专著《序贯分析》奠定了序贯分析的基础。

2.7.1 幸存者偏差的基本内容

幸存者偏差理论是指在统计分析的过程中,由于研究对象的样本空间部分缺失,或者只计算了特殊筛选产生的样本,主观上忽略了样本筛选的整个过程,从而造成关键因素的损失,导致研究结果与事实的巨大偏差。

"幸存者偏差"普遍地存在于社会生活的各个方面,领导者在进行决策时尤其应当避免。例如,成功者的主观经验有时会被认为是值得推广的,但我们应该对成功者保持相对中立和客观的态度,并在此基础上科学定位组织,找准发展方向[84]。一次成功,不等于次次成功。不能把"过来人"的经历当成圣经,而是要结合现有的条件、政策、目标等方面作出正确的决策,降低主观认知干扰,起到科学引领与正向导航作用。另外,领导者应当做到科学归因,这是其履行职责、发挥效能的重要前提,应敢于怀疑,具有创新精神,抛弃对惯例的迷信,全面地分析资料,从而有效克服"幸存者偏差"。

在装备试验中为避免幸存者偏差,则应从以下几点进行考虑。

在试验的初始阶段,应重新检查数据样本,并在更广泛的研究范围内使用"全样本"抽样,它可以包含许多"沉默"的数据,如试验中要考虑的各种因素。同时,在装备试验的实施过程中,需要跳出原有研究样本的框架,将更多因素纳入试验,作为补充研究对象。另外,试验方法是多样的,可以考虑各种方法的综合应用,通过定性与定量相结合的方式,既对试验数据进行客观的统计分析,也进行整体的把控,全面地分析试验数据的整体情况。

2.7.2 幸存者偏差的案例

案例一 飞机防护

1941年,美国哥伦比亚大学统计学教授瓦尔德应军方要求,运用自己的统计学知识,就"应如何保护飞机以减少被炮火击落的概率"提供建议。按照此前联军轰炸机遭到攻击后返回营地的数据来看,机翼最有可能被击中,尾部最不容易被击中,因此军事指挥官们普遍认为"应该加强对机翼的保护,因为这是最容易被击中的位置"。但瓦尔德教授在分析数据后发现,之前统计的数据,只涵盖平安返回的轰炸机,这说明被多次击中机翼的轰炸机,似乎还是能够安全返航,或许不是机尾不易被击中,而是因为机尾被击中的飞机早已无法返航。因此瓦尔德教授得出了一个与军事指挥官们相反的结论——应该加强对机尾的保护。军方采纳了瓦尔德教授的建议,后来证明这一决定是正确的,看不见的弹痕才是最致命的。

幸存者偏差是优胜劣汰后自然选择出的一个真理:未幸存者已无法发声。人们只看到某种筛选产生的结果,而没有意识到筛选过程,所以他们忽视了已经被过滤掉的关键信息。

案例二   德军低估了苏军潜力和气候影响 [89]

巴巴罗萨计划是第二次世界大战期间纳粹德国入侵苏联的行动代号。1941年 6 月 22 日凌晨 3 时，德军兵分三路攻入苏联，第一天的战斗，苏联空军损失 1200 架飞机，其中 800 架还未起飞就被炸毁，大量红军边境据点被德军迅速包围，红军边防守军孤军奋战拼死抵抗。在短短 18 天之内，德军向前突进600 公里，与此同时，希特勒狂言三个月灭亡苏联 [85,86]。

整场巴巴罗萨作战在 11 月开始的莫斯科战役中达到高潮，1941 年 12 月初，德军前锋部队已经推进至莫斯科市郊，甚至见到了克里姆林宫的尖塔。然而这时斯大林手上仍保有数十万从西伯利亚前来支援的部队，这些部队拥有良好的冬季装备和补给，很快便将逼近莫斯科的德军全数击退，并在接下来的反击中将战线推回到了冬季前的位置。

参与攻打莫斯科的德军严重缺乏食物、燃料和冬季装备，同时也没有躲避之处，只得在原地驻扎挨过严酷的寒冬，遭受了非常沉重的损失。

巴巴罗萨计划的失败，侵略性是其主要原因，但幸存者偏差加速了失败，德军是低估了苏联的抵抗能力和意愿，同时德军的战争计划并不一致，计划的后勤准备也不完善。德军在 1941 年底发现自身面临的情况是：红军的力量逐渐增强、德军的战力却逐渐减弱，部署区域的过度延伸、运输的困难影响了补给和调度兵员短缺。气候的不适、物资的短缺、过长的战线等一系列因素也注定了德军的失败。

1. 低估苏联的潜力

德国大大低估了苏联的动员潜力——红军的动员人数比德国所预估的高出了两倍。到了 8 月初时，大量原先被歼灭的单位已经被新服役的单位替代。正如德军总参谋长弗朗茨·哈尔德于 1941 年 8 月 11 日的一篇日记中写道："我们最初计算敌人大约有 200 个师，但现在已经查明番号的就有 360 个师。"而到 1941 年底，苏联重建和扩张了约 825 个师级单位，而且还没有达到苏联所能动员的 1000 万人的水平。这个事实几乎就代表了巴巴罗萨作战的失败，德国必须暂缓作战行动一个月以等待新的补给，等他们再度展开攻势时，距离秋季泥泞期的开始只剩下 6 个星期了。在另一方面，红军也及时替补了之前的大量损失，当师级部队在战前征召的士兵阵亡后，新的士兵马上加以替补，战争中苏联每个月几乎都征召了超过 50 万人从军。苏联在短期间内动员大量部队的潜力最终使其得以撑过关键的前半年，而德国对苏联潜力的低估则导致了巴巴罗萨作战计划的不切实际。

同时，苏联情报单位正确地分析出日本不会加入对苏战争，这使得苏联能够将驻扎在远东的部队抽调回东欧战场支援。

即使德国真的达成了作战原先的目标——推进至阿尔汉格尔斯克–伏尔加

河战线，战争也不太可能就此结束。苏联在东部依然有着广大的领土，同时苏联也已经将战争工业迁移至乌拉尔山脉。

2. 后勤计划的缺陷

巴巴罗萨作战的目标从一开始便相当不切实际。这场战争始于一个干燥的夏天，是德国行动的最佳季节。但当理想的季节过去，严酷的秋冬到来时，德军的进攻开始受挫。经过漫长的战斗，德国人无法获得足够的补给，而石油的缺乏使德国人无法实现他们预定的目标。

整个德国的计划是根基于一个假设上：5 周内苏联红军便会彻底崩溃，到时德军将能取得完全的战略自由，只需为少数机动单位补给必要的石油便能占领整个国家，因此并不需要担忧 5 周后的补给问题。然而以苏德战争的实际来看，这一假设是极其错误的。

德国的步兵和装甲部队在第一周里快速推进了 300 英里，但他们的补给线却很难跟上进攻的速度。由于铁路轨距的差异，苏联留下的铁路网也无法加以使用，除非等到相同轨距的火车生产出为止。铁路和公路上速度缓慢的运输载具也成为苏联游击队的理想攻击目标。补给的缺乏大大延缓了德军闪击战的进度。

德国在后勤上的计划也严重高估苏联铁路运输网的可用状况。在波兰的道路和铁路状况尚称良好，但深入苏联领土的部分则情报有限，地图上标示的道路在实际上往往只是粗糙的尘土道路，或甚至根本没有铺设完成。

3. 气候

气候是战争中的"中立"角色，准备充分的一方将能获得最大优势，而准备不足的一方则会尝到其后果。

一项由美国进行的军事研究指出，希特勒的计划在严酷的冬季气候来临前便已经失败，他对于快速胜利的可能性抱太大的自信，乃至于对战争会拖延至冬季根本没有心理准备。在入侵的前 5 个月里德军共有七十多万人死伤，到了 1941 年 11 月 27 日，德国陆军军需部门的爱德华·瓦格纳称："我们已经到达人力和物资资源的极限了，我们即将面临寒冬的危险威胁。"

但德军仍然没有准备应付严酷的气候和苏联运输网络的恶劣状况。在秋季，恶劣的路面状况延缓了德军的进展。苏联的地面在夏季时是松散的沙地，在秋季时是黏稠的泥泞地，到了冬季，地面则会被大雪所覆盖。德军坦克的狭窄轮距使其在泥泞地行动时非常缺乏附着力和漂浮力。相较之下，新的苏联坦克如 T-34 和 KV 系列重坦克的设计都考虑了这些问题。德军有 60 万匹用于提供补给和运输火炮的西欧马，但体型庞大的马匹在这种气候下却很难发挥作用。而红军所使用的体型较小的矮种马则更适合当地的气候。

德军对于 1941 年秋季和冬季的严酷气候几乎毫无准备。德国已经制造出大量的冬季装备，但由于交通运输能力的限制，没有办法将这些装备完全发放至前线 [85]，导致军队无法获得足够的冬季装备，一些士兵只能将报纸塞进夹克来保暖，而当时的气温却已经低达零下 30°C。为了使用暖炉和暖气，德军士兵不得不将已经非常缺乏的汽油当作燃料。而苏联士兵却配备了温暖而加衬的大衣、有衬底的军靴以及覆盖毛皮的帽子。

一些德军武器配备在如此寒冷的气候下也无法正常运作 [87,88]。普通的润滑油在极低的温度下无法发挥效用，导致坦克和卡车引擎故障、机枪等自动射击武器无法正常开火。为了将炮弹装填进坦克的主炮里，坦克兵还必须先以小刀刮下黏附于炮管内结冻了的润滑油。苏联军队则较少受到这些问题所苦，因为他们早已经历当地的寒冬许多年了。德军必须将毛毯覆盖于飞机引擎上以免引擎结冻。而运作所有坦克和卡车所不可或缺的汽油也会因为寒冬而结冻。大多数苏联卡车和旧式坦克同样使用汽油，但新生产的坦克则已改使用不会结冻的柴油了。

对于冬季作战的一个普遍的错误认知是——所有军事行动都会因为泥泞、大雪而停止，但事实上军事行动只是由于这些因素而放缓，差别在于德军受到的影响较大、而准备充足的苏联红军受到的影响较小。苏联于 1941 年 12 月开始反攻，在某些地区将德军击退远达 100 英里。

2.7.3　小结

幸存者偏差，在装备研制、装备试验、装备鉴定、作战任务规划等多个方面，都有可能以不同的形式、不同程度地存在。缩小和避免幸存者偏差，靠制度机制、靠科学方法、靠战例分析、靠工程实践。世上无难事，只怕有心人，坚持辩证思维、底线思维、系统思维，凡事从早、从长、从难计议，幸存者偏差就可以不断缩小直至避免。

思　考　题

1. 在作战试验、主战装备试验中，你认为底线思维主要应该包括哪些方面，如何融入试验设计？

2. 在预警系统、反导系统装备试验中，如何体现系统思维？

3. 结合你熟悉的主战装备试验案例，考虑系统思维方法，如何建模、量化？

4. 21 世纪已经发生的实战中，你觉得哪些装备体系运用中体现了最大风险最小化？

5. 在主战装备试验中，最大风险如何建模、量化？试举例说明。

6. 从抓大放小的视角看，结合不同的主战装备、不同的战场环境，分析装备试验的主要内容、主要目标和主要指标。

7．本章介绍的社会科学方法，对于装备试验的电磁环境建设有什么启发？你觉得在电磁环境建设中如何抓大放小？

8．钱学森综合集成研讨厅，在复杂装备、复杂系统建设中，如何组织、如何实施，结合你的经验教训，针对几个案例谈谈体会。

9．WSR 方法，在装备试验中，如何结合具体实际建模、量化？

10．针对不同的装备试验，分析哪些环节、哪些过程、哪些政策机制容易产生幸存者偏差？并提出缩小幸存者偏差的建议。

11．你觉得装备试验的社会科学方法还有哪些？

12．本章介绍的社会科学方法，对于靶标建设有什么启发？

参 考 文 献

[1] 张荣军, 岳红玲. 底线思维的理论逻辑和实践运用 [J]. 重庆社会科学, 2020(8): 53-60, 2.

[2] 汪博武. 论底线思维在高校辅导员工作中的运用 [J]. 思想理论教育导刊, 2017(3): 141-144.

[3] 中共中央宣传部. 习近平新时代中国特色社会主义思想学习纲要 [M]. 北京: 学习出版社, 2019: 246.

[4] 不以人的意志为转移的社会发展规律 (之一)——历史决定论和历史选择论. 中国理论网, https://www.ccpph.com.cn/xsts/zx/201605/t20160511_225987.htm.

[5] 古荒. 底线思维的应用原则、实践图景和方法体系 [J]. 北京行政学院学报, 2019(3): 111-116.

[6] 国务院关于加强环境保护重点工作的意见. 中央政府门户网站, http://www.gov.cn/zhengce/content/2011-10/20/content_4672.htm.

[7] 中国共产党第十八届中央委员会第三次全体会议公报 [G]. 北京: 中国人民大学出版社, 2013.

[8] 中华人民共和国环境保护法 (自 2015 年 1 月 1 日起施行). 中华人民共和国生态环境部网站, https://www.mee.gov.cn/ywgz/fgbz/fl/201404/t20140425_271040.shtml.

[9] 黄梅, 李淑文. 试论生态文明建设中 "底线思维" 的运用 [J]. 知与行, 2020(1): 16-20.

[10] 邹长新, 徐梦佳, 林乃峰, 等. 底线思维在生态保护中的应用探析 [J]. 中国人口·资源与环境, 2015, 25(S1): 159-161.

[11] 刘希刚. 论生态文明建设中的 "底线" 与 "底线思维" [J]. 西南大学学报 (社会科学版), 2015, 41(2): 5-11, 189.

[12] 坚持底线思维　增强忧患意识 [N]. 解放军报, 2020-09-13(001).

[13] 在攻坚克难中开创发展新局面 [N]. 新华每日电讯, 2020-09-11(001).

[14] 主题教育开展以来习近平总书记重要论述 [J]. 民心, 2019(12): 4-11.

[15] 常川. 新的系统思维框架下人群疏散仿真研究 [D]. 绵阳: 西南科技大学, 2017.

[16] 刘锋. 简论系统思维方式 [J]. 上海社会科学院学术季刊, 2001(4): 144-150.

[17] 魏宏森. 复杂性研究与系统思维方式 [J]. 系统辩证学学报, 2003(1): 7-12.

[18] 苗东升. 系统思维与复杂性研究 [J]. 系统辩证学学报, 2004(1): 1-5, 29.

[19] 毛建儒, 徐国艳. 论系统思维及向系统思维的转变 [J]. 系统科学学报, 2015, 23(3): 21-25.

[20] 刘锋. 系统思维方式论纲 [J]. 上海交通大学学报 (哲学社会科学版), 2001(4): 12-16.

[21] 尚兴娥. 论系统科学对马克思主义哲学思维方式的深化 [J]. 系统辩证学学报, 1996(4): 11-14.

[22] 王沛. 从点性思维到系统性思维——论环境系统设计中的标识设计 [D]. 上海: 东华大学, 2006.

[23] 陈青. 系统思维在深度报道中的运用 [J]. 铜陵学院学报, 2006(5): 84-86.

[24] 徐志远, 周福. 论现代思想政治教育学一般范畴及其体系的建构原则 [J]. 探索, 2013(4): 126-132.

[25] 刘红峰. 系统思维视野下的和谐社会研究 [D]. 延安: 延安大学, 2008.

[26] 熊士荣, 张友玉. 科技哲学视阈下的科学教育 [J]. 湖南文理学院学报 (社会科学版), 2007(5): 120-122.

[27] 秦书生. 科技哲学视阈中的科学发展观解析 [J]. 理论探讨, 2006(3): 54-56.

[28] 邢盘洲. 系统思维视阈下社会矛盾化解与社会有效治理 [J]. 系统科学学报, 2019, 27(3): 80-85.

[29] 宗合. 划时代的"阿波罗计划" [J]. 太空探索, 2018(2): 32-35.

[30] 李存金, 王俊鹏. 重大航天工程设计方案形成的群体智慧集成机理分析——以阿波罗登月计划为例 [J]. 中国管理科学, 2013, 21(S1): 103-109.

[31] 宋河洲. 曼哈顿计划与阿波罗计划的组织实施 [J]. 科学学与科学技术管理, 1981(5): 56-58.

[32] 钱七虎, 戎晓力. 中国地下工程安全风险管理的现状、问题及相关建议 [J]. 岩石力学与工程学报, 2008(4): 649-655.

[33] 沈良坤, 张威. 重大水利工程建设项目风险管理问题综述 [J]. 中国科技信息, 2008(6): 50-51, 53.

[34] 侯俊东, 吕军, 殷伟峰. 地质灾害风险管理研究综述及展望 [J]. 中国国土资源经济, 2012, 25(4): 41-43, 46, 56.

[35] 戴佳利. 建筑企业工程项目风险管理系统的构建 [D]. 重庆: 重庆大学, 2007.

[36] 尹志军, 陈立文, 王双正, 苏春生. 我国工程项目风险管理进展研究 [J]. 基建优化, 2002(4): 6-10.

[37] 李冬元. 工程企业风险管理与危机管理的关系研究 [D]. 西安: 西安建筑科技大学, 2010.

[38] 朱澜文. 内部审计参与建设项目风险管理初探 [J]. 徐州工程学院学报, 2006, 21(12): 119-121.

[39] 杨家荣, 何兰, 刘进. 诺曼底登陆地域选择的作战决策分析 [J]. 系统工程理论与实践, 1998(8): 96-100.

[40] 彭训厚. 史无前例的大规模登陆战役——诺曼底登陆战役述评 [J]. 军事历史, 2008(1): 28-35.

[41] 孙敬水. 关于抓大放小若干问题的思考 [J]. 中国人民大学学报, 1998, 12(3): 16-23.

[42] 施乐, 王力. 马克思主义基本原理概论 [M]. 成都: 电子科技大学出版社, 2017.

[43] 张俊国. 略论毛泽东处理十大经济关系问题的辩证思维 [J]. 当代中国史研究, 2007(1): 42-51, 127.

[44] 毛泽东. 毛泽东选集 (第二版)[M]. 北京: 人民出版社, 1991.

[45] 边吉. 毛泽东军事思想的伟大胜利——辽沈战役胜利的原因及其历史意义 [J]. 党史纵横, 1998(12): 39-40.

[46] 刘志青. 锦州战役: 辽沈战役关门之战 [J]. 党史博览, 2019(7): 40-46.

[47] 中央党史资料征集委员会. 辽沈决战 [M]. 北京: 人民出版社, 1988: 106.

[48] 中共中央党史和文献研究院. 毛泽东军事文集 [M]. 北京: 中央文献出版社, 1993: 482.

[49] 扼住咽喉——东北野战军攻占锦州之决策. 党建网, http://www.dangjian.cn/shouye/dangjianwenhua/hongsejingdian/202104/t20210421_6022231.shtml.

[50] 胡奇才. 回顾塔山阻击战 [J]. 军事历史, 1989(2): 44-48.

[51] 赵焕林, 曹国宝, 齐德山. 关闭东北大门之役——锦州攻坚战胜利原因 [J]. 党史纵横, 1991 (5): 26-29.

[52] 钱学森简介. 中国科学院, https://www.cas.cn/zt/rwzt/qxsssyzn/.

[53] 钱学森, 于景元, 戴汝为. 一个科学新领域——开放的复杂巨系统及其方法论 [J]. 自然杂志, 1990(1): 3-10, 64.

[54] 卢明森. "开放的复杂巨系统" 概念的形成 [J]. 中国工程科学, 2004(5): 17-23.

[55] 崔霞, 戴汝为. 以人为中心的综合集成研讨厅体系——人工社会 (一)[J]. 复杂系统与复杂性科学, 2006(2): 1-8.

[56] 于景元. 从定性到定量综合集成方法及其应用 [J]. 中国软科学, 1993(5): 31-35.

[57] 于景元. 钱学森关于开放的复杂巨系统的研究 [J]. 系统工程理论与实践, 1992(5): 8-12.

[58] 戴汝为, 李耀东. 基于综合集成的研讨厅体系与系统复杂性 [J]. 复杂系统与复杂性科学, 2004(4): 1-24.

[59] 戴汝为, 操龙兵. 综合集成研讨厅的研制 [J]. 管理科学学报, 2002(3): 10-16.

[60] 戴汝为, 操龙兵. 一个开放的复杂巨系统 [J]. 系统工程学报, 2001(5): 376-381.

[61] 李耀东, 崔霞, 戴汝为. 综合集成研讨厅的理论框架、设计与实现 [J]. 复杂系统与复杂性科学, 2004(1): 27-32.

[62] 徐建国. 依靠科技进步促进三峡库区可持续发展 [J]. 中国科技论坛, 2010(10):72-74.

[63] 百万移民撼天地——三峡移民精神礼赞. 中央政府门户网站. http://www.gov.cn/test/2006-05/12/content_279153.htm.

[64] 三峡电站 2021 年累计发电 1036.49 千瓦时. 中国新闻网. http://www.chinanews.com.cn/gn/2022/01-07/9646924.shtml.

[65] 陆佑楣. 三峡工程的决策和实践 [J]. 中国工程科学, 2003(6): 1-6, 43.

[66] 邹家华. 关于提请审议兴建长江三峡工程议案的说明 [J]. 中华人民共和国国务院公报, 1992(12): 408-418.

[67] 关于兴建长江三峡工程决议 [J]. 人民长江, 1992(4): 1.

[68] 陈土光. 中国航天与三峡工程领导经验初探 [M]. 北京: 九州出版社, 2006.

[69] 钱振业, 杨广耀, 韦德森, 等. 综合集成方法的实践——"中国载人航天发展战略"研究方法总结 [J]. 中国工程科学, 2006(12): 10-15.

[70] 郭鹏. 中国战略技术在产业发展中的地位和作用 [D]. 沈阳: 东北大学, 2008.

[71] 顾基发. 系统科学方法论与社会的进步 [J]. 科学对社会的影响, 2009(2): 5-9.

[72] 顾基发, 唐锡晋. 从古代系统思想到现代东方系统方法论 [J]. 系统工程理论与实践, 2000 (1): 90-93.

[73] 顾基发, 唐锡晋. 物理-事理-人理系统方法论: 理论与应用 [M]. 上海: 上海科技教育出版社, 2006.

[74] Gu J F, Zhu Z C. Knowing wuli, sensing shili, caring for renli: Methodology of the WSR approach [J]. Syst. Pract Action. Res., 2000, 13(1): 11-20.

[75] Gu J F, Tang X J. Designing a water resources management decision support system: An application of the WSR approach [J]. Syst. Pract. Action. Res., 2000, 13(1): 59-70.

[76] 顾基发. 物理事理人理系统方法论的实践 [J]. 管理学报, 2011, 8(3): 317-322, 355.

[77] 顾基发, 高飞. 从管理科学角度谈物理-事理-人理系统方法论 [J]. 系统工程理论与实践, 1998(8): 2-6.

[78] 金德智, 韩美贵, 杨建明. 浅谈施工项目进度控制——基于 WSR 方法论的观点 [J]. 中国制造业信息化, 2010, 39(5): 1-5, 9.

[79] 顾基发, 唐锡晋, 朱正祥. 物理-事理-人理系统方法论综述 [J]. 交通运输系统工程与信息, 2007(6): 51-60.

[80] 李兴森, 陆琳, 许立波. WSR 方法论与可拓学的对比分析及事理知识图谱模型研究 [J]. 管理评论, 2021, 33(5): 152-162.

[81] 谭跃进等. 系统工程原理 [M]. 2 版. 北京: 科学出版社, 2017.

[82] 马来坤. 基于 WSR 方法论的企业全面质量管理研究 [J]. 中国制造业信息化, 2010, 39(19): 1-3, 12.

[83] 龚鉴尧. 世界统计名人传记 [M]. 北京: 中国统计出版社, 2000.

[84] 吴烨, 吴亭, 张博坚. "幸存者偏差"误区与领导者的防范之道 [J]. 领导科学, 2019(13): 30-32.

[85] 庞绍堂. 苏德战场 [M]. 北京: 华夏出版社, 2015.

[86] 梁策. 二战完全档案 [M]. 北京: 九州出版社, 2012.

[87] 肖占中. "巴巴罗萨计划"的失败 [J]. 党史博览, 1999(8): 41.

[88] 何炜俊. 德军"巴巴罗萨"计划何以失败?[J]. 军事文摘, 2016(9): 66-69.

[89] 巴巴罗萨计划. 百度百科 https://baike.baidu.com/item/%E5%B7%B4%E5%B7%B4%E7%BD%97%E8%90%A8%E8%AE%A1%E5%88%92/24212#ref_[4]_6992719.

第 3 章　装备试验的自然科学方法

"自然科学是人们争取自由的一种武装。人们为着要在社会上得到自由，就要用社会科学来了解社会，改造社会，进行社会革命；人们为着要在自然界里得到自由，就要用自然科学来了解自然，克服自然和改造自然，从自然里得到自由。"(毛泽东于 1940 年 2 月 5 日在陕甘宁边区自然科学研究会成立大会上的讲话)①

本章主要介绍装备试验的自然科学方法，包括孟德尔方法、贝叶斯方法、费希尔试验设计、常微分方程与飞行力学、回归分析方法、序贯方法、节省参数建模、假设检验、偏微分方程定性理论、Navier-Stokes 方程、麦克斯韦方程、冯·诺依曼对策矩阵、纳什均衡、蒙特卡罗方法、复杂自适应系统方法，共 15 种自然科学方法及其应用。

3.1　引　　言

数学思想，是指将现实世界的空间形式与数量关系反映到抽象的意识之中，经过思维活动而产生的结果。数学思想的产生为人们认识世界提供了重要的工具，从对客观世界简单的观察描述与总结，过渡到利用数学模型全方位、多维度地建模刻画世界的内在规律和性质，从客观世界的外在表现中跳脱出来，避免了"横看成岭侧成峰，远近高低各不同"的自说自话。数学思想，尤其是自然科学研究中的数学思想，对各个学科的发展都具有重要的启发意义，例如用公式和方程来建模和描述物理过程，用统计和模型来启发遗传学的研究，等等。对于装备试验而言，最为重要的数学思想就是利用统计学进行试验的设计与评估，本节将从两位不同领域科学家关于统计学和试验设计的实践出发，阐述数学思想在实验分析中的应用。

3.1.1　所有的判断都是统计学

C. R. Rao(Calyampudi Radhakrishna Rao)，1920 年生，印度裔统计学家、数学家，宾州州立大学的荣誉教授和纽约州立大学的研究教授。Rao 获得过很多不同的荣誉学位，并在 2002 年获得美国国家科学奖。Rao 在统计学中的重要贡献有 C-R 不等式和 Rao-Blackwell 定理，他最为著名的论断是："**在终极的分析中，一切知识都是历史；在抽象的意义下，一切科学都是数学；在理性的世界里，所有的判断都是统计学。**"

---

① 中共中央文献研究室. 毛泽东文集 (第二卷)[M]. 1993.

C. R. Rao

Rao 出生于 1920 年 9 月 10 日，在 20 岁时，Rao 获得了数学硕士学位，1941 年 1 月 1 日进入了 ISI。他在 1945 年发表的文章 "Information and Accuracy Attainable in the Estimation of Statistical Parameters" [1] 为他的传奇人生增添了厚重的一笔。这篇只有 10 页的论文表述简洁、论证优美，呈现了统计推断中两个基础性的结果且孕育了信息几何领域。

1. Cramer-Rao 不等式信息界

在 20 世纪 20 年代早期，R. A. Fisher 引入了 Fisher 信息这一概念。Fisher 信息 $I(\theta)$ 可用来测量一个随机样本 $X_1, \cdots, X_n$ 包含未知参数 θ 的信息量。Fisher 证明极大似然估计的渐近方差存在一个下界。

在 1945 年的文章里，Rao 证明对于任意无偏估计，它的方差都大于等于 Fisher 信息的倒数。这个结果通过巧妙地利用 Cauchy-Schwarz 不等式进行了论证。同一时期，瑞典数学家 Harold Cramer 也独立地建立了信息不等式并把该结果收录在他 1946 年发表的书籍《统计学的数学方法》当中。

Cramer-Rao 下界 (CRLB) 在科学和工程领域有重要的应用，其核心思想是说明统计学方法对真实的概率分布参数估计能力是有限的，人类可以通过各种手段无限接近真理 (比如增加样本量)，但是永远无法通过统计方式得到真理的真实面貌 (参数或者分布类型)，当一个估计量达到 CRLB 的时候，即认为该估计量为最优无偏估计。文献当中有很多推广，比如量子 CRLB 和贝叶斯 CRLB 等。Dembo, Cover 和 Thomas[2] 综述了信息理论中的各种不等式及其与数学和物理等领域中的不等式的联系。他们进一步展示了 Weyl-Heisenberg 不确定性准则可以从 Cramer-Rao 不等式得到。

Rao 与 Cramer   Rao 与 Blackwell

2. Rao-Blackwell 定理

在 Rao 于 1945 年所著文章当中建立的第二个基础性结果涉及利用充分统计量来提高估计量的效率。Rao 在文章中指出 "如果对于参数 θ，存在一个充分统计量及一个无偏估计，那么最优无偏估计量一定是充分统计量的一个函数"。严格地，这个结果表明，如果 $g(X)$ 是未知参数 θ 的一个估计，那么将 $g(X)$ 对充分统计量 $T(X)$ 取条件期望能够有更小的均方误差。在 1947 年的一篇文章中 [3]，David Blackwell 证明了同样的结果。这一结果被称为 Rao-Blackwell 定理，而将一个估计替换为相应的条件期望这一过程被称为 Rao-Blackwell 化。这一经典结果也有很多现代化的应用。Murphy 等 [4] 利用 Rao-Blackwell 化来提高不同动态贝叶斯网络粒子滤波的效率。Robert 与 Roberts 则讨论了 Rao-Blackwell 化在 Gibbs 抽样以及更一般化的 MCMC 中的应用。

今天，对统计学的理解、研究和实际应用已经拓展到整个自然科学、社会科学、工程技术、管理、经济、艺术和文学领域。例如，一般人利用统计知识能够在日常生活中做出各种决策，或者为将来制订计划等。在科学研究中，统计学的作用则更为突出，通过有效设计的试验来搜集数据、假设检验、未知参数的估计以及对结果的解释等，都离不开统计学。因此，可以说 "**在理性的世界里，所有的判断都是统计学**"。

在长达接近 80 年的职业生涯中，Rao 不仅见证了统计学逐渐发展成一门独立的科学学科，而且是为数不多的统计学基石的建立者之一。他明白，对于统计学来讲，要想维持一个有影响的学科，统计学必须适应不断变化的世界。

在 20 世纪的上半叶，统计学的基础是通过运用强大的数学和概率论工具发展的。Efron 在他的文章《统计世纪》中，把这段时期称为统计学理论的黄金年代。在这篇文章里面，Efron 还写道 "具有像 Fisher、Neyman、Pearson、Hotelling、Wald、Cramer 和 Rao 那样才智的人将统计学理论引向成熟"。在和 Mahalanobis 以及 Fisher 的工作中，Rao 意识到由实际应用驱动的研究的重要性。到了 20 世纪 50 年代，Rao 开始体会到计算机和计算方法在统计方法发展中的关键作用。作为一个具有极端预见性的科学家，Rao 预见了大数据革命以及由数学、统计学和计算机科学所构成的交叉学科。在 2007 年，他建立了 Rao 数学、统计学和计算机科学前沿研究所 (AIMSCS)。Rao 持续拓展统计学的边界来解决大数据时代和人工智能中的挑战问题。

装备试验要发现规律、发现问题。评价装备试验，评价装备性能、效能，都离不开模型、离不开数据、离不开统计学方法做出判断。

3.1.2　从豌豆到遗传学定律

孟德尔 (Gregor Johann Mendel, 1822 年 7 月 20 日—1884 年 1 月 6 日)，奥地利遗传学家，遗传学的奠基人。1851—1853 年他在维也纳大学学习物理、化学、数学、动物学和植物学，1854 年被委派到布鲁恩技术学校任物理学和植物学的代理教师，并在那里工作了 14 年。

孟德尔

孟德尔的时代，人们对遗传的认识还很粗浅，基本认同"混合遗传"(Blending Inheritance) 学说，遗传就是"黑 + 白 = 灰"，父母的黑和白融合得到子代的灰。此学说虽然未被正式提出和论证，但是被认为是一个不证自明的规律。在孟德尔之前也有不少类似的杂交试验来探究遗传规律，但未得到普遍的准则。主要原因是获得规律所需要的工作量比较大，并且未能将定量分析引入实验中。孟德尔认为获得准确的规律，需要满足两个条件：首先是实验要有较大的规模；其次对不同型的杂交后代要定量分析。这两个条件在当时的生物学研究中可以说是开创性的，前者是统计思想在试验设计中的典型体现，通过大量的实验总结规律性的结果；后者提出将数学引入生物学的研究和分析中，摒弃传统生物学研究只在乎数量升高、降低和不变的简单思路，取而代之的是定量化的分析方法，这种研究方法的转变为发现遗传学规律奠定了科学的思维基础。

为此，孟德尔在进行遗传学规律研究的时候，为了搜集论文数据前后进行了十年的实验。其中最为关键的在于前两年的实验中，孟德尔通过预先实验确定了其遗传学研究的重要实验材料——豌豆。孟德尔指出："任何实验的价值和用处取决于所用材料是否符合其目的，所以选什么植物和怎么做实验并非不重要，必须特别小心地选择植物，从开始就避免获得有疑问的结果。"他提到植物需满足的条件为：

(1) 具有稳定的可以区分的性状；

(2) 开花期间易于受到保护，以免于外来花粉的影响；

(3) 每一代杂交后代生殖力不能变。

豌豆是一种闭花授粉的植物，也即豌豆花在未开放时已经完成了授粉，保证了授粉阶段不受外来花粉的污染，并且豌豆产生的子代数量较为可观，有利于进行大规模的杂交实验。在确定了实验材料之后，通过进一步的实验观察，孟德尔选了豌豆的 7 对性状分别进行研究：种子形状 (圆或皱)、种子颜色 (黄或绿)、豆荚颜色 (黄或绿)、豆荚形状 (鼓或狭)、花色 (紫或白)、花的位置 (顶或侧)、茎的高度 (长或短)。在论文的"杂交体的外形"部分，他说明了选择这些形状的原则：子代性状一定相同于父本或母本的性状，而不是介于父母之间或其他变异。也即，通过预备实验的研究，他在最终的实验设计中选择的 7 对性状，每对中必定有一种传到下代，而一对性状的两种在后代不会变化，也不会永远消失。

对于这 7 对性状，孟德尔安排了 7 个实验，如表 3.1 所示。

孟德尔在实验中都选择双向杂交：一对性状中，如种子颜色的黄和绿，既做过父本黄、母本绿，也做过父本绿、母本黄，他发现亲本来源不影响这些性状的传代。该试验被称为 F0 代豌豆实验，这 7 个实验所得后代无一例外地表现为统一的性状, 如种子形状均为圆, 子叶颜色均为黄等。

通过实验, 他意识到性状有显性和隐性之分。当父本、母本分别是不同性状, 而它们杂交子代只显现其中一种性状时, 孟德尔称显现的一种为显性性状, 否则为隐性性状。他指出, 隐性在杂交体一代不显现, 但在其后代可重新显现。利用所得种子 (称 F1 代豌豆) 进行自花授粉, 研究其后代特性。

表 3.1　F0 代豌豆杂交实验安排

	性状	植物数目/株	授粉次数
1	种子形状 (圆或皱)	15	60
2	子叶颜色 (黄或绿)	10	58
3	种皮颜色 (灰褐或白)	10	35
4	豆荚形状 (鼓或狭)	10	40
5	未成熟豆荚颜色 (绿或黄)	5	23
6	花的位置 (顶或侧)	10	34
7	茎的高度 (长或短)	10	37

用 F1 代豌豆进行自花授粉得到 F2 代豌豆, 其所得结果如表 3.2 所示。他发现隐性性状没有消失, 而是重新出现在 F2 代。数量分析表明, 在 F2 代, 显性对隐性以约为 3:1 的比例波动。孟德尔发现其中规律: F1 代 100％为显性; F2 代隐性重现, 而且有规律, 显、隐性性状比例为 3:1。

表 3.2　F2 代豌豆性状分离结果

	性状	显性样本数	隐性样本数	比例
1	种子形状 (圆或皱)	5474	1850	2.96:1
2	子叶颜色 (黄或绿)	6022	2001	3.01:1
3	种皮颜色 (灰褐或白)	705	224	3.15:1
4	豆荚形状 (鼓或狭)	882	299	2.95:1
5	未成熟豆荚颜色 (绿或黄)	428	152	2.82:1
6	花的位置 (侧或顶)	651	207	3.14:1
7	茎的高度 (长或短)	787	277	2.84:1

孟德尔发现隐性性状没有由于在 F1 代不表现而消失, 所以他推断混合学说不对。而他继续迈出下一步, 探究比例背后的意义。孟德尔在发现 3:1 的比例后, 他分析在 F2 代显性的性状有两种可能, 它可以是 F0 代的 "恒定" 性状, 或 F1 代的杂交体性状。基于这两种可能的假设, 可用 F2 代再做一代实验来检验其属于哪种状况。

孟德尔预计, 如果 F2 代和 F0 代一样, 则其后代性状不发生改变, 而如果 F2 代类似 F1 代杂交体性状, 那么其行为与 F1 代相同。由此, 引出孟德尔下一代的实验, 孟德尔发现, 表现隐性性状的 F2 代, 其 F3 代性状不再变化 (总是隐性表型)。而表现显性的 F2 代, 其 F3 代结果表明: 2/3 的 F2 代是杂交体 (其 F3 代出现 3:1 的显性和隐性), 而另外 1/3 的 F2 代其 F3 代都是显性表型。

表 3.3 F2 代中显性性状豌豆自花授粉的后代情况

	性状	后代单一性状	后代出现 3:1 性状分离的植株	比例
1	种子形状 (圆或皱)	193	372	1:1.93
2	子叶颜色 (黄或绿)	166	353	1:2.13
3	种皮颜色 (灰褐或白)	36	64	1:1.78
4	豆荚形状 (鼓或狭)	29	71	1:2.45
5	未成熟豆荚颜色 (绿或黄)	40/35	60/65	1:1.5/1:1.86
6	花的位置 (侧或顶)	33	67	1:2.03
7	茎的高度 (长或短)	28	72	1:2.57

这样，孟德尔将 F2 代的 3:1 中的 3，进一步分成 2 和 1。3:1 就被分解成 1:2:1(显性恒定:杂交体:隐性恒定)。在此基础上，孟德尔进一步建立了简洁的数学模型。他提出，用 A 表示恒定的显性，a 表示恒定的隐性，Aa 表示杂合体，而 A+2Aa+a 则表示了三者在 F3 代之间的关系。

孟德尔的遗传学成果在同时代的研究中十分超前，以至于他的研究结果在很长一段时间内都不被人们所重视。孟德尔将论文寄给了不同的科学家，只有瑞士著名的植物学家、慕尼黑大学的教授 Nägeli 回了信，尽管孟德尔详细地向他介绍了实验的设置和结果，但是 Nägeli 在发表的植物学著作中却对孟德尔的工作只字不提。一直到孟德尔去世 16 年、理论公布 34 年之后，孟德尔的思想才被科学界重新发现并加以推广。

孟德尔的发现不仅归功于他卓越的天赋，而且在不断的坚持和困难中成长，最终在有限的环境条件下做出了超前于时代的发现和研究。主要的原因在于他掌握了科学的思维和方法，也即发现问题、提出办法、设计试验、实施试验、对试验结果进行统计分析、提出理论以及更多可以分析的结果、推广理论、设计试验验证理论。通过这个严格科学思维和方法闭环的检验，孟德尔将实验科学和理论科学有机地融合在一起，为其后的很多学科的发展奠定了基础。

3.1.3 小结

在抽象的意义下，一切科学都是数学；在理性的世界里，所有判断都是统计学。装备试验是科学试验，所以是数学；装备试验鉴定，是判断，所以是统计学。C. R. Rao 的名言是装备试验很好的理念。装备试验的社会科学方法、自然科学方法、工程科学方法，最终目标都是把装备试验问题，转化为数学、统计学问题。孟德尔的遗传学试验，对装备试验有多方面的启发。一是选择试验的对象，二是筹划试验的过程，三是依据学科知识推导可能的模型，四是获得可信的数据，五是系统的数据分析以及多维度的假设检验。

3.2 贝叶斯方法

3.2.1 贝叶斯方法概述

托马斯·贝叶斯 (Thomas Bayes，1702—1763)，18 世纪英国神学家、数学家、数理统计学家和哲学家。贝叶斯以其在概率论领域的研究闻名于世，他提出的贝叶斯定理对现代概率论和数理统计的发展有重要的影响。

贝叶斯

贝叶斯提出 [13]，客观的新信息会对我们关于某个事物的初步认识进行更新，使我们得到一个新的、改进了的认识，而我们必然会根据新的认识进行决策。这一观点似乎因为太简单而显得有些平淡乏味，但恰恰这大道至简的思想就是贝叶斯法则的伟大之处，贯穿了整个贝叶斯统计的始末。后来，这一思想逐步完善成一种系统的统计推断方法，即贝叶斯方法。

在贝叶斯统计理论中 [11]，概率被理解为基于给定信息下对相关量不完全了解的程度，对于具有相同可能性的随机事件认为具有相同的概率。在进行测量不确定度的贝叶斯评定时，与测量结果推断或不确定度评定相关的每一个物理量均被分配一个随机变量，分布宽度常用标准差表示，反映了对未知真值了解的程度。

经典统计方法在估计随机分布参数时，假定待估计参数是未知常数，并认定这些参数的信息仅由样本携带，于是通过对样本"毫无偏见"地加工来获得参数估计。由于估计量可能有不完善之处，估计误差在所难免，因此经典统计理论中用置信区间表示这些误差的大小。在对概率的理解上，经典统计认为概率就是频率的稳定值。一旦离开了重复试验，就难以理解概率。因此要精确估计上述参数，必须保证有大量的数据样本，但在工程中实测数据毕竟有限。另外，统计抽样时所要求的样本独立同分布的条件也很难满足。

贝叶斯统计方法在估计随机分布参数时，认为待估计参数是随机变量，存在概率分布。贝叶斯方法对概率的理解是人们对某些事件的一种信任程度，是对事物的不确定性的一种主观判断，与个人因素等有关，故称之为主观概率。贝叶斯统计中的先验分布反映的就是人们对于待估计参数的主观概率。为了在小样本量下能获得较好的参数估计，就必须利用参数的历史资料或先验知识。在进行参数估计时，贝叶斯学派认为后验分布综合了先验和样本的知识，可以对参数作出较先验分布更合理的估计，故其参数估计都是建立在后验分布基础上的，该方法对研究除观测数据外还具备较多信息的情况特别有效。

尽管贝叶斯方法与经典统计方法存在差异，但在大样本条件下，两种方法估计参数是一致的。而在小样本条件下，贝叶斯方法可充分利用辅助信息，结果更为可靠。贝叶斯方法的特点是能充分利用现有信息，如总体信息、经验信息和样本信息等，将统计推断建立在后验分布的基础上。这样不但可以减少因样本量小而带来的统计误差，而且在没有数据样本的情况下也可以进行推断。

3.2.2　贝叶斯定理的提出

贝叶斯的两篇遗作于逝世前 4 个月，寄给好友普莱斯 (R. Price，1723—1791)。普莱斯又将其寄到皇家学会，并于 1763 年 12 月 23 日在皇家学会大会上作了宣读。普莱斯在信件中指出，常识告诉我们，如果观察到某个原因导致了某个结果，那么在其他时刻这个原因也很可能导致相同的结果。同样的因果关系出现的次数越多，我们也就越觉得理所当然 [14]。

第一篇论文《机会问题的解法》（"An Essay Towards Solving a Problem in the Doctrine of Chances"）[16] 刊于英国皇家学会的《哲学学报》1763L Ⅲ 卷第 370—418 页，于 1764 年出版。统计学家巴纳德 (C. Barnard，1915—2002) 赞誉其为 "科学史上最著名的论文之一"。此文发表后，很长时间在学术界并没有引起什么反响，但到 20 世纪以来突然受到人们的重视，成为贝叶斯学派的奠基石。第二篇论文《已故贝叶斯先生致康顿的信》（"A Letter from the Late Reverend Mr. Thomas Bayes to John Canton"）刊于《哲学学报》1764L Ⅳ 卷第 296—325 页，于 1765 年出版。

在《机会问题的解法》中，贝叶斯给出了**逆概率思想**，创立了贝叶斯定理。逆概率问题首先由丹尼尔·伯努利 (Daniel Bernoulli, 1700—1782) 提出，但未进行研究。贝叶斯第一个对该问题进行了详细研究。贝叶斯用公理化数学中的演绎式推理来解决问题。论文分成两部分，在第一部分中，他从 7 个定义出发，公理化地给出所需的 10 个命题。

在 7 个定义中，贝叶斯给出互不相容、相互独立、对立事件等定义，已与现在的定义没有区别。他首次明确了机会与概率的等价性，尤其值得注意的是，所给概率的定义不同于过去的定义。普莱斯认为，贝叶斯所采用的概率定义是为了消除对概率的不同理解所造成的误会，因在普通语言中，每个人会按照自己的理解在不同程度上使用概率术语，并据此应用于过去或未来的事实上。同前辈一样，贝叶斯把期望作为基本概念，而期望既可以有客观评价也可以有主观评价，因而其概率定义涵盖了客观概率和主观概率。

在 10 个命题中，命题 3 给出相继率及条件概率的概念。他指出，两个相继事件都发生的概率，等于第一个事件的概率乘以在第一个事件发生的条件下第二个事件的概率，此即概率的乘法公式，用现在的符号可表示为 $P(AB) = P(A)P(B|A)$。

其推论为，在 A 发生的条件下 B 发生的概率为 $P(B|A) = P(AB)/P(A)$。这已成为现今各教材的基本内容。

在论文第二部分，贝叶斯讨论了文章的主题，将问题转化为"台球模型"，利用伯努利的结果和棣莫弗的思想构建了概率模型，并借助 10 个命题推出了著名的贝叶斯定理。

贝叶斯所提问题对后世影响很大。拉普拉斯 (Pierre Simon de Laplace, 1749—1827) 的论文《关于事件原因的概率》中给出定理：若某事件可由 n 个不同原因导致，则在给定事件发生的情况下，每个原因的概率等于在该原因下事件发生的概率除以在所有原因下事件发生的概率之和。该定理和贝叶斯定理在本质上是一致的，拉普拉斯用最小二乘法提供了一个贝叶斯推理。

3.2.3 贝叶斯定理概述

在引出贝叶斯定理之前，先回顾一下定义：

边缘概率 (又称先验概率)：某个事件发生的概率。边缘概率是这样得到的：在联合概率中，把最终结果中那些不需要的事件通过合并成它们的全概率，而消去它们 (对离散随机变量用求和得全概率，对连续随机变量用积分得全概率)，这称为边缘化，比如 A 的边缘概率表示为 $P(A)$，B 的边缘概率表示为 $P(B)$。

联合概率表示两个事件共同发生的概率。A 与 B 的联合概率表示为 $P(AB)$ 或者 $P(A, B)$。

条件概率 (又称后验概率)：事件 A 在另外一个事件 B 已经发生条件下的发生概率。条件概率表示为 $P(A|B)$，读作"在 B 条件下 A 的概率"。

接着，考虑问题：$P(A|B)$ 是在 B 发生的情况下 A 发生的可能性[17]。

首先，事件 B 发生之前，我们对事件 A 的发生有一个基本的概率判断，称为 A 的先验概率，用 $P(A)$ 表示；

其次，事件 B 发生之后，我们对事件 A 的发生概率重新评估，称为 A 的后验概率，用 $P(A|B)$ 表示。

类似地，事件 A 发生之前，我们对事件 B 的发生有一个基本的概率判断，称为 B 的先验概率，用 $P(B)$ 表示。

同样，事件 A 发生之后，我们对事件 B 的发生概率重新评估，称为 B 的后验概率，用 $P(B|A)$ 表示。

贝叶斯定理便是基于下述贝叶斯公式：

$$P(B_i|A) = \frac{P(B_i)\,P(A|B_i)}{\sum_{j=1}^{n} P(B_j)\,P(A|B_j)} \tag{3.2.1}$$

上述公式的推导是从条件概率 $P(A|B) = P(B|A)P(A)/P(B)$ 推出。根据条件概率的定义，事件 B 发生的条件下事件 A 发生概率为 $P(A|B) = P(AB)/P(B)$。同样地，在事件 A 发生的条件下事件 B 发生的概率 $P(B|A) = P(AB)/P(A)$。整理与合并上述两个方程式，便可以得到

$$P(A|B)\,P(B) = P(A \cap B) = P(B|A)\,P(A) \tag{3.2.2}$$

接着，上式两边同除以 $P(B)$，若 $P(B)$ 是非零的，我们便可以得到贝叶斯定理的公式：

$$P(A|B) = P(B|A) \times \frac{P(A)}{P(B)} \tag{3.2.3}$$

对条件概率公式进行变形，可以得到如下形式 [18]。

$P(A)$ 为"先验概率"，即在事件 B 发生之前，我们对事件 A 概率的一个判断。$P(A|B)$ 为"后验概率"，即在事件 B 发生之后，我们对事件 A 概率的重新评估。$P(B|A)/P(B)$ 称为"可能性函数"，这是一个调整因子，使得预估概率更接近真实概率。

所以，条件概率可以理解成下面的式子：

$$后验概率 = 先验概率 \times 调整因子$$

这就是贝叶斯推断的含义。我们先预估一个"先验概率"，然后加入实验结果，看这个实验到底是增强还是削弱了"先验概率"，由此得到更接近事实的"后验概率"。

在这里，如果"可能性函数"$P(B|A)/P(B) > 1$，意味着"先验概率"被增强，事件 A 发生的可能性变大；如果"可能性函数"=1，意味着事件 B 无助于判断事件 A 的可能性；如果"可能性函数"<1，意味着"先验概率"被削弱，事件 A 发生的可能性变小。

3.2.4　验前信息在导弹试验中的应用

海军导弹武器系统是海军现代海战中一类重要的武器装备，其中导弹的单发命中概率是导弹武器系统主要的作战指标，也是导弹武器系统定型试验中主要检验的指标之一 [20]。在战术技术性能试验考核时，重点考核了常用的性能参数，鉴于研制试验经费、周期、靶场试验条件等因素的制约，对于诸如远界 (大射程)、近界 (小射程)、高界 (高高度)、低界 (超低空)、大机动、大 (小) 航路、非主要杀伤区等边界条件试验考核，需要通过模拟仿真试验给出鉴定考核结论。对单发命中概率、命中精度、毁伤概率等战技指标的考核采用了小子样、甚至是极小子样方法，很难有较高的置信度。为了完成导弹武器系统的定型试验，使检验的战术技术性能指标具有较高的置信度，又要在规定的试验导弹数量内进行检验评估，提

高经济效益, 解决试验中这样的突出问题, 需要利用基于验前信息的贝叶斯评估方法。

对于验前信息的获取, 由于导弹飞行试验是武器系统指标验证的主要试验手段, 所以难点在于有限的试验子样下保证指标评估的置信度, 验前信息的获取, 一般有三种主要途径, 首先从历史资料中获取; 其次依据理论分析或仿真结果中获取; 最后凭借经验的 "主观概率" 方法获取。在靶场试验工程中, 使用验前信息可以达到以下目的: ① 在一定的试验精度或风险下, 利用验前信息可以有效减少试验样本; ② 在一定的试验样本下, 充分利用验前信息可以提高试验精度 (置信度) 或降低试验风险; ③ 在一定的试验样本量和试验精度或试验风险下, 验前信息可以改变检验的评定标准, 使得原假设更容易被接受。

对导弹单发命中概率检验, 有二项分布经典假设检验方法和贝叶斯假设检验方法。评估采用二项分布贝叶斯评估方法。

对于经典假设检验方法, 当无验前数据时, 可采用二项分布经典假设检验方法。对于统计假设

$$\begin{cases} H_0 : P = P_0 \\ H_1 : P = \lambda P_0 = P_1, \quad \lambda < 1 \end{cases} \tag{3.2.4}$$

P_0 为单发命中概率设计指标; P_1 为使用方不希望但能接受的最低命中概率值。检验决策为

$$K = \frac{N \ln d}{\ln d - \ln \lambda} \tag{3.2.5}$$

式中: $d = \dfrac{1 - P_1}{1 - P_0}, \lambda = P_1/P_0$。若 $S < K$, 拒绝 H_0; 若 $S \geqslant K$, 接受 H_0。式中, N 为试验发数, S 为试验的命中数。检验风险计算公式为

$$\alpha = \sum_{i=0}^{s-1} C_N^i P_0^i (1 - P_0)^{n-i} \tag{3.2.6}$$

$$\beta = \sum_{i=0}^{n} C_n^i P_1^i (1 - P_1)^{n-i} \tag{3.2.7}$$

式中: α 为生产方风险; β 为使用方风险。应用中通常要求双方风险相当, 并且小于可接受值。

下面是基于经典假设检验方法的实例。若要求导弹命中数大于等于 6 发, 按照二项分布经典假设检验, 对单发命中概率 $P_0 = 0.7$ 和 $P_0 = 0.75$, 计算符合条件要求的命中概率检验方案见表 3.4。

从表 3.4 中可以看出, 采用经典假设检验方案时, 对于 $P_0 = 0.7$, 当试验结果达到了 9 发 6 中; 对于 $P_0 = 0.75$, 达到了 10 发 7 中或 8 发 6 中, 即可认为 P_0 通过了检验, 达到了指标要求。

表 3.4　二项分布经典假设检验方案

P_0	P_1	d	N	S	α	β
	0.5	1.67	9	6	0.2703	0.2539
	0.5	1.67	10	7	0.3502	0.1777
0.7	0.54	1.53	9	6	0.2703	0.3385
	0.54	1.53	10	7	0.3502	0.2487
	0.54	1.84	8	6	0.3215	0.2034
	0.54	1.84	9	6	0.1657	0.3386
	0.54	1.84	10	7	0.2241	0.2487
0.75	0.58	1.68	8	6	0.3215	0.2750
	0.58	1.68	9	7	0.3994	0.1965
	0.58	1.68	10	7	0.2241	0.3353

对于贝叶斯假设检验方法，当有验前数据时，可采用二项分布贝叶斯假设检验方法。对于统计假设

$$\begin{cases} H_0 : P = P_0 \\ H_1 : P = \lambda P_0 = P_1, \quad \lambda < 1 \end{cases} \tag{3.2.8}$$

当试验验前信息的试验成功数为 S_0，失败数为 F_0 时，验前概率为 $P_{H_0} = \pi_0, P_{H_1} = 1 - \pi_0$。决策不等式为 $\dfrac{\pi(P_1 \mid X)}{\pi(P_0 \mid X)} > 1$，接受 H_1，否则接受 H_0。

那么贝叶斯检验方案为

(1) 当 $\lambda^S d_\lambda^{N-S} > \dfrac{\pi_0}{\pi_1}$ 时，拒绝 H_0，接受 H_1；

(2) 当 $\lambda^S d_\lambda^{N-S} \leqslant \dfrac{\pi_0}{\pi_1}$ 时，拒绝 H_1，接受 H_0。

考虑了验前信息后犯两类错误的概率 (贝叶斯风险) 为

$$\alpha_{\pi_0} = \pi_0 \alpha \tag{3.2.9}$$

$$\beta_{\pi_1} = \pi_1 \beta \tag{3.2.10}$$

式中：α, β 为经典风险，α_{π_0} 为贝叶斯假设检验生产方风险；β_{π_1} 为贝叶斯假设检验使用方风险。

下面是基于贝叶斯假设检验方法的实例。对于单发命中概率 $P_0 = 0.7$，在不同的 P_H 下，有贝叶斯检验方案见表 3.5。从表 3.5 中可以看出，采用贝叶斯假设检验方案时，对于不同的验前信息，其检验的接受和拒绝的标准有所不同。

表 3.5　二项分布经典假设检验方案

P_0	验前概率	接受判据	拒绝判据
	0.40—0.50	10 发至少命中 7 发	10 发 6 中
0.7	0.51—0.60	9 发至少命中 6 发	9 发 5 中
	0.61—0.74	10 发至少命中 6 发	10 发 5 中

上述验前信息在武器系统定型试验中的应用实例，是贝叶斯统计方法在靶场试验鉴定领域中的典型范例。通过在某型导弹武器系统定型试验中单发命中概率指标的检验，显示了验前信息方法在节省试验靶弹数，提高检验置信度，降低军方应用风险等方面的优势。

3.2.5 贝叶斯统计推断方法的应用

目前为止，多数统计推断方法沿用了经典的 Pearson-Fisher-Neyman 统计方法。然而，近些年来贝叶斯学派越来越对经典的统计方法提出了挑战，而贝叶斯统计方法也越来越受到人们的重视。它在装备试验统计分析问题中得到了广泛的应用[19]。

结合贝叶斯定理，贝叶斯统计将未知的量 θ 当作随机变量，其分布在试验之前就已经存在，称之为验前分布。另外，当作了 n 次试验之后，获得了子样 $X = (X_1, \cdots, X_n)$，此时又可获得 θ 在给定 X 之下的条件分布，称它为验后分布。对于连续随机变量的场合，由贝叶斯公式，θ 的验后分布密度为

$$\pi(\theta|X) = \frac{\pi(\theta)\,p(X|\theta)}{\displaystyle\int_{\Theta} \pi(\theta)\,(X|\theta)d\theta} \tag{3.2.11}$$

其中, $\pi(\theta)$ 是 θ 的验前密度, Θ 为参数集, $p(X|\theta)$ 为子样在给定 θ 之下的密度函数。试验之后关于 θ 的信息全部包含在 $\pi(\theta|X)$ 中。贝叶斯统计就是由 $\pi(\theta|X)$ 出发作出 θ 的统计推断。例如 θ 的估计可取

$$\hat{\theta} = E[\theta|X] = \int_{\Theta} \theta\pi(\theta|X)d\theta \tag{3.2.12}$$

如果要对 θ 作置信估计，在置信度为 $1-\alpha$ 之下，可令

$$\int_{\theta_1}^{\theta_2} \pi(\theta|X)\,d\theta = 1-\alpha \tag{3.2.13}$$

满足上式的 $(\theta_1(X), \theta_2(X))$，就是 θ 的置信区间，这时

$$P\{\theta_1(X) < \theta < \theta_2(X) < X\} = 1-\alpha \tag{3.2.14}$$

它表示了在给定子样 X 之下，随机变量 θ 落在 $(\theta_1(X), \theta_2(X))$ 之中的概率为 $1-\alpha$。这种解释与经典统计完全不同，恰好克服了经典统计中理解上的麻烦。

贝叶斯统计当然不是无懈可击。经典学派恰好在贝叶斯统计中的两个基本点上进行了抨击。这就是 θ 的随机性以及它的验前分布。它们认为，θ 是未知分布

参数，它是客观存在的一个常量，未知的量怎么会是随机的？另外，在试验之前，要给出 θ 的确切分布，也往往是困难的。因此，如何获取验前信息，并将验前信息用分布的形式来表达，就成为应用贝叶斯方法的一个要害问题。

关于验前信息的获取，一般地说，有下列几种主要途径：

(1) 从历史资料中获取 θ 的信息。例如，飞行器各系统的精度鉴定问题中，要去获得精度在定型试验之前的验前信息，这时可以考虑试验之前的各种资料。如各种地面试验和测试的数据、同一型号不同试验轨道及不同射程之下的试验数据、对飞行中各种干扰的统计规律性认识等。

(2) 理论分析或仿真以获取验前信息。这是一种在工程实践中常用的方法。例如，对于再入飞行器的真实的落点在试验之前虽然不能确切地说出它的位置，但是由总体设计的理论论证，可以认为在一定条件下，试验轨道总是在"标准轨道"近旁，因此，关于落点的信息不是一无所知。特别是由于计算技术的发展，我们能对比较复杂的现象进行仿真。这种仿真的方法是获取验前信息的一种重要途径。

(3) 凭借经验的"主观概率"方法。这种方法最典型的是"专家打分"方法。这个方法的特点是集中了专家的智慧，可以构造出验前分布。但是，这种方法不能避免主观成分。由此得出的验前信息将因人而异。因此，它常常成为贝叶斯统计的支持者和反对者之间的一个争论。

(4) 当没有任何验前信息可以利用时，人们没有任何经验、历史资料可以借鉴。这时，要对某个性能参数作出某种眼前的判断是困难的。在这种情况下，H. Jeffreys，E. T. Jaynes 等提出"同等无知原则"，利用共轭分布等方法以确定验前分布。

在获取到验前信息之后，统计推断的基本问题是通过总体模型与观测样本所提供的信息对总体分布的某些方面作出论断。这种论断在一定的可信程度下进行。当然这种论断不一定是总体分布本身，它可以为与总体分布有关的某些事项。例如分布的特性数的估计、检验等，至于统计推断的形式也是多种多样的。下面讨论贝叶斯估计方法。

在讨论对于未知分布参数 θ 的估计时，除了考虑样本提供的信息以外，还必须同时考虑验前分布，并且还要给出参数值与估值之间的差异所引起的所谓"损失"。这时的估计方法就是贝叶斯估计方法。

记 θ 的估值为 a，则 a 为样本 $X=(X_1,\cdots,X_n)=a(X)$ 的函数：$a=a(X_1,\cdots,X_n)$，令 $L(\theta,a)$ 为当参数真值为 θ 而估值为 a 时所造成的损失，它为非负的实值函数。此时在给定 X 之下的平均损失为

$$E[L(\theta,a)|X]=\int_{\Theta}L(\theta,a)\pi(\theta|X)d\theta \tag{3.2.15}$$

其中 $a = a(X)$，$\pi(\theta|X)$ 为 θ 的验后密度函数。θ 的贝叶斯估计 $a^*(X)$ 是指使 $E[L(\theta, a^*)|X]$ 最小的 a^*，即是说

$$E[L(\theta, a^*(X))|X] = \min_a E[L(\theta, a)|X] \tag{3.2.16}$$

这里 θ 的贝叶斯估计 a^* 与损失函数 L 的选取以及验前密度 $\pi(\theta)$ 有关。关于损失函数，它可以由各种不同方式定义。例如，设 μ 为 X 的均值，以样本均值 $\bar{X} = \dfrac{1}{n}\sum\limits_{i=1}^{n} X_i$ 作为 μ 的估计，此时常取的损失函数 $L(\mu, \bar{X})$ 为 $(\bar{X} - \mu)^2$，$|\bar{X} - \mu|$，$(\bar{X} - \mu)^4$ 等等。

又如以 $S^2 = \dfrac{1}{(n-1)}\sum\limits_{i=1}^{n}(X_i - \bar{X})^2$ 为 σ^2 的估计时，常取 $L(\sigma^2, S^2)$ 为 $(S^2 - \sigma^2)^2$，$\ln(S/\sigma)^2$ 等等。最常用的损失函数是平方误差损失函数，即

$$L(\theta, a) = (\theta - a)^2 \tag{3.2.17}$$

此时的贝叶斯估计 $a^*(X)$，使

$$E[(\theta - a^*(X))^2|X] = \min_a E[L(\theta, a)|X] \tag{3.2.18}$$

由此可知

$$a^*(X) = E[\theta|X] \tag{3.2.19}$$

下面用两个例题来说明。

例 3.2.1 设 X 是 Bernoulli 变量，其可能值为 0，1，且

$$P\{X = 1\} = p = \theta \tag{3.2.20}$$

$$P\{X = 0\} = 1 - p = 1 - \theta \tag{3.2.21}$$

其中 θ 为未知分布参数。则在 θ 的验前密度 $\pi(\theta)$ 为 $B(\theta; a, b)$，$a > 0$，$b > 0$ 之下，$\pi(\theta|X)$ 仍为 Beta 分布，且分布参数为

$$a_1 = a + \sum_{i=1}^{n} X_i \tag{3.2.22}$$

$$b_1 = b + n - \sum_{i=1}^{n} X_i \tag{3.2.23}$$

因而容易算得

$$a^*(X) = E[\theta \mid X] = \frac{a + \sum\limits_{i=1}^{n} X_i}{a + b + n} \tag{3.2.24}$$

现在看看应用本例的结果对产品报废率的估计。假定对产品进行抽样，X 为每次抽样中出现废品的次数，则

$$X = \begin{cases} 1, & \text{出现废品} \\ 0, & \text{不出现废品} \end{cases} \tag{3.2.25}$$

此时 $P\{X=1\} = p = \theta$ 为废品率，假定 $a = b = 1$，因此 $\pi(\theta)$ 为 $[0,1]$ 上的均匀分布。今抽样 10 次，没有发现废品，问该批产品的废品率是多少？

由例可知，p 的贝叶斯估计为

$$E[p \mid X] = \frac{1 + \sum\limits_{i=1}^{n} X_i}{n+2} \tag{3.2.26}$$

令 $\sum\limits_{i=0}^{n} X_i = 0$，$n = 10$，于是废品率 p 的贝叶斯估计为 1/12。如果用频率法进行估计，此时的废品率为 0/10=0。由此看出，两种不同的方法，所得废品率的估计是不同的。贝叶斯方法所得的估计看来要合理一些。

例 3.2.2　一人打靶，打了 n 次，命中 r 次，此人打靶命中的概率应如何估计？

在此问题中，频率学派认为 A,B 两选手的命中概率是一样的，因为

$$\hat{\theta} = \frac{r}{n} \Rightarrow \begin{cases} n_A = r_A = 1 & \Rightarrow \hat{\theta}_A = 1 \\ n_B = r_B = 100 \Rightarrow \hat{\theta}_B = 1 \end{cases} \tag{3.2.27}$$

而贝叶斯学派观点认为，既然 A,B 两位选手水平未知，那么他们命中概率在 $[0,1]$ 中的任何值都是等可能的，即先验分布为

$$\pi(\theta) = \begin{cases} 1, & \theta \in [0,1] \\ 0, & \theta \notin [0,1] \end{cases} \tag{3.2.28}$$

打靶 n 次命中 r 次的似然概率是 $C_n^r \theta^r (1-\theta)^{n-r}$，所以

$$\hat{\theta} = E[\theta \mid r] = \frac{\int_0^1 \theta \cdot \theta^r (1-\theta)^{n-r} d\theta}{\int_0^1 \theta^r (1-\theta)^{n-r} d\theta} = \frac{r+1}{n+2} \Rightarrow \begin{cases} r_A = r_A = 1 \Rightarrow \hat{\theta}_A = \dfrac{2}{3} \\ n_B = r_B = 100 \Rightarrow \hat{\theta}_B = \dfrac{101}{102} \end{cases}$$
$$\tag{3.2.29}$$

所以百发百中比一发一中的命中概率更高，这显然更符合常识。贝叶斯估计的后验方差为 (假设)

$$D\hat{\theta} = \int_0^1 (\theta - \hat{\theta})^2 f_1(\theta \mid r) d\theta = \int_0^1 \left(\theta - \frac{r+1}{n+2} \right)^2 f_1(\theta \mid r) d\theta$$

$$= \frac{(r+2)(r+1)}{(n+3)(n+2)} - \left(\frac{r+1}{n+2}\right) \tag{3.2.30}$$

这就是贝叶斯统计的基本思想。由此可以看出，关于 θ 的统计推断，不但与获得的子样 X 有关，且与 θ 的验前分布有关。这样，贝叶斯统计较之经典统计，具有较多的信息。因此，如果验前的信息比较充分，虽然现场试验的次数较少，也可以作出合理的关于 θ 的统计推断。这种观点，容易被工程技术界所接受。特别是昂贵产品 (如导弹、卫星等) 试验后的统计分析，就更是如此。我们讨论贝叶斯统计方法，也是出于这种思考。可以预期，贝叶斯统计的运用，将可减少武器系统定型时的试射发数，缩短研制周期，使部队及时获得新的装备。因此经济和军事意义是明显的。

3.2.6 "频贝"之争

概率的本质是什么？这是一个带有哲学性的问题。两大学派给出的答案大相径庭：频率学派认为概率是物质世界的一种客观属性，并不因认识主体的不同而发生变化；贝叶斯学派把概率看作对物质世界的一种主观认识，是认识主体对物质世界信息量掌握多少的一种度量。关于"频贝"之争[15]，主要代表人物及其主要贡献总结如下：

代表人物	频率学派	贝叶斯学派	
K. Pearson	"偏斜分布"、矩估计、χ^2 拟合优度检验	贝叶斯	逆概率计算方法
R. A. Fisher	极大似然估计、显著性检验、方差分析、抽样分布、试验设计	Laplace	贝叶斯公式
E. Pearson	假设检验、似然比检验	Jeffreys	无信息先验
J. Neyman	假设检验、区间估计	Gelfand	MCMC

关于"频贝"之争的主要内容，从不同角度将区别总结如下：

	频率学派	贝叶斯学派
概率	频率逼近概率	概率是一种认知状态
参数	常量	随机变量
样本	随机变量	一旦取定就视为常量
信息	总体信息 + 样本信息	总体信息 + 样本信息 + 先验信息
缺陷	无法处理小子样等	先验分布的确定具有主观性
操作	需要构造统计量，并求其抽样分布	模式固定：先验 + 样本 → 后验

统计文献对贝叶斯方法的广泛使用充满了混乱和争议。对于同一个问题，人们可以使用不同的方法得出不同的结果，而且没有一种明确的标准来确定哪种方法是正确的。人们需要一位像 Fisher 那样的天才通过某种原理帮助他们将各种方法统一起来，以解决争议。

3.2.7　小结

贝叶斯方法在装备试验应用很多。由于涉及先验信息的选择，应用中也有争议。一是频率学派与贝叶斯学派本身的争议；二是在贝叶斯学派中，关于先验信息的不同选取也有争议。而且不当的先验信息，容易引起幸存者偏差。

有一点要指出的是，对于成败型试验，因为我们关心的是成功的概率，而概率总是在 [0, 1] 内，如果是选用 Beta(a, b) 分布作为先验分布，争议相对较小。这是因为，无信息先验 Beta(1, 1) 是一个频率学派与贝叶斯学派都公认为是合理的先验分布。而 Beta(a, 1)，Beta(1, b)，Beta(1, 1) 作为先验分布时，只要 a，b 不是很大，结果与 Beta(1, 1) 差别不太大。

3.3　试 验 设 计

3.3.1　费希尔生平

费希尔

罗纳德 • 艾尔默 • 费希尔 (Ronald Aylmer Fisher，1890—1962)，英国统计学家、演化生物学家与遗传学家。他是现代统计学与现代演化论的奠基者之一。安德斯 • 哈尔德称他是"一位几乎独自建立现代统计科学的天才"，理查德 • 道金斯则认为他是达尔文最伟大的继承者。费希尔建立了以生物统计为基础的遗传学和著名的方差分析 (Analysis of Variance，ANOVA)，发明了最大似然估计，并发展出充分性 (Sufficiency)、辅助统计、费希尔线性判别 (Fisher's Linear Discriminator) 与费希尔资讯 (Fisher Information) 等统计概念 [22]。

费希尔于 1890 年 2 月 17 日出生于英国伦敦的东芬奇利 (East Finchley)。1909 年，费希尔前往剑桥大学冈维尔与凯斯学院就读，学习数学和物理，并主修农业。他感受到生物统计与发展中的各种统计方法具有一种潜力，能够结合"不连续"的孟德尔遗传定律 (例如 A、B、O 血型)、"连续"的多基因遗传 (例如人类的肤色)，以及"渐进式"的达尔文演化论。

费希尔于 1913 年以天文学学士学位从敛桥大学毕业。1914—1920 年在伦敦市担任统计员，同时也在几所公立学校里教授物理和数学。其间，费希尔开始为期刊《优生学评论》(*Eugenic Review*) 撰写文章，并在写作期间逐渐加强对遗传学与统计学研究的兴趣。

1918 年，费希尔发表第一篇重量级论文《孟德尔遗传假定下的亲戚之间的相关性》("The Correlation Between Relatives on the Supposition of Mendelian

Inheritance")。这篇论文建立了以生物统计为基础的遗传学，首次提出著名的方差分析，表明如肤色等连续变异的遗传特征也符合孟德尔遗传定律。除了建立统计方法，这篇论文也显示一些具有连续性变异的遗传特征，可以符合孟德尔遗传定律。在此以前，两者被科学家认为是互相违抗。

1919 年，费希尔进入一所名为罗萨姆斯泰德试验站 (Rothamsted Experimental Station) 的农业试验所，并任职工作了 14 年。该农业试验所位于英格兰赫特福德郡 (Hertfordshire) 的哈平登 (Harpenden)。费希尔除了在其中担任一名统计员之外，所长约翰 • 罗素 (John Russell) 也为他设立了一个统计实验室。

在实验活动中，费希尔不断收集田间肥料、雨量、遗传、土质、细菌、管理试验、气候条件、收获量等资料。与孟德尔修道院的后花园的条件相比，实验的环境更不易控制。引起实验结果差异的因素主要有两个：一是在田间实验中，土质、光照等客观条件不同；二是实验方法不同。由于这两个因素往往同时起作用，因此，如何从总差异中分解出这两个因素各自的影响，以及如何测定它们，是费希尔所面临的问题。经过多年的努力及深入研究，对长达 66 年之久的资料加以整理、归纳、提取信息。

1923 年，费希尔陆续发表了关于在农业试验中控制误差的论文，首次提出了方差分析、随机区组、拉丁方等控制、分解和测定实验误差的方法，并且将成果写成一系列题为 "收成变异之研究"("Studies in Crop Variation") 的论文。他的全盛时期也在这时候开始。接下来几年，费希尔开始构想新的统计方法，如试验设计法 (Design of Experiments)。

1924 年，费希尔发表论文《关于几个著名统计量的分布函数》，以高斯分布统一了 Pearson 的 χ^2 分布、Gosset 的 t-分布，并提出了 F-分布，成为统计课程中几类最重要的抽样分布。1925 年出版《研究者的统计方法》，被誉为 20 世纪最具影响力的统计方法专著，该书以上述几类抽样分布为基础，大力推行 $p = 0.05$ 的显著性检验方法，并首次提出了试验设计的随机化 (Randomization) 原则。

1930 年，费希尔出版专著《自然选择的遗传理论》，论证了孟德尔遗传定律与达尔文进化论之间的相容性；建立了现代综合进化论 (Modern Evolutionary Synthesis) 的基本理论。1933 年，费希尔因在生物统计和遗传学研究方面成绩卓著，而被聘为伦敦大学优生学高尔顿讲座教授，从事 RH 血型的研究，因此离开了罗萨姆斯泰德。

1935 年，费希尔完成了在科学实验理论和方法上具有划时代意义的一本书《试验设计》(The Design of Experiments) 并出版。《试验设计》第二章，费希尔提到剑桥午后的品茶和那位美丽的女士,也是统计学里一个相当著名的实验——"女士品茶实验" (The Lady Tasting Tea Test)。书中提出了零假设 (Null Hypothesis) 的概念，发展了一整套试验设计的思想，涉及随机化、重复 (Replication)、区组

(Blocking)、混杂 (Confound)、多因素试验等。

1936 年，费希尔利用 χ^2 拟合优度检验法研究孟德尔遗传试验数据，指出试验数据只有约 7/10000 的概率是真实的。30 年代起，费希尔的另一重要工作是信仰推断 (Fiducial Inference)，试图在不利用先验分布的前提下，由样本定出参数的"信仰分布"，以替代贝叶斯方法。

《研究者的统计方法》和《试验设计》这两本书为试验设计奠定了基础，并被多次翻译与再版。除了新的统计方法，费希尔也将先前的方差分析研究进行补强与修饰，因而发明出最大似然估计，并发展出充分性、辅助统计、费希尔线性判别与费希尔资讯等统计概念 [21]。

1943 年至 1957 年，费希尔回剑桥大学任剑桥大学遗传学巴尔福尔讲座教授。1952 年受封爵士。1956 年，任剑桥冈维尔科尼斯学院院长，出版《统计方法与科学推理》。1959 年退休后去澳大利亚。1962 年，病逝。

3.3.2　费希尔试验设计三大原则

试验设计研究如何按照预定目标制定适当的试验方案，以利于对试验结果进行有效的统计分析的数学原理和实施方法。一个试验的设计，即对试验的一种安排，需要考虑试验所要解决的问题类型、对结论赋予何种程度的普遍性、希望以多大功效作检验、试验单元的齐性、每次试验的耗资耗时等方面，选取适当的因子和相应的水平，从而给出试验实施的具体程序和数据分析的框架 [24]。

从 20 世纪 20 年代费希尔在农业生产中使用试验设计方法以来，试验设计方法已经得到广泛的发展，统计学家们发现了很多非常有效的试验设计技术。20 世纪 50 年代，日本统计学家田口玄一将试验设计中应用最广的正交设计表格化，在方法解说方面深入浅出为试验设计的更广泛使用作出了众所周知的贡献。

在工农业生产和科学研究中，经常需要做试验，以求达到预期的目的。例如在工农业生产中希望通过试验达到高质、优产、低消耗，特别是新产品试验，未知的东西很多，要通过试验来摸索工艺条件或配方。如何做试验，其中大有学问。试验设计得好，会事半功倍，反之会事倍功半，甚至劳而无功。

如果要最有效地进行科学实验，必须用科学方法来设计。所谓试验的统计设计，就是设计试验的过程，使得收集的数据适合于用统计方法分析，得出有效的和客观的结论。如果想从数据作出有意义的结论，用统计方法作试验设计是必要的。当问题涉及受试验误差影响的数据时，只有统计方法才是客观的分析方法。这样一来，任一试验问题就存在两个方面：试验的设计和数据的统计分析。这两个问题是紧密相连的，因为分析方法直接依赖于所用的设计。

费希尔试验设计的三个基本原则是随机化、重复和区组化 [25]。

随机化，是试验设计使用统计方法的基石。所谓随机化，是指试验材料的分配和试验的各个试验进行的次序，都是随机确定的。统计方法要求观察值 (或误差) 是独立分布的随机变量。随机化通常能使这一假定有效。把试验进行适当的随机化亦有助于"均匀"可能出现的外来因素的效应。所谓随机化原则就是在抽样或分组时必须做到使总体中任何一个个体都有同等的机会被抽取进入样本以及样本中任何一个个体都有同等机会被分配到任何一个组中去。

重复，是指基本试验的重复进行。重复有两条重要的性质。第一，允许试验者得到试验误差的一个估计量。这个误差的估计量成为确定数据的观察差是不是统计上的试验差的基本度量单位。第二，如果样本均值作为试验中一个因素的效应的估计量，则重复允许试验者求得这一效应的更为精确的估计量。

区组化控制，又称局部控制或分层控制，是用来提高试验的精确度的一种方法。这一原则是为了消除试验过程中的系统误差对试验结果的影响而遵守的一条规律。将试验对象按照某种特征进行分组，使得组内特征一致、组间特征不同，然后在此基础上按一定原则对每组分别抽样。

3.3.3 三大原则之间的关系

试验设计的三个原则之间有密切的关系，区组化原则是核心，贯穿于随机化、重复原则之中，相辅相成、互相补充。

1. 区组化原则与随机化原则的关系

按照试验中是否考察区组因素，随机化设计分为以下两种方式。

(1) 完全随机化设计。每个处理随机地选取试验单元，这种方式适用于试验的例数较大或试验单元差异很小的情况。例如大豆施肥量的试验中，把试验地块分为 100 块，对氮肥的 0, 1, 2, 3(kg) 这 4 种处理，每种处理随机地选出 25 个地块作为试验单元。在具体实施随机化分组时，仍然可以采用抽签的方法，把 100 个地块按任意顺序从 1—100 编号，用外形相同的纸条写好 1—100 个号码。首先随机地抽出 25 个号码，这 25 个号码对应的地块分配给第 1 个处理。然后再从剩余的 75 个号码中随机抽出 25 个号码，对应的地块分配给第 2 个处理。再从剩余的 50 个号码中随机抽出 25 个号码，对应的地块分配给第 3 个处理。最后剩余的 25 个地块分配给第 4 个处理。有些试验的试验单元之间本身差异很小或不能事先判断其差异。例如考察某种铸件的抗冲击力试验，用几个不同的冲击力水平对铸件做试验，铸件的抗冲击力不能事先判断，只能采用完全随机化方法分配试验单元。

(2) 随机化区组设计。在大豆施加氮肥的 4 个水平的试验中，如果试验地块仅分为 16 块，这时采用完全随机化设计，不同处理所分配到的地块土壤的性状就会好坏不均，导致试验的结果不真。这时就要采用随机化区组设计，使好地块和差地块在几个处理中均衡分配。在这个试验中地块的好坏是区组因素，按照随机化区组设计的要求，在 16 个试验地块中要分别包含 8 个好地块和 8 个差地块，

4 个施肥量的处理分别随机选取 2 个好地块和 2 个差地块。这种方式就是随机化区组设计，其目的就是把性状不同的试验单元均衡地分配给每个处理，有关随机化区组设计方法会结合本书后面的内容继续介绍。

试验的各处理和各区组内的试验次数相同时称为平衡设计 (Balanced Design)。平衡设计也是试验设计的一个基本思想，这样做有利于试验数据的统计分析。

2. 区组化原则与重复原则的关系

重复是指在相同条件下对每个处理所做的两次或两次以上的试验，其目的是消除并估计试验的误差。试验的重复次数和区组因素有关，例如前面的大豆施肥量的试验中，试验地块分为 16 块，如果不考虑地块好坏的区组因素，这时 4 种施肥量的处理中每个处理都分配到 4 个试验地块，重复次数为 4 次；如果考虑地块好坏的区组因素，按随机化区组设计方法每个处理都分配到 2 个好地块和 2 个差地块，是重复次数为 2 次的重复试验；如果地块好坏这个区组因素按照好、一般、差和很差分为 4 个水平，这时按照随机化区组设计每个处理中分配到的好、一般、差和很差的地块都是各有 1 个，就是无重复的试验了。

3.3.4　女士品茶 [12]

我们在喝奶茶时，通常在杯子里先装入红茶，然后再加奶。而英国人们则是先放入牛奶，然后再加入红茶。那么如果想要知道英国人喝奶茶的方法和通常我们后加奶的方式，是否真的存在很明显的味道差异，最简单的方法，就是试验。

首先，牛奶上加红茶的 A 和红茶上加奶的 B，各制作了一杯，并邀请试验者"甲"品尝，假设"甲"找出了 A。当然，试验是在"甲"是不知道哪个是 A 或者 B 的情况下进行的。

那么，仅凭这个结果，能够认可"甲"具备识别 A 和 B 的能力吗？

"甲"即使没有识别 A 和 B 的能力，偶然找出 A 的概率，也就是说侥幸地选对 A 的概率是 1/2。所以，仅凭此试验结果，是不能判定"甲"具备了识别 A 和 B 的能力的。

这次为了减少侥幸的概率，A 和 B 各制作了 4 杯，并混放之后，只告诉"甲"放置顺序打乱了，然后以 A，A，A，A，B，B，B，B 的顺序让他品尝，假设他有全部猜对了 A。那么这次，这样的情况下是否可以认定，"甲"具备了识别 A 和 B 的能力呢？这种情况，侥幸找出 4 个 A 的概率是 1/70。

8 杯中找出 4 杯的方法共有 C_8^4 =8!/(4!4!)=70 种，所以侥幸概率只有 70 种里的 1 个。侥幸找出 4 个 A，并不是一般的困难。当然，并不是说，没有识别能力，就完全不可能侥幸地找对 A。只是说 70 种里会有一次。只是，在这种情况下，比起纠结于非常奇迹性的，侥幸找出 4 个 A，判定"甲"具备了识别 A 和 B 的能力是常理。

那么，通过这个试验结果，是不是就可以认定"甲"具备了识别 A 和 B 的能力呢？这个试验里有个制作奶茶顺序的问题。做了好几杯奶茶，喝了的话，通常可能会觉得前面 4 杯比后面的 4 杯好喝一点。所以，如果按照 A，A，A，A，B，B，B，B 的循序进行试验，"甲"识别出来的可能会是"试验顺序"，而不是 A 和 B 的味道。这种情况，在试验设计法的用语说的话，是味道的效果和试验顺序的效果混淆了。就是味道的效果和试验顺序的效果混同了。等于说是，得出了一个，与判断"甲"有无识别 A 和 B 的能力这个本来的试验目的不相干的结论。

所以，为了避免混淆，需要将 A 的 4 杯和 B 的 4 杯，试验顺序随机化进行。比如说利用"随机数表法"等，那么如果以 A，B，B，A，B，B，A，A 的顺序进行了试验，"甲"还是找出了 4 个 A，那么判定"甲"具备识别 A 和 B 的能力，是极为正常的。

因为，试验顺序引起的系统误差，A 和 B 受到的影响是相等、公平的，侥幸找出 4 个 A 的概率仅有 1/70。当然，"甲"侥幸找出 4 个 A 的概率并不是 0，所以判定他具备识别 A 和 B 的能力，有可能会成为误判。不过，这样的概率仅仅只有 1/70，所以判定他具备了识别能力绝非空谈。

不过，这个试验，仍旧会留下问题。通常，局限在特定时间内，一次性进行试验，严格来讲这个结论，属于特定时间内的特殊条件为前提的结论。换句说法就是结论的普遍性会存在问题。特别是，像品尝奶茶味道这种试验，试验的前提，如果是 1 次性进行，那么试验者的感官感觉会有疲劳度的堆积，也会产生试验结果的可靠性问题。所以为了避免这样的问题，8 杯奶茶，不能一次性展开试验，而需要将 A 和 B 进行组合，分 4 次进行试验比较好。然后各试验的组合中，将 A 和 B 的顺序打乱，随机化。比如说 (A，B) (B，A) (B，A) (A，B) 这样的 4 组，展开 4 次分解试验。这里 A 和 B 的一个组合试验 (A，B) 或 (B，A) 称为区组。这个试验里，侥幸找出 4 个 A 的概率是 $(1/2)^4 =1/16$，"甲"找出 4 个 A 时，判定他有识别能力有可能成为误判的概率比 8 杯一次性试验的可能性更大。所以为了进一步缩小误判的概率，将区组数量增加到 5 或 6 即可。

通过以上的例子，我们可以了解到试验时，需要遵守的 3 种原则。但是，仅 1 次试验是无法获得结论的。需要相同的处理方式，单纯地多次重复，或者使各种处理的组合形成区组，重复几次区组试验。还有将区组内的试验顺序随机化，整体试验区分若干区组，展开试验的局部管理，这样才更准确。

3.3.5 小结

Fisher 的论文《收成变异之研究》《关于几个著名统计量的分布函数》和三本专著《研究者的统计方法》《自然选择的遗传理论》《试验设计》等，奠定了试验设计的数学理论基础，这些工作对于指导装备试验设计，尤其对于指导服务于装备研制的试验设计，有特别重要的价值。特别是随机化、重复、区组化是必须遵守的三原则。

　　当然，装备试验设计是一个系统工程，不是仅仅依靠 Fisher 的三原则就够了，也不是沿用 Fisher 的系列方法就够了，更重要的是，我们要像孟德尔一样，结合装备的学科专业背景，综合应用社会科学方法、自然科学方法、工程科学方法，先把问题细化，然后再针对每一个细化了的问题进行试验设计。

3.4　常微分方程与飞行力学

3.4.1　常微分方程发展历程

　　初等数学中各种方程的目标一般是找出研究问题中的已知数和未知数之间的关系，列出包含一个未知数或几个未知数的一个或者多个方程式，并求取方程的解。凡是表示未知函数的导数以及自变量之间的关系的方程，就叫做**微分方程**。微分方程差不多是和微积分同时先后产生的，苏格兰数学家耐普尔创立对数的时候，就讨论过微分方程的近似解。牛顿在建立微积分的同时，对简单的微分方程用级数来求解。后来瑞士数学家雅各布 • 伯努利、欧拉，法国数学家克雷洛、达朗贝尔、拉格朗日等又不断地研究和丰富了微分方程的理论。

　　常微分方程的形成与发展是和力学、天文学、物理学，以及其他科学技术的发展密切相关的。数学的其他分支的新发展，如复变函数、李群、组合拓扑学等，都对常微分方程的发展产生了深刻的影响，当前计算机的发展更是为常微分方程的应用及理论研究提供了非常有力的工具。

　　牛顿研究天体力学和机械动力学的时候，利用了微分方程这个工具，从理论上得到了行星运动规律，牛顿第二定律的数学模型就是一个二阶常微分方程。后来，法国天文学家勒维烈和英国天文学家亚当斯使用微分方程各自计算出那时尚未发现的海王星的位置。这些都使数学家更加深信微分方程在认识自然、改造自然方面的巨大力量。

　　1740 年左右，人们已经知道了几乎所有求解一阶常微分方程式的初等解法。1728 年，瑞士人欧拉 (Euler，1707—1783) 给出指数代换法，将二阶常微分方程化为一阶方程来求解，从而开始了对二阶常微分方程的系统研究。1743 年，欧拉又给出了高阶常系数线性齐次方程的完整解法，这是对高阶常微分方程的重要突破。1774—1775 年，法国的拉格朗日 (Lagrange，1736—1813) 提出了用常数变易法求解一般高阶变系数非齐次常微分方程。

　　19 世纪，法国数学家柯西 (Cauchy，1789—1857) 相继开展对常微分方程解的存在性理论问题和与奇点问题相联系的解析理论研究。随着法国的庞加莱 (Jules Henri Poincaré，1854—1912) 和克莱因 (Felix Klein，1849—1925) 关于自守函数理论的研究使常微分方程解析理论的研究达到高峰。庞加莱还开创了对常微分方程定性理论的研究。庞加莱关于在奇点附近积分曲线随时间变化的定性研究，为当今动力系统理论奠定了坚实的基础，且在 1892 年以后被俄国的李雅普诺夫 (1857—1918) 发展到一般高维情形而形成专门的"运动稳定性理论"分支，李雅普诺夫的工作使微分方程的发展出现了一个全新的局面。

1937 年，庞特里亚金 (1908—1988) 提出结构稳定性概念，要求系统在微小扰动下保持其稳定性不变。此外，苏联的克尔德什 (1911—1978) 对常微分方程边值问题的研究也多有贡献。

3.4.2 常微分方程定义

1. 微分方程

微分方程指含自变量、自变量的未知函数及其导数的等式，通过求解微分方程求出未知函数。自变量只有一个的微分方程叫做常微分方程，常微分方程的解包括特解和通解。n 阶微分方程

$$F\left(x, y, \frac{dy}{dx}, \cdots, \frac{d^n y}{dx^n}\right) = 0 \tag{3.4.1}$$

是 $x, y, \dfrac{dy}{dx}, \cdots, \dfrac{d^n y}{dx^n}$ 的已知函数，而且一定含有 $\dfrac{d^n y}{dx^n}$，y 是未知函数，x 是自变量。

含有 n 个独立任意常数 $c_1, c_2, \cdots, c_n$ 的解，$y = \varphi(x, c_1, c_2, \cdots, c_n)$ 称为方程的通解，方程满足初值条件的解称为方程的特解。

2. 线性和非线性微分方程

对于未知函数以及它的各阶导数的有理整式是一次的微分方程叫做线性微分方程，不满足上述条件的微分方程叫做非线性微分方程。

非线性微分方程的一般形式是

$$\frac{d^2 y}{dt^2} + y \frac{dy}{dt} = t \tag{3.4.2}$$

线性微分方程的一般形式是

$$\frac{d^n y}{dx^n} + a_1(x) \frac{d^{n-1} y}{dx^{n-1}} + \cdots + a_{n-1}(x) \frac{dy}{dx} + a_n(x) y = f(x) \tag{3.4.3}$$

其中：$a_1(x), a_2(x), \cdots, a_n(x), f(x)$ 是关于 x 的已知函数。

3. 变量分离方程

$f(x)\varphi(y)$ 称为变量分离方程, 其中 $f(x)$ 和 $\varphi(y)$ 两个表达式则分别是 x, y 的连续函数。这种表达形式也是常微分方程中最常见的一类一阶函数。

如果 $\varphi(y) \neq 0$, 可将 $\dfrac{dy}{dx} = f(x)\varphi(y)$ 改写 $\dfrac{dy}{\varphi(y)} = f(x)dx$。这样变量就分离开了, 两边积分得到

$$\int \frac{dy}{\varphi(y)} = \int f(x)dx + c \tag{3.4.4}$$

这里的 c 可以用任意常数表示。这个表达式确定的 $y = \varphi(x, c)$ 就是其方程 $\dfrac{dy}{dx} = f(x)\varphi(y)$ 的解。

4. 积分因子

恰当微分方程通常可以利用积分因子求出它的通解。将非恰当微分方程的表达式转化为恰当微分方程, 用积分因子合理地表达出来。

如果存在连续可微函数 $\mu = \mu(x, y) \neq 0$, 使得 $\mu(x, y) M(x, y) dx + \mu(x, y) N(x, y) dy = 0$ 为一恰当微分方程, 即存在函数 μ, 使 $\mu M dx + \mu N dy = du$, 则称 $\mu(x, y)$ 为方程 $M(x, y) dx + N(x, y) dy = 0$ 积分因子。函数 $\mu(x, y)$ 为 $M(x, y) dx + N(x, y) dy = 0$ 的积分因子的充要条件是

$$\frac{\partial(\mu M)}{\partial y} = \frac{\partial(\mu N)}{\partial x} \tag{3.4.5}$$

即

$$N\frac{\partial \mu}{\partial x} - M\frac{\partial \mu}{\partial y} = \left(\frac{\partial M}{\partial y} - \frac{\partial N}{\partial x}\right)\mu \tag{3.4.6}$$

原方程存在的问题中, 只与 x 有关的函数积分因子 $\mu = \mu(x)$, 表示为 $\dfrac{\partial \mu}{\partial x} = 0$, 正如 μ 为函数表达式方程的积分因子所满足的充分必要条件是

$$\frac{\partial \mu}{\partial x} = \left(\frac{\partial M}{\partial y} - \frac{\partial N}{\partial x}\right)\mu \tag{3.4.7}$$

而积分因子

$$\phi(x) = \frac{\dfrac{\partial M}{\partial y} - \dfrac{\partial N}{\partial x}}{N} \tag{3.4.8}$$

也只表示关于 x 的函数。原函数表达式方程的一个积分因子是 $\mu = e^{\int \phi(x)dx}$, 此时表达式也只是关于 y 的函数; 同样, 也就求出此方程满足条件的一个积分因子就是 $\mu = e^{\int \phi(y)dx}$。

3.4.3　用常微分方程的通解表示待估函数

动态测量数据数学处理的主要工作之一是给出真实信号，系统误差等趋势性信号的准确估计。为了使估计的精度高，我们必须对待估计的量建立精确的、少参数的数学模型。在许多的实际问题中，真实信号或系统误差满足某一微分方程。利用微分方程，可以把未知的真实信号或系统误差用很少的未知参数表示 [25,26]。

例 3.4.1　已知被测的真实信号 $f(t)$ 满足微分方程

$$f''(t) + 4f(t) = 4t, \quad -1 \leqslant t \leqslant 1 \tag{3.4.9}$$

试用含有限个待估参数的表达式表达 $f(t)$。

解　表达 $f(t)$ 的方式至少有三种

$$f(t) = c_1 \sin 2t + c_2 \cos 2t + t \tag{3.4.10}$$

$$f(t) = \sum_{i=0}^{N} a_i \varphi_i(t) \tag{3.4.11}$$

$$f(t) = \sum_{j=-1}^{n+1} b_j \psi_j(t) \tag{3.4.12}$$

这里 $(\varphi_0(t), \varphi_1(t), \cdots, \varphi_N(t))$ 是一组 N 次多项式基，$(\psi_{-1}(t), \psi_0(t), \cdots, \psi_{n+1}(t))$ 是分划 π：$-1 = t_0 < t_1 < \cdots < t_n$ 上的一组三次多项式样条基。

很显然，无论多项式基与多项式样条基如何选取，要保证逼近 $f(t)$ 达到较高的精度，待估参数的数量 (若用多项式基，则有 $N+1$ 个待估系数；若用多项式样条基，则有 $n+3$ 个样条系数) 都是较多的。应用微分方程的通解表达式，只需要两个待估系数，这对我们处理 $f(t)$ 的动态测量数据是相当有利的。

特别要指出的是，许多实际的被测的动态物理量的确满足某一已知的微分方程，使用微分方程的通解表示待估函数，有比较广泛的适应性。

1. 线性常微分方程 (组) 的通解表示

1) 被测函数为 n 维向量函数
设被测量 $f(t)$ 是 n 维向量函数，已知

$$\frac{df}{dt} = A(t)f + g(t) \tag{3.4.13}$$

其中：$A(t)$ 是已知的 $n \times n$ 矩阵，每个元素都是 $[a,b]$ 上的连续可微函数，$g(t)$ 是 n 维向量函数，每个分量都是 $[a,b]$ 上的连续可微函数；$A(t)$，$g(t)$ 是已知的，那么我们有如下定理：

设 $f(t)$ 满足上述微分方程式, 那么 $f(t)$ 可以表示为以下含 n 个未知参数 $(c_1, c_2, \cdots, c_n)$ 的表达式, 即

$$f(t) = c_1\psi_1(t) + c_2\psi_2(t) + \cdots + c_n\psi_n(t) + \psi_0(t) \tag{3.4.14}$$

其中 $\psi_i(t)$ 是 n 维向量函数, 满足初值问题:

$$\begin{cases} \dfrac{d\psi_0}{dt} = A(t)\psi_0 + g(t) \\ \psi_0(a) = (0, 0, \cdots, 0)^{\mathrm{T}} \end{cases} \tag{3.4.15}$$

$$\begin{cases} \dfrac{d\psi_i}{dt} = A(t)\psi_i, \quad i = 1, 2, \cdots, n \\ \psi_i(a) = (0, \cdots, 1, 0, \cdots, 0)^{\mathrm{T}} \end{cases} \tag{3.4.16}$$

2) 被测函数为标量函数

设被测函数 $f_1(t)$ 是 t 的标量函数, 满足方程

$$\frac{d^n f_1}{dt^n} + a_1(t)\frac{d^{n-1} f_1}{dt^{n-1}} + \cdots + a_n(t)f_1 = g_n(t) \tag{3.4.17}$$

那么, 我们采用以下办法处理。

记

$$f = \left(f_1(t), f_1'(t), \cdots, f_1^{(n-1)}(t)\right)^{\mathrm{T}} \tag{3.4.18}$$

$$g = (0, 0, \cdots, 0, g_n(t))^{\mathrm{T}} \tag{3.4.19}$$

$$A(t) = \begin{pmatrix} 0 & 1 & 0 & 0 & \cdots & 0 \\ 0 & 0 & 1 & 0 & \cdots & 0 \\ \vdots & \vdots & \vdots & \vdots & & \vdots \\ 0 & 0 & 0 & 0 & \cdots & 1 \\ a_n & a_{n-1} & a_{n-2} & a_{n-3} & \cdots & a_1 \end{pmatrix} \tag{3.4.20}$$

由 $\dfrac{d^n f_1}{dt^n} + a_1(t)\dfrac{d^{n-1} f_1}{dt^{n-1}} + \cdots + a_n(t)f_1 = g_n(t)$ 可得

$$\frac{df}{dt} = A(t)f + g(t) \tag{3.4.21}$$

于是, 依上述定理可知, 存在 $n+1$ 个 n 维向量函数 $\psi_i(t)\,(i = 0, 1, \cdots, n)$, 使得

$$f(t) = c_1\psi_1(t) + c_2\psi_2(t) + \cdots + c_n\psi_n(t) + \psi_0(t) \tag{3.4.22}$$

取 $\varphi_i(t)$ 为 $\psi_i(t)$ 的第一个分量 $(i = 0, 1, \cdots, n)$，那么

$$f_1(t) = c_1(t)\varphi_1(t) + c_2(t)\varphi_2(t) + \cdots + c_n(t)\varphi_n(t) + \varphi_0(t) \tag{3.4.23}$$

2. 非线性方程 (组) 的通解表示

1) 基本问题与基本结论

在很多情况下，被 n 维向量函数 $f(t)$ 所满足的微分方程不是线性微分方程，而是非线性微分方程。例如，航天飞行器的轨道参数

$$X(t) = (x(t), y(t), z(t), \dot{x}(t), \dot{y}(t), \dot{z}(t))^{\mathrm{T}} \tag{3.4.24}$$

这一 6 维向量函数，它所满足的轨道方程就是一个非线性微分方程。

一般 $f(t)$ 可以看成是以下初值问题的解：

$$\begin{cases} \dfrac{df}{dt} = F(t, f), & T_0 < t < T_1 \\ f(T_0) = a \end{cases} \tag{3.4.25}$$

在很多情况下，已知 $F(t, f)$ 的表达式，而 a 是未知的。

首先介绍两个基本结论。

(1) 若 $F(t, f)$ 在区域 $G : T_0 < t < T_1, \|f\|_\infty < +\infty$ 上连续，且满足

$$\|F(t, f)\|_\infty \leqslant L(r), \quad \text{其中} \quad r = \sqrt{\sum_{i=1}^n f_1^2} \tag{3.4.26}$$

而 $L(r)$ 在 $r \geqslant 0$ 连续，在 $r > 0$ 时，

$$\int_1^{+\infty} \frac{dr}{L(r)} = +\infty \tag{3.4.27}$$

则初值问题的解在 $t \in (T_0, T_1)$ 存在。

(2) 若在 (1) 的假设下，进一步假设 $F(t, f)$ 满足 Lipschitz 条件，即 $\forall f_1, f_2 \in R^n$，存在常数 N，使

$$\|F(t, f_1) - F(t, f_2)\|_\infty \leqslant N\|f_1 - f_2\|_\infty \tag{3.4.28}$$

那么初值问题的解是唯一的。

2) Runge-Kutta 公式

下面考虑初值问题的求解。在 (1) 和 (2) 的存在、唯一性条件保证以后，求解可以采用著名的 Runge-Kutta 公式。记时间步长为 h，

$$\begin{cases} T_i = T_0 + ih, & i = 1, 2, 3, \cdots \\ f(i) \triangleq f(T_i) = f(T_0 + ih) \end{cases} \tag{3.4.29}$$

Runge-Kutta 公式为

$$\begin{cases} f(0) = a \\ f(i+1) = f(i) + \dfrac{1}{6}\left(K_1 + 2K_2 + 2K_3 + K_4\right) \end{cases} \tag{3.4.30}$$

其中 $f(0), f(i), f(i+1), K_1, K_2, K_3, K_4$ 均为 n 维向量。

$$\begin{cases} K_1 = h \cdot F\left(T_i, f(i)\right) \\ K_2 = h \cdot F\left(T_i + \dfrac{h}{2}, f(i) + \dfrac{1}{2}K_1\right) \\ K_3 = h \cdot F\left(T_i + \dfrac{h}{2}, f(i) + \dfrac{1}{2}K_2\right) \\ K_4 = h \cdot F\left(T_{i+1}, f(i) + K_3\right) \end{cases} \tag{3.4.31}$$

注　这里的步长 h 是求微分方程数值的步长, 不是观测的时间间隔。为了求解微分方程精确, 这里的 h 可取得任意小。而观测的时间间隔则是由测量设备的性能及测量的需要决定的。

3. 用初值 a 表示 $f(t)$

当 a 已知时, 只要 $F(t, f)$ 满足 (1) 和 (2) 的条件, 就可以依据 Runge-Kutta 公式具体计算出 $f(t)$; 这种情况 $f(t)$ 实际上是已知的函数。我们关心的问题是 $F(t, f)$ 实际上是已知的, 而且满足 (1) 和 (2) 的条件, 而 a 是未知的, 对于这种情况, $f(t)$ 是未知的。

根据前面的讨论, 实际上 $f(t)$ 可以表示为

$$f(t) = W_t(a), \quad T_0 < t < T_1 \tag{3.4.32}$$

而 $W_t(\cdot)$ 是一个 (表达式) 已知的函数, 这个函数的表达式可以根据 Runge -Kutta 公式得到, 给定 t 以后 $W_t(\cdot)$ 的表达式就完全确定下来。$W_t(\cdot)$ 是一个向量值函数, 每一个分量都是 n 元函数。

表达式 $f(t) = W_t(a)$ 其实是以一种隐式的形式存在, 而这种表达式在动态测量数据处理中是常用的。需要特别指出的是, 当 $F(t, f)$ 是 f 的非线性函数时, $W_t(a)$ 必然是 a 的非线性函数。

3.4.4　常微分方程的应用——放射性废物的处理问题 [27,28]

美国原子能委员会 (现为核管理委员会) 曾这样处理浓缩放射性废物, 他们把废物装入密封性能很好的圆桶中, 然后扔到水深 300ft (1ft = 0.3038m) 的海

里。这种做法是否会造成放射性污染, 很自然地引起了生态学家及社会各界的关注。原子能委员会一再保证, 圆桶非常坚固, 决不会破漏, 这种做法是绝对安全的。然而一些工程师们却对此表示怀疑, 他们认为圆桶在和海底相撞时有可能发生破裂。究竟谁的意见正确? 问题的关键在于圆桶到底能承受多大速度的碰撞, 圆桶和海底碰撞时的速度有多大?

工程师们进行了大量破坏性试验, 发现圆桶在直线速度为 40ft/s 的冲撞下会发生破裂, 剩下的问题就是计算圆桶沉入 300ft 深的海底时, 其末速度究竟有多大。

美国原子能委员会使用的是 55gal(1(美)gal = 3.785L) 的圆桶, 装满放射性废物时的圆桶重量为 $W=527.436$lbf(1lbf = 0.452kg), 而在海水中受到浮力 $B = 470.327$lbf。此外, 下沉时圆桶还要受到海水的阻力, 阻力的大小为

$$D = cv \tag{3.4.33}$$

其中 c 为常数。工程师们做了大量试验, 测得 $c = 0.08$。

现在, 取一个垂直向下的坐标, 并以海平面为坐标原点 $(y = 0)$。于是, 根据牛顿第二定律, 圆桶下沉时应满足微分方程

$$m\frac{d^2y}{dt^2} = W - B - D \tag{3.4.34}$$

注意到 $m = \dfrac{W}{g}$, $D = Cv$, $\dfrac{dy}{dt} = v$, 上式可改写成

$$\frac{dv}{dt} + \frac{Cg}{W}v = \frac{g}{W}(W - B) \tag{3.4.35}$$

式 (3.4.35) 是一阶线性方程, 且满足初值条件 $v(0) = 0$, 其解为

$$v(t) = \frac{W - B}{C}\left(1 - e^{-\frac{Cg}{W}t}\right) \tag{3.4.36}$$

由已知数据和 (3.4.36) 容易计算出圆桶有极限速度

$$\lim_{t\to\infty} v(t) = \frac{W - B}{C} \approx 713.86\,(\text{ft/s}) \tag{3.4.37}$$

如果极限速度不超过 40ft/s, 那么工程师们即可罢休。然而事实上, 和 40ft/s 的承受能力相比, 圆桶的极限速度竟是如此之大, 使人们不得不开始相信, 工程师们也许是对的。

为了求出圆桶与海底的碰撞速度 $v(t)$，首先必须求出圆桶的下沉时间 t，然而要做这一点却是比较困难的。为此，我们改变讨论方法，将速度 v 表示成下沉深度 y 的函数，即改写成 $v(t) = v(y(t))$。

这样，将 y 所满足的二阶常微分方程改写为

$$m\frac{dy}{dt}\frac{dv}{dy} = W - B - C_v \tag{3.4.38}$$

注意到 $v(0) = 0$，$y(0) = 0$，两边积分，得到

$$-\frac{v}{C} - \frac{W - B}{C^2}\ln\frac{W - B - C_v}{W - B} = \frac{gy}{W} \tag{3.4.39}$$

十分可惜的是，我们无法从非线性方程 (3.4.39) 中求出 $v = v(y)$，并进而求出碰撞速度 $v(300)$。因此，只得借助数值方法求出 $v(300)$ 的近似值。计算结果表明，$v(300) \approx 45.1\text{ft/s} > 40\text{ft/s}$。工程师们的猜测是正确的，将放射性废物丢到海中的做法是不安全的。现在，美国原子能委员会已改变了他们处理放射性废物的方法，并明确规定禁止将放射性废物抛入海中。

这一例子利用微分方程模型成功地解决了放射性废物处理问题中的争论。

3.4.5　常微分方程组的应用——人造卫星的轨道方程

人造卫星在最后一段运载火箭熄灭之后，即进入它的轨道，轨道的形状因发射角度和发射速度的不同，而分别出现椭圆、抛物线或双曲线[29]。地球与人造卫星是相互吸引的，但因二者的质量相差很大，因此，可假设地球是不动的，又因人造卫星的体积与地球相比是很小的，故可把它看作质点。为简单起见，我们不考虑太阳、月亮和其他星球的作用，并略去空气阻力。

在上面的假设下，可把问题归结为：从地球表面上一点 A，以倾角 α，初速度 v_0 射出一质量为 m 的物体，求此物体运动的轨道方程。

过发射点 A 和地心 O 的直线作 y 轴，y 轴与发射方向所成的平面为 xOy 平面，平面通过地心，取垂直于 y 轴且过地心的直线为 x 轴，取开始发射时间为 $t = 0$，经过时间 t 后，卫星位于点 $p(x, y)$，下面建立 x 和 y 所满足的方程。

根据万有引力定律，地球对卫星的引力大小为

$$F = -G\frac{mM}{x^2 + y^2} \tag{3.4.40}$$

其方向指向地心，其中 G 是引力系数，$G = 6.685 \times 10^{-20}\text{km}^3/(\text{kg}\cdot\text{s}^2)$，$M$ 是地球质量，$M = 5.97 \times 10^{24}\text{kg}$，$\sqrt{x^2 + y^2}$ 是地球与卫星间的距离。这个引力在 x，

y 轴方向上的分力分别为

$$F_x = F\cos\theta = -\frac{GmMx}{(x^2+y^2)^{\frac{3}{2}}} \tag{3.4.41}$$

$$F_y = F\sin\theta = -\frac{GmMy}{(x^2+y^2)^{\frac{3}{2}}} \tag{3.4.42}$$

卫星在 x，y 轴上所获得的分加速度分别为 $\dfrac{d^2x}{dt^2}$ 和 $\dfrac{d^2y}{dt^2}$。由牛顿第二定律，得到卫星的运动方程为

$$\begin{cases} m\dfrac{d^2x}{dt^2} = -\dfrac{GmMx}{(x^2+y^2)^{\frac{3}{2}}} \\[4mm] m\dfrac{d^2y}{dt^2} = -\dfrac{GmMy}{(x^2+y^2)^{\frac{3}{2}}} \end{cases} \tag{3.4.43}$$

当 $t=0$ 时，卫星在地表面以倾角 α，初速度 v_0 射出，所以，在 $t=0$ 时，$x(0)=0$，$y(0)=R$（$R=6370\mathrm{km}$ 是地球半径)。卫星的初速度在 x，y 轴上的分量分别为

$$\left.\frac{dx}{dt}\right|_{t=0} = v_0\cos\alpha, \qquad \left.\frac{dy}{dt}\right|_{t=0} = v_0\sin\alpha \tag{3.4.44}$$

因此，初始条件为

$$x(0)=0, \quad y(0)=R, \quad \left.\frac{dx}{dt}\right|_{t=0} = v_0\cos\alpha$$

$$\left.\frac{dy}{dt}\right|_{t=0} = v_0\sin\alpha \tag{3.4.45}$$

下面利用首次积分法来求方程组 (3.4.43) 满足初始条件 (3.4.45) 的解。首先由原方程组降为较低阶的方程组

$$\begin{cases} x\dfrac{dy}{dt} - y\dfrac{dx}{dt} = c_1 \\[4mm] \left(\dfrac{dx}{dt}\right)^2 + \left(\dfrac{dy}{dt}\right)^2 = \dfrac{2GM}{(x^2+y^2)^{\frac{1}{2}}} + c_2 \end{cases} \tag{3.4.46}$$

作极坐标变换，$x=r\cos\theta$，$y=r\sin\theta$，并求导得

$$\begin{cases} \dfrac{dx}{dt} = \dfrac{dr}{dt}\cos\theta - r\sin\theta\dfrac{d\theta}{dt} \\[4mm] \dfrac{dy}{dt} = \dfrac{dr}{dt}\sin\theta + r\cos\theta\dfrac{d\theta}{dt} \end{cases} \tag{3.4.47}$$

将它们代入 (3.4.47) 解得

$$\frac{dr}{dt} = \sqrt{c_2 + \frac{2GM}{r} - \frac{c_1^2}{r^2}} \qquad (3.4.48)$$

这里得到一个仅含一个未知函数 $r = r(t)$ 的一阶微分方程, 若由此解出 $r = r(t)$, 然后可确定 $\theta = \theta(t)$, 由此得到

$$\begin{cases} r = r(t) \\ \theta = \theta(t) \end{cases} \qquad (3.4.49)$$

这就是卫星运动轨道的极坐标参数方程。若将参数 t 消去, 便得出卫星运动轨道的极坐标方程。

为此, 由 (3.4.47) 式的第一式求得 $dt = \dfrac{r^2}{c_1} d\theta$, 并代入 (3.4.49) 式得

$$\frac{dr}{d\theta} = \frac{r^2}{c_1} \sqrt{c_2 + \frac{2GM}{r} - \frac{c_1^2}{r^2}} \qquad (3.4.50)$$

利用分离变量法求该方程的解, 并令 $p = \dfrac{c_1^2}{GM}$, $e = \sqrt{1 + \dfrac{c_2 c_1^2}{(GM)^2}}$, 则上式化为

$$r = \frac{p}{1 + e\cos(\theta - c)} \qquad (3.4.51)$$

这就是所求的卫星运动轨道的极坐标方程, 其中有三个任意常数 p, e, c (或 c_1, c_2, c), 它们可由初始条件确定。注意到当 $t = 0$ 时, $x(0) = 0$, $y(0) = R$, 因此, $r(0) = R$, $\theta(0) = \dfrac{\pi}{2}$, 且 $\dfrac{dr}{dt}\Big|_{t=0} = v_0 \sin\alpha$, $\dfrac{d\theta}{dt}\Big|_{t=0} = -\dfrac{v_0}{R}\cos\alpha$, 把它们代入 (3.4.46) 及 (3.4.51) 得

$$\begin{cases} c_1 = -Rv_0 \cos a \\ c_2 = v_0^2 - \dfrac{2GM}{R} \\ \sin c = \dfrac{\dfrac{p}{R} - 1}{e} \end{cases} \qquad (3.4.52)$$

我们知道, (3.4.51) 式是圆锥曲线的极坐标方程。当 $e = 0$ 时, 轨道是圆; 当 $0 < e < 1$ 时, 轨道是椭圆; 当 $e = 1$ 时, 轨道是抛物线; 当 $e > 1$ 时, 轨道是双曲线。

下面进一步讨论卫星发射的初速度与卫星轨道形状的关系。

因为

$$e = \sqrt{1 + \frac{c_2 c_1^2}{(GM)^2}} \tag{3.4.53}$$

故

$$e^2 = 1 + \frac{c_2 c_1^2}{(GM)^2} \tag{3.4.54}$$

将 (3.4.54) 式中的 c_1，c_2 代入上式，并整理得

$$e^2 = \left(1 - \frac{R v_0^2 \cos^2 \alpha}{GM}\right)^2 + \frac{R^2 v_0^4 \cos^2 \alpha \sin^2 \alpha}{(GM)^2} \tag{3.4.55}$$

注意到 (3.4.52) 式及 $p = \dfrac{c_1^2}{GM} = \dfrac{R^2 v_0^2 \cos^2 \alpha}{GM}$，故上式可化为

$$e^2 = \left(1 - \frac{p}{R}\right)^2 + \frac{p^2}{R^2} \tan^2 \alpha \tag{3.4.56}$$

因此，当 $e = 0$ 时，得

$$\frac{p}{R} = 1, \quad \tan \alpha = 0 \tag{3.4.57}$$

由此得

$$p = \frac{R^2 v_0^2 \cos^2 \alpha}{GM} = \frac{R^2 v_0^2}{GM} = R \tag{3.4.58}$$

即

$$v_0^2 = \frac{GM}{R} \tag{3.4.59}$$

把地球半径 R、质量 M 及引力常数 f 的具体数值代入上式，并计算得

$$v_0^2 = 62.76(\mathrm{km/s})^2 \tag{3.4.60}$$

即

$$v_0 = 7.9 \ \mathrm{km/s} \tag{3.4.61}$$

$v_0 = 7.9\mathrm{km/s}$ 称为第一宇宙速度，此时卫星的轨道是一个圆，当 $e = 1$ 时，得

$$v_0^2 - \frac{2GM}{R} = 0 \tag{3.4.62}$$

即

$$v_0 = \sqrt{\frac{2GM}{R}} \tag{3.4.63}$$

所求速度是第一宇宙速度的 $\sqrt{2}$ 倍，即 $v_0 = 11.2\mathrm{km/s}$，称为第二宇宙速度，它的轨道是抛物线。

当 $0 < e < 1$ 时，因 $e < 1$，可知

$$v_0^2 - \frac{2GM}{R} < 0, \quad v_0 < \sqrt{\frac{2GM}{R}} \tag{3.4.64}$$

这表明，当初速度小于第二宇宙速度时，卫星轨道是一个椭圆。

当 $e > 1$ 时，由 (3.4.54) 式可得

$$v_0 > \sqrt{\frac{2GM}{R}} \tag{3.4.65}$$

因此，当初速度大于第二宇宙速度时，它的轨道是双曲线 (一支)。

3.4.6　小结

常微分方程方法在装备试验中，主要是建立"质点"轨迹的数学模型，如卫星轨道、导弹弹道、无人机等。研究卫星调度、导弹突防与防御、全球定位系统、卫星编队、无人机编队等，都需要应用常微分方程方法，建立某一个或几个坐标系下的常微分方程组。许多问题，最终要归为参数的估计或预报问题。

3.5　回归分析方法

3.5.1　回归分析概述

弗朗西斯 • 高尔顿 (Sir Francis Galton，1822—1911)，英格兰维多利亚时代的博学家、人类学家、优生学家、热带探险家、地理学家、发明家、气象学家、统计学家、心理学家和遗传学家。高尔顿一生中发表了超过 340 篇的报告和书籍，他在 1909 年获封爵士。他在 1883 年率先使用"优生学"(Eugenics) 一词。在他于 1869 年的著作《遗传的天赋》(*Hereditary Genius*) 中，高尔顿主张人类的才能是能够透过遗传延续的。

"回归"一词最早由高尔顿所使用。他曾对亲子间的身高做研究，发现父母的身高虽然会遗传给子女，但子女的身高却有逐渐"回归到中等 (即人的平均值)"的现象。不过当时的回归和现在的回归在意义上已不尽相同。

回归分析方法的最早形式是最小二乘法，由 1805 年的勒让德 (Legendre) 和 1809 年的高斯 (Gauss) 出版。勒让德和高斯都将该方法应用于从天文观测中确定

关于太阳的物体的轨道 (主要是彗星，但后来是新发现的小行星) 的问题。高斯在 1821 年发表了最小二乘理论的进一步发展，包括高斯–马尔可夫定理的一个版本。

回归分析是一种统计学上分析数据的方法，目的在于了解两个或多个变量间是否相关、相关方向与强度，并建立数学模型以便观察特定变量来预测研究者感兴趣的变量。更具体地说，回归分析可以帮助人们了解在只有一个自变量变化时因变量的变化量。一般来说，通过回归分析我们可以由给出的自变量估计因变量的条件期望[30,31]。

高尔顿

回归分析是一种预测性的建模技术，这种技术通常用于预测分析、时间序列模型以及发现变量之间的因果关系。回归分析是建模和分析数据的重要工具。例如，在当前的经济条件下，要估计一家公司的销售额增长情况，使用回归分析，我们就可以根据当前和过去的信息来预测未来公司的销售情况。

回归分析可以使我们了解：①自变量和因变量之间的显著关系；②多个自变量对一个因变量的影响强度。回归分析也允许我们去比较那些衡量不同尺度的变量之间的相互影响，如价格变动与促销活动数量之间联系。这些有利于帮助市场研究人员，数据分析人员以及数据科学家排除并估计出一组最佳的变量，用来构建预测模型。

3.5.2 线性回归

线性回归是最为人熟知的建模技术之一，它通常是人们在学习预测模型时首选的技术。这里，因变量和自变量可以是连续的也可以是离散的，回归线的性质是线性的[32]。

给定数据集 $D = \{(x_1, y_1), (x_2, y_2), \cdots\}$，我们试图从此数据集中学习得到一个线性模型，这个模型尽可能准确地反映 $x(i)$ 和 $y(i)$ 的对应关系。这里的线性模型，就是属性 x 的线性组合的函数，可表示为

$$f(x) = w_1 x_1 + w_2 x_2 + \cdots + w_d x_d + b \qquad (3.5.1)$$

向量表示为

$$f(x) = w^{\mathrm{T}} x + b \qquad (3.5.2)$$

其中，$w = (w_1, w_2, w_3, \cdots, w_d)$ 表示列向量。w 表示对应的属性在预测结果的权重。权重越大，对于结果的影响越大。那么，通常的线性回归，就变成如何求得变量参数的问题，根据求得的参数，我们可以对新的输入来计算预测的值。

对于数据集 D, 我们需要根据每组输入 (x, y) 来计算出线性模型的参数值, 那么如何计算? $f(x_i) = wx_i + b$, 且 $f(x_i) \approx y_i$, 也就是说需要尽量使 $f(x_i)$ 接近于 y_i, 问题在于, 我们如何衡量二者的差别? 常用的方法是均方误差, 也就是

$$(w^*, b^*) = \underset{(w, b)}{\operatorname{argmin}} \sum_{i=1}^{m} (f(x_i) - y_i)^2 \tag{3.5.3}$$

事实上这就是最小二乘法, 那么上面的公式我们如何求得参数 w, b? 首先,

$$E(w, b) = \sum_{i=1}^{m} (y_i - wx_i - b)^2 \tag{3.5.4}$$

其中, E 是关于 (w, b) 的凸函数, 只有一个最小值, 而 E 在最小值时的 (w, b) 就是我们所要求的参数值。对于凸函数 E 关于 w, b 导数都为零时, 就得到了最优解。

E 对 w 求导:

$$\begin{aligned}
\frac{\partial E(w, b)}{\partial w} &= \frac{\partial \sum_{i=1}^{m} (y_i - wx_i - b)^2}{\partial w} \\
&= \frac{\partial \sum_{i=1}^{m} ((y_i - b)^2 + w^2 x_i^2 - 2w(y_i - b)x_i)}{\partial w} \\
&= \sum_{i=1}^{m} (2wx_i^2 - 2(y_i - b)x_i) \\
&= 2 \left(w \sum_{i=1}^{m} x_i^2 - \sum_{i=1}^{m} (y_i - b)x_i \right)
\end{aligned} \tag{3.5.5}$$

E 对 b 求导:

$$\begin{aligned}
\frac{\partial E(w, b)}{\partial b} &= \frac{\partial \sum_{i=1}^{m} (y_i - wx_i - b)^2}{\partial b} \\
&= \frac{\partial \sum_{i=1}^{m} ((y_i - wx_i)^2 + b^2 - 2b(y_i - wx_i))}{\partial b} \\
&= \sum_{i=1}^{m} (2b - 2(y_i - wx_i))
\end{aligned}$$

$$= 2 \left(mb - \sum_{i=1}^{m} (y_i - wx_i) \right) \tag{3.5.6}$$

令上面的两个导数为 0, 即可得到 w, b 的求解公式

$$w = \frac{\sum_{i=1}^{m} y_i (x_i - \bar{x})}{\sum_{i=1}^{m} x_i^2 - \frac{1}{m} \left(\sum_{i=1}^{m} x_i \right)^2} \tag{3.5.7}$$

$$b = \frac{1}{m} \sum_{i=1}^{m} (y_i - wx_i) \tag{3.5.8}$$

其中, $\bar{x} = \frac{1}{m} \sum_{i=1}^{m} x_i$ 是 X 的平均值。

以上是对于输入属性为一个时的讨论, 对于多个属性的讨论, 需要引入矩阵表示, 矩阵表示可以很简洁地表示为 $f(x_i) = w^{\mathrm{T}} x_i + b$, 将 b 作为 w 的一个参数, 那么

$$\hat{w}^* = \underset{\hat{w}}{\mathrm{argmin}} \, (y - X\hat{w})^{\mathrm{T}} (y - X\hat{w}) \tag{3.5.9}$$

然后求导就可以得到 w 矩阵的解:

$$\hat{w}^* = (X^{\mathrm{T}} X)^{-1} X^{\mathrm{T}} y \tag{3.5.10}$$

3.5.3 非线性回归

在自变量和因变量之间存在因果关系时, 通过构造一个线性函数去定量地衡量二者之间的数量关系。问题是现实的例子中变量之间的关系基本上都是非线性的, 这时就需要使用别的方法来去衡量这种关系 [33]。

1. 可化为线性回归的曲线回归

有些曲线回归虽然如此, 但是如果我们对它进行换元, 它就又变成了线性关系, 比方说 $y = \beta_0 + \beta_1 e^x + \varepsilon$, 它有一个元素 e^x 是非线性的项, 但是这个很简单, 我们只需要换元 $z = e^x$, 那么就可以把模型写成 $y = \beta_0 + \beta_1 z + \varepsilon$, 这个显然关于 z 是一个线性模型。问题在于, 非线性可不只是针对自变量, 可能误差也是非线性的。

比如下面两个例子: $y = ae^{bx} e^{\varepsilon}$, $y = ae^{bx} + \varepsilon$。第一个式子带的误差项我们叫乘性误差项, 第二个叫加性误差项。两者去掉误差项后相同, 但是它们的处理方法不一样。因为线性模型处理的误差项都是加性误差项, 所以要得到加性误

差项，需要取对数，但第二个不需要。结合上面的分析可知，首先取对数，得到 $\ln y = \ln a + bx + \varepsilon$，再换元。而第二个只需要令 $z = e^{bx}$ 即可。当然，要在 b 已知的情况下。

还有一种比较常见的回归是多项式回归。顾名思义，它的回归模型是一个多项式。这种回归模型的应用也非常广泛。若有二次项 x^2，那么换元为 x_2。实际情况中，因为三次以上的方程在解释性上会出现很大困难，所以一般不采用三次以上的多项式回归模型。

2. 一般非线性模型

非线性模型的形式和线性模型类似，其形式是

$$y_i = f(x_i, \theta) + \varepsilon_i, \quad i = 1, 2, \cdots, n \tag{3.5.11}$$

其中 ε 为随机变量。x_i 不是随机向量，θ 是需要估计的未知参数向量。在一般的非线性模型中，参数的数目和自变量的数目没有一定的对应关系。

类似地，如果我们还是使用最小二乘法估计，那么 $Q(\theta) = \sum_{i=1}^{n} [y_i - f(x_i, \theta)]^2$，它的正规方程组不一定有解析解，所以一般都需要使用数值逼近、凸优化等方法来解。

3.5.4　断点回归及其在疫苗保护效果评价中的应用 [34]

在因果关系分析的实证方法中，最优的选择应当为随机试验，但是随机试验的时间成本和经济成本都比较高，而在随机试验不可得的情况下，需要考虑使用其他方法。**断点回归** (Regression Discontinuity) 是仅次于随机试验的，能够有效利用现实约束条件分析变量之间因果关系的实证方法。Thistleth Waite 和 Campbell 于 1960 年正式发表了第一篇关于断点回归的论文。随后 Campbell 和 Stanley 为断点回归提供了更加清晰化的概念，在被诸多学者所完善之后，断点回归分析方法被广泛应用于经济学领域。

在使用断点回归的情况下，存在一个变量，如果该变量大于一个临界值时，个体接受处置，而在该变量小于临界值时，个体不接受处置。一般而言，个体在接受处置的情况下，无法观测到其没有接受处置的情况，而在断点回归中，小于临界值的个体可以作为一个很好的可控组 (Control Group) 来反映个体没有接受处置时的情况，尤其是在变量连续的情况下，临界值附近样本的差别可以很好地反映处置和经济变量之间的因果联系。

下面介绍断点回归的原理及其在疫苗保护效果评价领域的应用。

1. 断点回归的原理及方法

断点回归研究是基于某个可观测的连续性因子的取值 (年龄、收入、CD4+T 淋巴细胞计数等) 来决定如何分配干预措施，该连续性因子称为驱动变量 (Forcing

Variable) 或分配变量 (Assignment Variable)。通过对驱动变量设置临界值 (Cutoff) 作为可否暴露于干预措施的标准，因此，暴露于干预措施的概率在临界值处发生显著的不连续性变化 (如陡然地跳跃、上升或下降)，可基于线性回归模型构建结果变量与驱动变量之间、暴露概率与驱动变量之间的函数关系，当结果变量与驱动变量之间的关系是连续的，其他可能影响结果的变量在临界值处也是连续的，那么结果变量在临界值处的相对跳跃幅度可用来评估干预措施效果。

(1) 断点回归定义：在临界值附近的局域范围内，研究对象基本特征的分布及干预措施的分配是近似随机的，即所有潜在的混杂因素在断点附近局域范围内是均衡的。

(2) 断点回归应用条件：一是临界值附近的驱动变量是连续的，如接种疫苗的年龄；二是驱动变量与不同干预组的结果变量之间的关系在临界值处是连续的。

(3) 断点回归分类：根据驱动变量是否完全决定暴露概率，断点回归可分为两类，一类是精确断点回归设计。见图 3.1(a)，即临界值一侧的所有研究对象均接受干预 (如接种疫苗)，而另一侧均未接受干预 (如均未接种疫苗)，因此临界值处的暴露概率 (即接种疫苗的概率) 从 0 陡然变为 1；另一类是模糊断点回归设计。见图 3.1(b)，即临界值两侧的研究对象自由选择是否接受干预 (即是否接种疫苗)，但行政决策显著影响干预措施的执行力度，即临界值一侧暴露于干预的力度要远高于另一侧 (如仅 ⩾18 岁人群可免费接种疫苗)，在局域范围内，模糊断点回归类似于随机对照试验 (RCT) 研究中的不依从情境 (Non-compliance)。因此精确断点回归设计是模糊断点回归设计的特殊情况。

2. 断点回归在疫苗保护效果评价中的应用思路

基于断点回归的研究特点，可将其推广运用至疫苗保护效果评价中。若假设由于医疗政策或医疗干预，导致大规模人群中大于或等于接种年龄阈值的人群可免费接种疫苗，而小于接种年龄阈值的人群无法接种疫苗或接种率较低。故可认为该研究的驱动变量即为年龄，临界值为接种年龄阈值，研究结果为疫苗可预防疾病的感染率、发病率、住院率及死亡率等指标。临界值右侧是具有免费接种资格组的结果变量 (接种率) 的变化趋势，左侧是无免费接种资格组的结果变量的变化趋势。在接种年龄阈值的局域范围内，研究对象的基本人口特征类似，左右两侧人群的结果变量的变化与疫苗接种有强烈的因果联系。见图 3.1(c)。通过建立模型方程，考虑混杂和偏倚，估算疫苗保护效果。

3. 断点回归在疫苗保护效果评价的估计方法

鉴于断点回归均为基于真实世界的大规模人群研究，此时线性回归模型适用于所有数据分布，包括二项分布。在疫苗接种效果评估领域，有 4 个关键变量 (表 3.6)。

表 3.6　断点回归设计研究中函数方程的变量含义及类型

序号	变量符号	含义	变量类型
1	Y	结果变量 (如是否发病)	二分类
2	W	是否接种疫苗	二分类
3	X_1	是否具有免费接种资格	二分类
4	X_2	驱动变量 (如年龄)	连续型
5	C	临界值	常数

首先估算该疫苗政策的效应, 即结果变量 Y 作为因变量, 而 X_1 与 X_2 作为自变量, 构建方程

$$Y_i = \beta_{Y0} + \beta_{Y1}(X_{1i}) + \beta_{Y2}(X_{2i}) + \beta_{Y3}(X_{1i}) \times \beta_{Y4}(X_{2i}) + \varepsilon_i \qquad (3.5.12)$$

其中, i 代表某随机个体, ε 表示残差。因此通过测算 β_1, 即可估计该疫苗政策的效应。

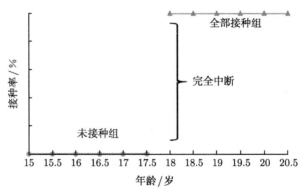

(a) 精确断点回归设计

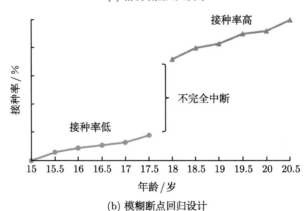

(b) 模糊断点回归设计

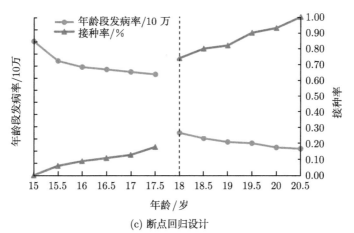

(c) 断点回归设计

图 3.1 不同假设条件下的断点回归设计应用场景. (a) 精确断点回归设计；(b) 模糊断点回归
设计；(c) 断点回归设计：以 18 岁为免费接种疫苗的年龄阈值

注：年龄、接种率及发病率分别作为断点回归设计研究的驱动变量、干预因素及结果变量。

其次，估算疫苗接种效应 [绝对风险差 (RD)]，即 W 作为因变量，构建 W 与 X_1，X_2 之间的函数关系，公式

$$W_i = \beta_{W0} + \beta_{W_1}(X_{1i}) + \beta_{W_2}(X_{2i}) + \beta_{W_3}(X_{1i}) \times \beta_{W_4}(X_{2i}) + \varepsilon_i \quad (3.5.13)$$

因此疫苗接种效应即为 β_{Y_1} 与 β_{W_1} 的比值。

若需开展不同类型疫苗接种之间的横向比较，则需测算 RD 值，此时通常基于最小二乘法、最大似然估计等理论开展二阶段因果效应估计，此处采用最大似然法，构建二阶的二项分布的对数似然函数 (log-binomial 函数) 来测算疫苗接种的相对风险，基本思路与上述相似：

$$\log(W_i) = \beta_0 + \beta_1(X_{1i}) + \beta_2(X_{2i}) + \beta_1(X_{1i}) \times \beta_2(X_{2i}) + \varepsilon_i \quad (3.5.14)$$

$$\log(Y_i) = \beta_0 + \beta_1(W_i') + \beta_2(X_{2i}) + \beta_1(W_i') \times \beta_2(X_{2i}) + \varepsilon_i \quad (3.5.15)$$

其中，W_i' 为前序方程的估计值。此时疫苗接种的相对风险 RD $= \exp(\beta_1)$。因此，疫苗保护效果 $= (1 - \text{RD}) \times 100\%$。

3.5.5 小结

在装备试验中，至少在两个方面要用到回归分析方法。一是在测量或跟踪数据的分析和处理中；二是在试验数据的因果分析或相关分析中。自变量较多的回归模型、非线性回归模型、断点回归模型等都可能碰到。

3.6　序贯方法

3.6.1　瓦尔德生平

瓦尔德

瓦尔德 (Abraham Wald) 于 1902 年生于罗马尼亚的克卢日,先就读于克罗日大学,1927 年入维也纳大学学习并且在仅修了三门课之后就得到博士学位。瓦尔德在哥伦比亚大学做统计推断理论方面的研究工作,写出一些有开创性的学术论文。1943 年任副教授,1944 年任教授,1946 年被任命为新建立的数理统计系的执行官员。瓦尔德主要从事数理统计研究,用数学方法使统计学精确化、严密化,取得了很多重要成果。

瓦尔德在统计学中的贡献是多方面的,其中最重要的成就,一是 1939 年开始发展的统计决策理论 (Statistical Dicision Theory)。他提出了一般的判决问题,引进了损失函数、风险函数、极小极大原则和最不利先验分布等重要概念。二是序贯分析。在第二次世界大战期间,他为军需品的检验工作首次提出了著名的序贯概率比检验法 (Sequential Probability Ratio Test, SPRT),并研究了这种检验法的各种特性,如计算两类错误概率及平均样本量。他和 J. Wolfowitz 合作证明了 SPRT 的最优性,被认为是理论统计领域中最深刻的结果之一。他的专著《序贯分析》奠定了序贯分析的基础。瓦尔德对统计理论发展的方向有重大的影响。

3.6.2　序贯分析方法

序贯抽样方案是指在抽样时,不事先规定总的抽样个数 (观测或试验次数),而是先抽少量样本,根据其结果,再决定停止抽样或继续抽样、抽多少,这样下去,直至决定停止抽样为止。反之,事先确定抽样个数的那种抽样方案,称为固定抽样方案[37,38]。

序贯分析研究的对象是所谓 "序贯抽样方案" 及如何用这种抽样方案得到的样本去作统计推断。美国统计学家道奇和罗米格的二次抽样方案是较早的一个序贯抽样方案。1945 年,施坦针对方差未知时估计和检验正态分布的均值的问题,也提出了一个二次抽样方案,据此序贯抽样方案既可节省抽样量,又可达到预定的推断可靠程度及精确程度。

第二次世界大战时,为军需验收工作的需要,瓦尔德发展了一种一般性的序贯检验方法,叫做**序贯概率比检验**,此法在他的 1947 年的著作中有系统的介绍。瓦尔德的这种方法提供了根据各次观测得到的样本值接受原假设 H_0 或接受备择

假设 H_1 的临界值的近似公式, 也给出了这种检验法的平均抽样次数和功效函数, 并在 1948 年与美国统计学家沃尔福威兹一起, 证明了在一切两类错误概率分别不超过 α 和 β 的检验类中, 上述序贯概率比检验所需平均抽样次数最少。瓦尔德在其著作中也考虑了复合检验的问题, 有许多统计学者研究了这种检验。瓦尔德的上述开创性工作引起了许多统计学者对序贯方法的注意, 并继续进行工作, 从而使序贯分析形成为数理统计学的一个分支。除了检验问题以外, 序贯方法在其他方面也有不少应用, 如在一般的统计决策、点估计、区间估计等方面。

考虑序贯分析的例子: 一个产品抽样检验方案规定按批抽样品 20 件, 若其中不合格品件数不超过 3, 则接收该批, 否则拒收。在此, 抽样个数 20 是预定的, 是固定抽样。若方案规定为: 第一批抽出 3 个, 若全为不合格品, 拒收该批, 若其中不合格品件数为 $x_1 < 3$, 则第二批再抽 $3 - x_1$ 个, 若全为不合格品, 则拒收该批, 若其中不合格品数为 $x_2 < 3 - x_1$, 则第三批再抽 $3 - x_1 - x_2$ 个, 这样下去, 直到抽满 20 件或抽得 3 个不合格品为止。这是一个序贯抽样方案, 其效果与前述固定抽样方案相同, 但抽样个数平均讲要节省些。此例中, 抽样个数是随机的, 但有一个不能超过的上限 20。有的序贯抽样方案, 其可能抽样个数无上限, 例如, 序贯概率比检验的抽样个数就没有上限。

H. F. 道奇和 H. G. 罗米格的二次抽样方案是较早的一个序贯抽样方案。1945 年, C. 施坦针对方差未知时估计和检验正态分布的均值 μ 的问题, 提出了一个二次抽样方案。依此方案, 在事先给定了 $l > 0$ 和 $0 < \alpha < 1$ 后, 可作出均值 μ 的一个置信区间, 其置信系数 (见区间估计) 为 $1 - \alpha$, 而长度不超过 l。可以证明: 当方差未知时, 具有这种性质的置信区间在固定样本的情况下不可能找到。由此可以看出序贯抽样方案除了可节省抽样量之外, 还有一种作用, 即为了达到预定的推断可靠程度 (置信系数) 及精确程度 (以区间长度来刻画), 有时必须使用序贯抽样。

例如, 估计一事件 A 的概率 $p(0 < p < 1)$, 给定 $\varepsilon > 0$ 及 $0 < \alpha < 1$, 要找到这样的估计 k, 使能以不小于 $1 - \alpha$ 的概率保证估计的相对误差 $|k - p|/p \leqslant \varepsilon$。可以证明, 若用固定抽样方案, 事先指定自然数 n, 做 n 次试验, 每次观察 A 是否发生, 则不论 n 多么大, 具有上述性质的估计不存在。但用下述序贯抽样方案可得到这样的 k: 作试验, 观察 A 是否发生, 设到 A 第一次发生时已作了 n_1 次试验, 计算出, 取其整数部分 n_2, 再作 n_2 次试验, 记 n_2 次试验中 A 出现的次数为 m, 令 $k = m/n_2$, 则有 $P(|k - p|/p \leqslant \varepsilon) \geqslant 1 - \alpha$, 而估计 k 具有所指定的性质。

3.6.3 序贯概率比检验在导弹试验中的应用

在军事技术领域中, 各种战术导弹、炮弹、火箭弹, 各种火工品等武器的质量验收或鉴定, 一般都是采用实弹射击的方法, 即对给定的武器系统在要求的条件下进行实弹射击试验, 同时观测每一次射击结果, 通过对观测结果的统计分析, 给出被试产品的质量是否满足指标要求的具体结论。这一过程称为"射击抽样"检验[25]。

在导弹等高新技术武器的一组试验数据中，由于存在可靠性问题，常常是既有计数数据，又有计量数据，它们是"混合"在一起的。例如，在将导弹的飞行可靠性考虑在内的一组命中率试验中，有些导弹可能命中目标或落在目标附近，从而可以计量脱靶量，但在这一组导弹中，有的可能因出现故障中途飞行失败，此时则无法计量脱靶量，只能记录故障数的个数，即计数。这样，在这一组导弹的试验中，计量和计数数据混合在一起，形成"混合样本"。基于"混合样本"的检验，称为半计量检验。

下面用计数型检验介绍**序贯概率比检验**在导弹试验中的应用[25]。

首先，设 $x_1, x_2, x_3, \cdots$ 为依时间先后顺序得到的一系列样本，其共同密度由 $f_\theta(x)$ 表示，现要对如下两个假设进行检验：

$$H_0 : \theta = \theta_0, \quad H_1 : \theta = \theta_1 \, (\theta_0 < \theta_1) \tag{3.6.1}$$

瓦尔德提出用如下检验统计量对两个假设进行检验：

$$\Lambda_n = \sum_{i=0}^{n} \ln \left(\frac{f_{\theta_1}(x_i)}{f_{\theta_0}(x_i)} \right), \quad n = 1, 2, 3, \cdots \tag{3.6.2}$$

判断准则 (从 $n = 1$ 开始) 为

(1) 若 $\Lambda_n \geqslant b$，则停止抽样并拒绝原假设 H_0 接受备择假设 H_1；

(2) 若 $\Lambda_n \leqslant a$，则停止抽样并拒绝备择假设 H_1 接受原假设 H_0；

(3) 若 $a < \Lambda_n < b$，则说明在此时尚不能做出判断，需要再抽取一个样品进行检验。

其中常数 $a < 0$，$b > 0$ 称为此序贯概率比检验的停止边界，它们由对两类风险的要求确定。若要求生产方风险和使用方风险分别为 α，β，根据瓦尔德的理论，则有

$$b = \ln \left(\frac{1 - \beta}{\alpha} \right), \quad a = \ln \left(\frac{\beta}{1 - \alpha} \right) \tag{3.6.3}$$

在实践中，人们一般总是要求双方风险是相等的，为简便起见，下面也作这样的要求，即假定 $\alpha = \beta$，此时有

$$b = \ln \left(\frac{1 - \alpha}{\alpha} \right), \quad a = \ln \left(\frac{\alpha}{1 - \alpha} \right) = -b \tag{3.6.4}$$

必须指出，该序贯概率比检验到做出接受或拒绝决定时，具体要抽取的样本量是不确定的，其实际样本量

$$N = \min \left\{ n : \Lambda_n \leqslant -b \ \text{或} \ \Lambda_n \geqslant b \right\} \tag{3.6.5}$$

是一个随机变量，通常称之为停时。

对成功率而言，上述陈述可以具体化和简洁化。用 x_i 表示每一发导弹的成功情况，$x_i = 1$ 表示该发导弹成功，$x_i = 0$ 表示该发导弹未成功，则

$$x_i \sim b(1, p) \tag{3.6.6}$$

其中 p 为成功率，于是 (3.6.1) 式的检验问题可写为

$$H_0 : p = p_0, \quad H_1 : p = p_1 (p_0 > p_1) \tag{3.6.7}$$

通常，称 $d = \dfrac{1-p_1}{1-p_0}$ 为鉴别比。则检验统计量式 (3.6.2) 可写为

$$\Lambda_n = \sum_{i=1}^n x_i \ln \left(\frac{p_1(1-p_0)}{p_0(1-p_1)} \right) + n \ln \left(\frac{1-p_1}{1-p_0} \right), \quad n = 1, 2, 3, \cdots \tag{3.6.8}$$

判断准则保持不变但可以用如下形式写出，令

$$S_n = \sum_{i=1}^n x_i \tag{3.6.9}$$

为试验到第 n 发时的成功次数。记

$$h = b / \ln \left(\frac{p_0(1-p_1)}{p_1(1-p_0)} \right), \quad s = \ln \left(\frac{1-p_1}{1-p_0} \right) / \ln \left(\frac{p_0(1-p_1)}{p_1(1-p_0)} \right) \tag{3.6.10}$$

则判断准则为：从 $n = 1$ 开始，

(1) 若 $S_n \geqslant sn + h$，则停止抽样并拒绝备择假设 H_1，接受原假设 H_0；

(2) 若 $S_n \leqslant sn - h$，则停止抽样并拒绝原假设 H_0，接受备择假设 H_1；

(3) 若 $sn - h < S_n < sn + h$，则说明在此时尚不能做出判断，需要进一步抽取样本。

整个检验可用图 3.2 表示。

3.6.4 贝叶斯序贯检验法及其在落点精度鉴定中的应用 [83]

1. 贝叶斯检验法及其在落点精度鉴定中的应用

落点精度包括落点准确度和落点密集度，落点准确度描述了落点的系统性偏差，落点密集度描述了落点的随机散布特征[39]。贝叶斯综合检验方法可以实现对落点密集度的检验。本方法假定落点的纵、横向偏差是独立的，且落点的随机变量 (x, z) 具有圆散布，即 $\sigma_x = \sigma_z = \sigma$，一般情况下对于密集度的评定方案采用如下简单假设：

$$H_0 : \sigma = \sigma_0, \quad H_1 : \sigma = \sigma_1 = \lambda \sigma_0, \lambda > 1 \tag{3.6.11}$$

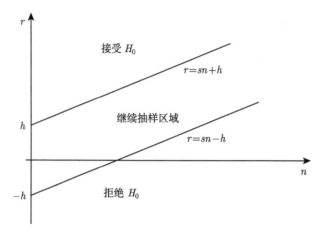

图 3.2　序贯概率比检验

设落点偏差为 $(\Delta X_i, \Delta Z_i)$，其中 $\Delta X_i, \Delta Z_i$ 分别为第 i 次射击中纵横向落点偏差，此处 $\Delta X_i \sim N(0, \sigma^2)$，$\Delta Z_i \sim N(0, \sigma^2)$，并定义 $r_i = \sqrt{\Delta X_i^2 + \Delta Z_i^2}$（$i = 1, 2, \cdots, n$）如果纵横向相互独立。可以推出 r_i 服从 Rayleigh 分布，则 $P(r) = \dfrac{1}{\sigma^2} re^{-\frac{r^2}{2\sigma^2}}$，$r \geqslant 0$，于是获得后验加权似然比

$$\frac{P(H_1|r)}{P(H_0|r)} = \frac{L(r; \sigma_1) P(H_1)}{L(r; \sigma_0) P(H_0)} \tag{3.6.12}$$

其中，$L(r; \sigma_i) = r_1 \cdots r_n (\sigma_i^2)^{-\frac{S_n^2}{2\sigma_i^2}}$，$S_n^2 = \sum\limits_{i=1}^{n} r_i^2$，$i = 0, 1$。

如果定义常值损失函数

$$L(\theta, a_i) = \begin{cases} C_{i0}, & \theta \in \Theta_0 \\ C_{i1}, & \theta \in \Theta_1 \end{cases} \tag{3.6.13}$$

可以得到决策门限

$$J = \frac{C_{1,0} - C_{0,0}}{C_{0,1} - C_{1,1}} \frac{P_{H_0}}{P_{H_1}} \tag{3.6.14}$$

于是可得检验拒绝域为

$$D = \left\{ r : S_n^2 > J(\lambda, n, P(H_0)) \right\} \tag{3.6.15}$$

其中，$J(\lambda, n, P(H_0)) \hat{=} \dfrac{2\lambda^2 \sigma_0^2}{\lambda^2 - 1} \ln J + 2n \ln \lambda$，由于 $r_i \sim$ Rayleigh 分布，故

$$S_n^2 \sim \frac{1}{D} k_{2n} \left(\frac{S_n^2}{D} \right), \quad D \hat{=} \sigma^2 \tag{3.6.16}$$

其中, k_{2n} 为具有 $2n$ 个自由度的 χ^2 变量的密度函数, 检验的效函数为

$$
\begin{aligned}
P(\sigma) = P\left\{S_n^2 > J(\lambda, n, P(H_0))\right\} &= \int_{J(\lambda, n, P(H_0))}^{+\infty} \frac{1}{D} k_{2n}(t/D)dt \\
&= 1 - K_{2n}\left(\frac{J}{D}\right) \hat{=} Q_{2n}\left(\frac{J}{D}\right) \quad (3.6.17)
\end{aligned}
$$

于是定义检验中弃真和采伪概率分别为

$$
\alpha = P\left(S_n^2 > J(\lambda, n, P(H_0)), H_0\right) = P(H_0) Q_{2n}\left(\frac{J}{\sigma_0^2}\right) \quad (3.6.18)
$$

$$
\beta = P\left(S_n^2 \leqslant J(\lambda, n, P(H_0)), H_1\right) = (1 - P(H_0)) K_{2n}\left(\frac{J}{\sigma_1^2}\right) \quad (3.6.19)
$$

上面所述检验方法只需给定先验概率 $P(H_0)$, 就可以确定方案并计算两种风险的大小。如果纵横向落点系统偏差不为零, $\Delta X_i \sim N(\mu_x, \sigma^2)$, $\Delta Z_i \sim N(\mu_z, \sigma^2)$, 则只需定义 $r_i = \sqrt{\left(\Delta X_i - \Delta \bar{X}\right)^2 + \left(\Delta Z_i - \Delta \bar{Z}\right)^2}$, 且 $S_n^2 \sim \chi(2n-2)(S_n^2)$ 其他参数计算形式不变。

下面应用 Bootstrap 方法计算 P_{H_0}: 设 $x_1^{(0)}, x_2^{(0)}, \cdots, x_n^{(0)}$ 是通过仿真计算获得的落点纵向偏差, 假设已通过相容性检验, 即 $x_i^{(0)} \sim N(\mu, \sigma^2), i = 1, 2, \cdots, n$, 则 $\boldsymbol{x}^{(0)} = \left(x_1^{(0)}, x_2^{(0)}, \cdots, x_n^{(0)}\right)$ 的经验分布 F_n 也是正态的, 其均值 $\hat{\mu} = \frac{1}{n}\sum_{i=1}^{n} x_i$, 方差 $\hat{\sigma}^2 = \frac{1}{n-1}\sum_{i=1}^{n}(x_i - \hat{\mu}^2)$。用 $\hat{\sigma}^2$ 估计 σ^2, 则有估计误差 $R_n = \hat{\sigma}^2 - \sigma^2$。

于是可构造 Bootstrap 统计量

$$
R_n^* = \hat{\sigma}^{*2} - \hat{\sigma}^2 \quad (3.6.20)
$$

$$
\hat{\sigma}^{*2} = \frac{1}{n-1}\sum_{i=1}^{n}(x_i^* - \bar{x}^*)^2, \quad \bar{x}^* = \frac{1}{n}\sum_{i=1}^{n} x_i^* \quad (3.6.21)
$$

其中, $(x_1^*, x_2^*, \cdots, x_n^*)$ 是从 F_n 中独立抽取的子样。于是由 R_n^* 的分布去模拟估计误差 R_n 的分布, 从而获得 σ^2 的分布或分布密度, 由此算得 $P_{H_0}^{(0)}$。

2. 贝叶斯序贯检验法及其在落点精度鉴定中的应用

序贯检验方法没有考虑先验信息, 致使试验次数仍比较大。序贯方法 (Sequential Posterior Odd Test, SPOT) 方法考虑了未知分布参数的先验信息, 是 SPRT 方法的一种改进。

考虑假设检验问题

$$H_0 : \theta \in \Theta_0, \quad H_1 : \theta \in \Theta_1 \tag{3.6.22}$$

其中，$\Theta_0 \cup \Theta_1 = \Theta$，$\Theta$ 为参数空间；$\Theta_0 \cap \Theta_1 = \varnothing$；当 $\theta_0 \in \Theta_0$，$\theta_1 \in \Theta_1$ 时，$\theta_0 < \theta_1$。对于独立同分布的样本 $(X_1, X_2, \cdots, X_n)$，SPRT 方法是作似然比。而 SPOT 方法是将似然比换作似然函数在 Θ_0 和上 Θ_1 的后验加权比：

$$O_n = \frac{\displaystyle\int_{\Theta_1} \prod_{i=1}^{n} f(X_i|\theta)\, dF^\pi(\theta)}{\displaystyle\int_{\Theta_0} \prod_{i=1}^{n} f(X_i|\theta)\, dF^\pi(\theta)} \tag{3.6.23}$$

其中 $F^\pi(\theta)$ 为 θ 的先验分布。引入常数 A，B，$0 < A < 1 < B$，运用检验法则：当 $O_n \leqslant A$ 时，终止试验，接受 H_0；当 $O_n \geqslant B$ 时，终止试验，接受 H_1；当 $A < O_n < B$ 时，不作决策，继续试验。SPRT 的结论不能照搬入 SPOT 中。A 和 B 的确定、弃真和采伪概率的计算、截尾方法等都必须重新建立。

根据瓦尔德的工作，可以取

$$A = \beta_{\pi_1} / (P_{H_0} - \alpha_{\pi_0}), \quad B = (P_{H_1} - \beta_{\pi_1}) / \alpha_{\pi_0} \tag{3.6.24}$$

其中

$$P_{H_0} = \int_{\theta \in \Theta_0} dF^\pi(\theta), \quad P_{H_1} = 1 - P_{H_0} \tag{3.6.25}$$

可以计算出考虑先验分布时弃真和采伪的概率。它们的计算比较困难，因为依赖于总体分布及先验分布。实际上，SPOT 方法在简单假设情况下与 SPRT 方法相同，但考虑先验信息时，就弃真和采伪的概率而言，SPOT 方法更小一些。

关于截尾 SPOT 方案，若在第 $N-1$ 次试验之后仍未作出决策，则将继续试验区 $\{X : A < O_N < B\}$ 分割为两个部分：

$$D_1 = \{X : A < O_N \leqslant C\}, \quad D_2 = \{X : B > O_N > C\} \tag{3.6.26}$$

当子样 X 落入 D_1 时，接受 H_0；当 X 落入 D_2 时，接受 H_1，这样在第 N 次试之后必定终止试验且作出决策。

假设停止边界分别为 A，B，则有如下的 SPRT 决策方法：从 $n = 1$ 开始，若 $S_n^2 \geqslant sn + h_1$，则停止试验，接受 H_0；若 $S_n^2 \leqslant sn + h_2$，则停止试验，拒绝 H_0；若 $sn + h_2 < S_n^2 < sn + h_1$，则继续试验。

令 α，β 分别为弃真和采伪的概率，记

$$A = \frac{1 - \beta}{\alpha}, \quad B = \frac{\beta}{1 - \alpha}, \quad s = 4\lambda^2 \sigma_0^2 \cdot \log \frac{\lambda}{\lambda^2 - 1},$$

$$h_1 = 2\lambda^2\sigma_0^2 \cdot \log \frac{A}{\lambda^2 - 1}, \quad h_2 = 2\lambda^2\sigma_0^2 \cdot \log \frac{B}{\lambda^2 - 1}$$

采用图 3.3 中的截尾方案，实际的两类风险为

$$\alpha' = P_{\sigma_0}\left(S_1 \geqslant s + h_1\right)$$

$$+ \sum_{i=2}^{n_t-1} P_{\sigma_0}\left(S_i \geqslant s \cdot i + h_1, s \cdot j + h_2 < S_j < s \cdot j + h_1, j = 1, 2, \cdots, i-1\right)$$

$$+ P_{\sigma_0}\left(S_{n_t} \geqslant r_t, s \cdot j + h_2 < S_j < s \cdot j + h_1, j = 1, 2, \cdots, n_t - 1\right) \quad (3.6.27)$$

$$\beta' = P_{\sigma_1}\left(S_1 \leqslant s + h_2\right)$$

$$+ \sum_{i=2}^{n_t-1} P_{\sigma_1}\left(S_i \leqslant s \cdot i + h_2, s \cdot j + h_2 < S_j < s \cdot j + h_1, j = 1, 2, \cdots, i-1\right)$$

$$+ P_{\sigma_1}\left(S_{n_t} < r_t, s \cdot j + h_2 < S_j < s \cdot j + h_1, j = 1, 2, \cdots, n_{t-1}\right) \quad (3.6.28)$$

上述计算比较复杂，使用蒙特卡罗仿真方法计算两类风险。

Step 1　设定仿真次数 $N = 3000$，记 N_α 为采伪次数，N_β 为弃真次数。

Step 2　对每次仿真，依此以生成偏差为 σ_0 的纵横向落点偏差，即 $\Delta X_i \sim N(0, \sigma^2)$，$\Delta Z_i \sim N(0, \sigma^2)$。采用 SPRT 决策方法，一旦接受 H_1，则判断失误，为 $N_\alpha + 1$。

Step 3　实际的采伪概率 $\alpha' = N_\alpha / N$。

Step 4　对每次仿真，依此以生成偏差为 σ_1 的纵横向落点偏差，同 Step2 统计其中接受 H_0 的次数，并使弃真次数为 $N_\beta + 1$。

Step 5　实际的弃真概率为 $\beta' = N_\beta / N$。

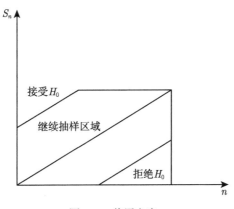

图 3.3　截尾方案

设给定的截尾方案 T_N，另一方面，考虑 α'，β' 的上界的计算。

记 $G^0_{(N)}$ 为 R_N 中的事件，它表示在 T_N 中采纳 H_0 的事件，$G^1_{(N)}$ 为在 T_N 中采纳 H_1 的事件。为讨论方便起见，考虑 $G^0_{(N)}$ 和 $G^1_{(N)}$ 为 R_∞ 中的柱集，这样，总可以将事件考虑为 R_∞ 中的集，则

$$P\left(G^1_{(N)}|H_0\right) = \alpha_N = \alpha' \tag{3.6.29}$$

记 G^0，G^1 为 R_∞ 中的事件，它们分别表示在非截尾方案中采纳 H_0 和 H_1 的事件，则 $P\left(G^1|H_0\right) = \alpha$，为非截尾方案中弃真概率。

令 G^{1*} 为 R_∞ 中的事件，它在截尾情况下采纳 H_1，而在非截尾情况下不采纳 H_1，则

$$G^1_{(N)} \subset \left(G^1 \cup G^{1*}\right) \tag{3.6.30}$$

此外，令 I 为 R_∞ 中使 $C < \lambda_n < A$ 成立的事件，则 $G^{1*} \subset I$。因此

$$G^1_{(N)} \subset \left(G^1 \cup I\right) \tag{3.6.31}$$

$$\alpha' = \alpha_N = P\left(G^1_{(N)}|H_0\right) < P\left(G^1 \cup I|H_0\right)$$
$$= P\left(G^1|H_0\right) + (I|H_0) = \alpha + P\left(C < \lambda_n < A|H_0\right) \tag{3.6.32}$$

又因为

$$S_n^2 \sim \frac{1}{D} k_{2n}\left(\frac{S_n^2}{D}\right), \quad D \hat{=} \sigma^2 \tag{3.6.33}$$

其中 k_{2n} 为具有 $2n$ 个自由度的 χ^2 变量的密度函数，则

$$P\left(C < \lambda_n < A|H_0\right) = P_{\sigma_0}\left(s \cdot N + h_3 < S_n^2 < s \cdot N + h_1\right)$$
$$= K_{2n}\left(\frac{s \cdot N + h_1}{\sigma_0^2}\right) - K_{2n}\left(\frac{s \cdot N + h_3}{\sigma_0^2}\right) \tag{3.6.34}$$

其中 $h_3 = 2\lambda^2 \sigma_0^2 \cdot \log\dfrac{C}{\lambda^2 - 1}$。在正态分布情况下，不难得出 α' 的上界。同理可得采伪概率 β' 的上界：

$$\beta' < \beta + K_{2n}\left(\frac{s \cdot N + h_3}{\sigma_1^2}\right) - K_{2n}\left(\frac{s \cdot N + h_2}{\sigma_1^2}\right) \tag{3.6.35}$$

考虑截尾问题的优化，在实际应用中，通常制定弃真和采伪的概率的上界的容许值 α^*，β^*，即令 $\alpha' \leqslant \alpha^*$，$\beta' \leqslant \beta^*$，然后选定 $N_t^* = \min\{N_t : \alpha' \leqslant \alpha^*; \beta' \leqslant \beta^*\}$，称 N_t^* 为最小 (截尾) 试验数。N_t^* 对制定序贯截尾检验方案十分重要，它和截尾边界 C_t 一起确定了截尾方案。

3.6.5 序贯决策理论

序贯决策是指按时间顺序排列起来得到的决策 (策略), 是用于随机性或不确定性动态系统最优化的决策方法。有些决策问题, 决策者仅作一次决策即可, 这类决策方法称单阶段决策。例如, 企业的经营活动为适应市场激烈竞争的需要, 不仅需要单阶段决策, 更需要进行多阶段决策 [40, 41]。在时间上有先后之别的多阶段决策方法, 也称动态决策法。多阶段决策的每一个阶段都需作出决策, 从而使整个过程达到最优。多阶段的选取不是任意决定的, 它依赖于当前面临的状态, 不给以后的发展产生影响, 从而影响整个过程的活动。当各个阶段的决策确定后, 就组成了问题的决策序列或策略, 称为决策集合。

序贯决策具有以下特征 [40, 41]:

(1) 后效性。前一阶段决策方案的选择, 直接影响到后一阶段决策方案的选择, 后一阶段决策方案的选择取决于前一阶段决策方案的结果。

(2) 多阶段性。序贯决策具有在时间上有先后之别的多阶段决策, 关心的是多阶段决策的总结果, 而不是各阶段的当即结果。

(3) 预测性。决策是对拟采用的多种可行方案进行比较, 择其最优。序贯决策对各种可行方案的前景加以预测, 在预测的结果中会显示出最优可行方案。

(4) 条件性。序贯决策是根据最优性原理求解, 所涉及的过程要满足一定的条件, 即马尔可夫性。也就是利用转移概率矩阵和相应的收益矩阵对不同方案在作出预测的基础上进行决策。

(5) 连续性。每个阶段所面临的状态, 带有各自的不确定性, 需要对每一个阶段作出决策, 下一个阶段决策是在前一个阶段决策基础上再进行决策, 这样连续进行, 形成一系列方案。

从初始状态开始, 每个时刻作出最优决策后, 接着观察下一步实际出现的状态, 即收集新的信息, 然后再作出新的最优决策, 反复进行直至最后。

系统在每次作出决策后, 下一步可能出现的状态是不能确切预知的, 存在两种情况:

(1) 系统下一步可能出现的状态的概率分布是已知的, 可用客观概率的条件分布来描述。对于这类系统的序贯决策研究得较完满的是状态转移律具有无后效性的系统, 相应的序贯决策称为马尔可夫决策过程, 是将马尔可夫过程理论与决定性动态规划相结合的产物。

(2) 系统下一步可能出现的状态的概率分布不知道, 只能用主观概率的条件分布来描述, 这类系统的序贯决策属于决策分析的内容。

有些决策问题, 在进行决策后又产生一些新情况, 需要进行新的决策, 接着又有一些新的情况, 又需要进行新的决策。这样决策、情况、决策 ……, 就构成一个序列，这就是序贯决策。与多阶段决策中阶段数确定相比，序贯决策中决策过程阶段数并不明显，也没有明确的结束阶段，其决策阶段数依赖于决策过程中出现的状况。序贯决策是马尔可夫决策的一种，它主要研究的对象是运行系统的状态和状态的转移，即根据变量的现实状态及其发展变化趋势，预测它在未来可能出现的状态，以做出正确决策。

序贯决策方法广泛应用于应急资源配置、物流配送车辆调度等情况。应用序贯决策方法，可大大减少计算量。对于给定的动态系统而言，初始状态向量为已知，系统经过相当长时间运行后，所选择的一系列方案，是每一阶段的平均收益最大的方案，因此，序贯决策方法是一种简单而又实用的决策方法。

3.6.6 小结

在装备试验中，序贯方法是常用的。应用中要注意几个问题，一是对于低价值装备，序贯方法的作用，主要是节省一定的子样；二是对于高价值装备，应用序贯方法时，我们要把装备系统分解成若干子系统，这个可以结合受试装备的总体技术及 Hall 图、V 模型图、计算机的冯·诺依曼体系结构等工程科学方法等进行分解。分解的好处是可以用上历史数据，相关型号的数据，各类子系统的已有的试验数据；三是要把序贯方法与贝叶斯方法结合起来应用。

3.7 节省参数建模

节省参数建模技术，在装备试验中，有极为广泛的应用。在测量、跟踪数据处理中，可以解决模型病态问题，提高精度 [25, 26]；在试验设计中，可以减少试验因素的个数，从而减少试验次数；在服务于装备研制的仿真试验中，节省参数建模技术，可以节约成本，提高装备的可靠性。

3.7.1 数学模型

数学模型通过数学公式将系统简化后予以描述。数学模型广泛应用于自然科学 (如物理学、化学、生物学、宇宙学)、工程科学 (如计算机科学，人工智能)，以及社会科学 (如经济学、心理学、社会学和政治科学) 中。科学家和工程师用模型来解释一个系统，研究不同组成部分的影响，以及对行为做出预测。常见的微分方程、概率模型等等都是数学模型。描述不同对象的模型可能有相同的形式，同一个模型也可能包含了不同的抽象结构。

数学模型通常由关系与变量组成。关系可用算符描述，例如代数算符、函数、微分算符等。变量是所关注的可量化的系统参数的抽象形式。算符可以与变量相结合发挥作用，也可以不与变量结合。通常情况下，数学模型可被分为以下几类：

线性与非线性 在数学模型中，如果所有变量表现出线性关系，由此产生的数学模型为线性模型；否则，就为非线性模型。对线性与非线性的定义取决于具体数据，线性相关模型中也可能含有非线性表达式。即使在相对简单的系统中，非线性也往往与混沌和不可逆性等现象有关。非线性系统和模型往往比线性系统和模型研究起来更加困难，解决非线性问题的一个常见方法是线性化，但用此来研究对非线性依赖性很强的逆问题时可能会出现困难。

静态与动态 动态模型对系统状态随时间变化情况起作用，而静态 (或稳态) 模型是在系统保持平稳状态下进行计算的，因而与时间无关。动态模型通常用微分方程描述。

显式与隐式 如果整体模型的所有输入参数都已知，且输出参数可以由有限次计算求得，该模型称作显式模型。隐式模型中已知的是输出参数，相应的输入必须通过迭代过程求解。

离散与连续 离散模型将对象视作离散的，例如分子模型中的微粒，又如概率模型中的状态。而连续模型则由连续的对象所描述，例如管道中流体的速度场，固体中的温度和压力，电场中连续作用于整个模型的点电荷等。

确定性与随机性 确定性模型是所有变量集合的状态都能由模型参数和这些变量的先前状态唯一确定的一种模型；因此，在一组给定的初始条件下确定性模型总会表现相同。相反，随机模型 (又称概率模型) 中存在随机性，而且变量状态并不能用唯一值来描述，而用概率分布来描述。

演绎、归纳 演绎模型是创建在理论上的一种逻辑结构。归纳模型由实证研究及演绎模型推广而得。

3.7.2 模型的简化

在科学方法中，简约性往往是"数学之美"的代名词，作为逻辑法则，"奥卡姆剃刀" (Occam's Razor) 所表达的："若无必要，勿增实体"，要求科学家使用最简单的理论来解释现有数据和现象。

乔治·博克斯 (George E. P. Box, 1919—2013) 在 1978 年统计研讨会论文集上发表的一篇论文中提到："所有模型都是错误的，但有些模型是有用的 (All models are wrong, but some are useful)。"这句话认为：统计或科学模型总是不能满足现实的复杂性，但仍然是有用的。由于所有的模型都是"错误"的，即不能通过"全面"的阐述来获得一个"正确"的模型，因此实际中应该寻求对自然现象的"简洁"描述。正如简单、优美、能引起共鸣的模型是伟大科学成果的标志一样，过度阐述和过度参数化往往是平庸的标志。

现实世界中存在的系统往往很难被严格准确地表示出来，巧妙选择的简约模型提供了非常有用的近似。例如：公式

$$P \cdot V = R \cdot T \tag{3.7.1}$$

是有关压力 P、体积 V 和温度 T "理想" 气体公式，其中通过一个常数 R 并不完全适用于任何真实气体，但是提供了一个有用的近似，它源于物理视图的气体分子的行为。对于这样一个模型，没有必要问："这个模型是真的吗？" 如果是指 "全部真相"，那么答案一定是 "不"。但我们关心的问题是 "这个模型具有启发性和实用性吗？" 因此，在建模过程中，需要判断哪些核心部件必须保留、哪些是可以简化的。如果所有的细节都包含在内，模型和真实世界是一样的，则没有使用模型的意义。

在装备试验中，也需要尽量利用简单的数学模型对实际问题进行描述，例如在弹道参数估计中，往往需要使用 "节省参数" 模型，对待估计的弹道状态，如位置和速度等，进行参数化表示，这将极大地减少待估参数的个数，从而提高估计的精度。同时，不同背景下的 "节省参数" 建模方法也不相同，本节介绍几个具体案例。

3.7.3 弹道参数估计模型

1. 天基预警系统中的弹道估计

弹道导弹防御系统，可以在弹道导弹或弹头到达目标之前将其摧毁。为了有效应对弹道导弹的威胁，对弹道导弹的发射进行快速探测和准确跟踪是非常重要的。系统中观测设备通常包含天基预警卫星及各种陆/海基预警雷达。由于地球的曲率，在弹道导弹上升到地平线以上之前，陆/海基雷达是不可能探测和跟踪的，为了克服这一问题，需要从卫星上获取红外图像，用于快速探测弹道导弹的发射，同时获取初始的弹道轨迹，为后续高精度跟踪提供基础。

预警卫星载荷上一般具有 "扫描" 和 "凝视" 两种工作模式：扫描传感器扫描范围广，探测视场大，传感器主要接收短波和中波红外辐射，以大地和大气临边为背景进行对地扫描；凝视传感器视场较小，但观测精度高，视场可以对疑似目标跟踪，接收中波和长波红外，可以探测到以大地为背景的目标主动段高温火焰，还可以按 "先看地平线以下后看地平线以上" 的模式进行工作，以大气临边和深空为背景进行监视与跟踪低温微弱目标。红外传感器的观测性能和导弹发射当地的大气条件密切相关。在气象条件较好的情况下，一般导弹在发射后 10s 左右可以被卫星首次探测到，由于导弹高程相对较低，通过卫星观测视线方向与大地交点可较精确地估计发射点的经纬度。

在高轨预警条件下，红外传感器测量模型可以写成如下形式

$$h\left(\mathbf{X}_t\right) = \begin{pmatrix} A \\ E \end{pmatrix} = \begin{pmatrix} \arctan\left(y_t/x_t\right) \\ \arctan\left(z_t/\sqrt{x_t^2 + y_t^2}\right) \end{pmatrix} \tag{3.7.2}$$

其中 A, E 为测量方位角和俯仰角，由红外图像中检测得到的目标像素位置，再结合预警卫星的轨道信息得到。

由于高轨红外预警卫星部署数量较少，很多情况下仅有单颗卫星观测到某次导弹发射，且只能测量卫星与导弹之间相对角度信息，属于不完备观测，要直接估计发射导弹主动段内的轨迹，则参数估计问题呈病态，必须要对主动段弹道进行"节省参数"建模，以改善可观测性条件，进而提高参数估计精度。

在天基红外预警中 (图 3.4)，常用导弹运动的微分方程进行"节省参数"建模。例如 [63]

$$\dot{x} = V \cos \gamma \cos \beta'$$
$$\dot{y} = V \cos \gamma \sin \beta'$$
$$\dot{z} = -V \sin \gamma$$

$$\dot{V} = T \cos \alpha_T - D - g \sin \gamma \qquad (3.7.3)$$

$$\dot{\gamma} = \frac{a_{mz} + T \sin \alpha_T \cos \Gamma - g \cos \gamma}{V}$$

$$\dot{\beta} = \frac{a_{my} + T \sin \alpha_T \sin \Gamma}{V}$$

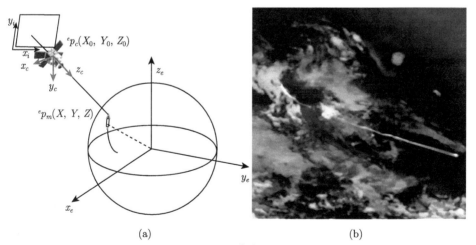

(a)   (b)

图 3.4   (a) 天基红外预警观测几何示意图 [63]；(b) 美国高椭圆轨道的天基红外系统
卫星图像显示 Delta II 火箭发射

其中 V 为导弹速度、g 为重力加速度、T, D 分别为推力和阻力。a_{my}, a_{mz} 分别为偏航和俯仰方向两个加速度分量，γ, α, β 分别为航迹角、攻角和侧滑角。上述方程中，加速度的分量由特定的制导算法决定，本书中不再赘述。

在对导弹运动模型和卫星测量模型建模后，可将一段时间 (长约为几十或上百秒) 内导弹运动状态参数的估计，转为对初始时刻状态参数进行估计，极大地节省了参数、克服了病态性问题。

2. 外弹道测量系统中弹道估计

在导弹试验中，为了实现制导工具误差分离，需要高精度的外弹道作为基准。航天靶场外弹道测量系统，就是为了获取高精度的外弹道，如美国的 MISTRAM (MISsile TR Ajectory Measurement) 系统 (图 3.5)。

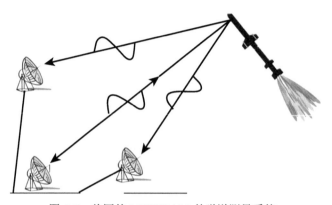

图 3.5 美国的 MISTRAM 外弹道测量系统

虽然同为主动段弹道估计问题，外弹道测量中弹道估计的精度要求显著高于天基预警。主动段运动过程中，由于动力学特性复杂，因此很难得到满足该应用背景要求的微分方程模型。另一方面，外弹道测量中的观测设备比天基预警更多，因此为改善参数估计精度提供了基础。

通过对目标运动特性的分析发现，其飞行轨迹满足一定的光滑性条件，因此可利用样条函数对其进行高精度建模。具体过程如下。

设时间段 $[a,b]$ 内弹道参数为 $X(t) = (x(t), y(t), z(t), \dot{x}(t), \dot{y}(t), \dot{z}(t))$, 应用自由节点样条基函数来表示 $X(t)$. 根据弹道的运动特性，考虑三个分量上的分划

$$\pi_x : a = \tau_{x,0} < \tau_{x,1} < \cdots < \tau_{x,N_x} = b, \tau_{x,i+1} - \tau_{x,i} = h_x$$

$$\tau_{x,-1} = \tau_{x,0} - h_x, \tau_{x,N_x+1} = \tau_{x,N_x} + h_x$$

$$\pi_y : a = \tau_{y,0} < \tau_{y,1} < \cdots < \tau_{y,N_y} = b, \tau_{y,i+1} - \tau_{y,i} = h_y$$

$$\tau_{y,-1} = \tau_{y,0} - h_y, \tau_{y,N_y+1} = \tau_{y,N_y} + h_y \tag{3.7.4}$$

$$\pi_z : a = \tau_{z,0} < \tau_{z,1} < \cdots < \tau_{z,N_z} = b, \tau_{z,i+1} - \tau_{z,i}$$

$$= h_z, \tau_{z,-1} = \tau_{z,0} - h_z, \tau_{z,N_z+1} = \tau_{z,N_z} + h_z$$

那么 $X(t)$ 可表示为

$$
\begin{cases}
x(t) = \sum_{j=-1}^{N_x+1} \beta_{x,j} B_4 \left(\dfrac{t - \tau_{x,j}}{h_x} \right), & \dot{x}(t) = \dfrac{1}{h_x} \sum_{j=-1}^{N_x+1} \beta_{x,j} \dot{B}_4 \left(\dfrac{t - \tau_{x,j}}{h_x} \right) \\[4mm]
y(t) = \sum_{j=-1}^{N_y+1} \beta_{y,j} B_4 \left(\dfrac{t - \tau_{y,j}}{h_y} \right), & \dot{y}(t) = \dfrac{1}{h_y} \sum_{j=-1}^{N_y+1} \beta_{y,j} \dot{B}_4 \left(\dfrac{t - \tau_{y,j}}{h_y} \right) \\[4mm]
z(t) = \sum_{j=-1}^{N_z+1} \beta_{z,j} B_4 \left(\dfrac{t - \tau_{z,j}}{h_z} \right), & \dot{z}(t) = \dfrac{1}{h_z} \sum_{j=-1}^{N_z+1} \beta_{z,j} \dot{B}_4 \left(\dfrac{t - \tau_{z,j}}{h_z} \right)
\end{cases}
\tag{3.7.5}
$$

式中，N_x，N_y，N_z 分别为三个坐标分量上的内节点个数，具体数值可根据弹道特征确定；$\{\beta_{x,j}\}_{-1}^{N_x+1}$，$\{\beta_{y,j}\}_{-1}^{N_y+1}$，$\{\beta_{z,j}\}_{-1}^{N_z+1}$ 为待估的样条系数。若假设各节点等距分布，则可得到如下的三次等距节点样条函数的表达式：

$$
B_4(t) = \begin{cases}
0, & |t| \geqslant 2, \\[3mm]
\dfrac{|t|^3}{2} - t^2 + \dfrac{2}{3}, & |t| < 1, \\[3mm]
-\dfrac{|t|^3}{6} + t^2 - 2|t| + \dfrac{4}{3}, & \text{其他}
\end{cases}
\tag{3.7.6}
$$

基于样条约束的弹道测量数据融合模型，它简洁地表示出在整个时间段内所有测量数据[25,26]。

3.8 假 设 检 验

3.8.1 Pearson 简介

卡尔·皮尔逊 (Karl Pearson，1857—1936)，英国数学家和自由思想家。1857年出生于英国伦敦；1879 年毕业于剑桥大学，获数学学士学位；后往德国海德堡大学进修德语及人文学科；后去林肯法学院学习法律获大律师资格；数年后于剑桥大学获数学哲学博士学位；1884—1911 年任伦敦大学应用数学和力学的教授，1911—1933 年任高尔顿实验室主任，又任应用统计系教授。1896 年选为英国皇家学会会员，且为爱丁堡皇家学会会员、苏联人类学会会员。

假设检验 (Hypothesis Testing)，又称统计假设检验，是用来判断样本与样本、样本与总体的差异是由抽样误差引起还是由本质差别造成的统计推断方法。显著性检验是假设检验中最常用的一种方法，也是一种最基本的统计推断形式，其基本原理是先对总体的特征做出某种假设，然后运用抽样的统计推断，对此假设应该被拒绝还是接受做出判断。常用的假设检验方法有 u 检验、t 检验、χ^2 检验、F 检验等[42-45]。

皮尔逊

假设检验的基本思想是"小概率事件"原理，其统计推断方法是带有某种概率性质的反证法。小概率思想是指小概率事件在一次试验中基本上不会发生。反证法思想是先提出检验假设，再用适当的统计方法，利用小概率原理，确定假设是否成立。即为了检验一个假设 H_0 是否正确，首先假定该假设 H_0 正确，然后根据样本对假设 H_0 做出接受或拒绝的决策。如果样本观测值导致了"小概率事件"发生，就应拒绝假设 H_0，否则应接受假设 H_0。

假设检验中所谓"小概率事件"，并非逻辑中的绝对矛盾，而是基于人们在实践中广泛采用的原则，即"小概率事件在一次试验中是几乎不发生的"，但概率小到什么程度才能算作"小概率事件"？显然，"小概率事件"的概率越小，否定原假设 H_0 就越有说服力，常记这个概率值为 $\alpha(0 < \alpha < 1)$，称为检验的显著性水平。对于不同的问题，检验的显著性水平 α 不一定相同？一般认为，事件发生的概率小于 0.1，0.05 或 0.01 等，即"小概率事件"[46-48]。

3.8.2　t 检验

t 检验，亦称 student t 检验，主要用于样本含量较小 (例如 $n < 30$)，总体标准差 σ 未知的正态分布。t 检验是用 t 分布理论来推论差异发生的概率，从而比较两个平均数的差异是否显著。它与 F 检验、χ^2 检验并列。t 检验是戈塞特为了观测酿酒质量而发明的，并于 1908 年在 *Biometrika* 上公布。

t 检验可分为单总体检验和双总体检验，以及配对样本检验。

1. 单总体 t 检验

单总体 t 检验是检验一个样本平均数与一个已知的总体平均数的差异是否显著。当总体分布是正态分布，如总体标准差未知且样本容量小于 30，那么样本平均数与总体平均数的离差统计量呈 t 分布。

单总体 t 检验统计量为

$$t = \frac{\bar{X} - \mu}{S/\sqrt{n}} \tag{3.8.1}$$

其中 $i = 1, 2, \cdots, n$，$\bar{X} = \dfrac{\displaystyle\sum_{i=1}^{n} x_i}{n}$ 为样本平均数，$S = \sqrt{\dfrac{\displaystyle\sum_{i=1}^{n} (x_i - \bar{x})^2}{n-1}}$ 为样本标准差，n 为样本数。该统计量 t 在 $H_0: \mu = \mu_0$ 为真的条件下服从自由度为 n 的 t 分布。

2. 双总体 t 检验

双总体 t 检验是检验两个样本平均数与其各自所代表的总体的差异是否显著。双总体 t 检验又分为两种情况，一是独立样本 t 检验 (各试验处理组之间毫无相关存在，即为独立样本)，该检验用于检验两组非相关样本数据的差异性；一是配对样本 t 检验，用于检验匹配而成的两组数据或同组个体在不同条件下所获得的数据的差异性，这两种情况组成的样本即为相关样本。

(1) 独立样本 t 检验统计量为

$$t = \frac{\bar{X}_1 - \bar{X}_2}{\sqrt{\dfrac{(n_1 - 1)S_1^2 + (n_2 - 1)S_2^2}{n_1 + n_2 - 2}\left(\dfrac{1}{n_1} + \dfrac{1}{n_2}\right)}} \tag{3.8.2}$$

其中 S_1^2 和 S_2^2 为两个样本方差；n_1 和 n_2 为两个样本容量。

(2) 配对样本检验。

配对样本 t 检验可视为单样本检验的扩展，不过检验的对象由一群来自常态分配独立样本更改为二群配对样本之观测值之差。若二配对样本 x_{1i} 与 x_{2i} 之差为 $d_i = x_{1i} - x_{2i}$ 独立，且来自正态分布，则 d_i 之母体期望值 μ 是否为 μ_0，可利用以下统计量：

$$t = \frac{\bar{d} - \mu_0}{s_d/\sqrt{n}} \tag{3.8.3}$$

其中 $i = 1, 2, \cdots, n$，$\bar{d} = \dfrac{\displaystyle\sum_{i=1}^{n} d_i}{n}$ 为配对样本差值之平均数，$s_d = \sqrt{\dfrac{\displaystyle\sum_{i=1}^{n} (d_i - \bar{d})^2}{n-1}}$ 为配对样本差值之标准差，n 为配对样本数。该统计量 t 在 $H_0: \mu = \mu_0$ 为真的条件下服从自由度为 $n-1$ 的 t 分布。

3.8.3 F 检验

这个名称是由美国数学家兼统计学家 George W. Snedecor 命名，为了纪念英国统计学家兼生物学家罗纳德 • 费希尔 (Ronald Aylmer Fisher)。Fisher 在 20 世纪 20 年代发明了这个检验和 F 分布，最初叫做方差比率 (Variance Ratio)。

F 检验过程如下：样本方差的平方，即

$$S^2 = \sum_{i=1}^{n} (x_i - \bar{x})^2 / (n-1) \tag{3.8.4}$$

两组数据就能得到两个 S^2 值，即 $F = S_1^2 / S_2^2$。

然后计算的 F 值与查表得到的 $F_{表}$ 值比较，如果

$F < F_{表}$：表明两组数据没有显著差异；

$F \geqslant F_{表}$：表明两组数据存在显著差异。

F 检验有如下应用：方差齐性检验 (F-test of Equality of Variances)、方差分析 (Analysis of Variance，ANOVA)、线性回归方程整体的显著性检验等。其中，方差分析分很多种类。根据因素的数量可分为单因素方差分析和多因素方差分析；根据试验设计类型可分为完全随机设计和随机区组设计等；根据交互项可分为无交互项的方差分析和有交互项的方差分析等；又有完全随机设计、随机区组设计、拉丁方设计、析因设计、正交设计、平衡不完全区组设计等很多可能相互关联但概念又不尽相同的类型。

3.8.4 两类错误

由于假设检验基于概率，因此始终会存在得出不正确结论的可能性。在假设检验时，可能会犯两种类型的错误：类型 I 和类型 II。

1. 类型 I 错误

如果原假设为真，但否定它，则会犯类型 I 错误。设允许犯类型 I 错误的概率为 α (即假设检验的显著性水平)。α 为 0.05 表明，当否定原假设时，表示愿意接受 5% 的犯错概率。为了降低此风险，必须使用较低的 α 值。但是，α 值越小，在差值确实存在 (即 H_0 不成立) 时检测到实际差值的可能性也越小。

2. 类型 II 错误

如果原假设为假，但无法否定时，则会犯类型 II 错误。犯类型 II 错误的概率为 β。可以通过确保检验具有足够大的功效来降低犯类型 II 错误所带来的风险。方法是确保样本数量足够大，以便在差值确实存在时检测到实际差值。在原假设为假时否定原假设的概率等于 $1 - \beta$，称为检验功效。如表 3.7 所示。

表 3.7 两类错误

检验决策	H_0 为真	H_0 为非真
拒绝 H_0	类型 I 错误 (α)	正确
接受 H_0	正确	类型 II 错误 (β)

理论上从一个总体，可以抽取无数个样本。比如我们想检验某大学男生的平均身高是否为 1.8m(H_0：总体均数为 1.8m)，那么该大学所有男生的身高数据就

是总体。之后从总体中随机抽取 100 名男生测量身高，这 100 名男生的身高就是一个样本。当然，还可以获得很多其他的样本，特别注意，这里的样本不是一个学生，而是一个由 100 个学生的身高组成的集合。

在统计学上，通常会把样本称为样本点，首先，每一个样本都会计算出一个样本均数，每一个样本均数其实都是 X 轴上的一个点，有的样本均数离总体均数近，而有的离总体均数远。当样本均数离总体均数远的时候，即两者差异较大时，我们就会倾向拒绝两者相等的假设。所以，即便实际上 H_0 假设正确，数轴上依然会有一些点与总体均数的距离较远，当这些点对应的样本被我们抽中时，就会做出拒绝 H_0 的决定，于是就会发生第一类错误。

犯第二类错误，意味着 H_0(总体平均身高为 1.8m) 是假的，平均身高实际上可能是 1.85m。由于 H_0 和事实不一致，所以 H_0 所代表的总体和实际研究的总体也不一样。在本例中，一个是均数为 1.8 的总体；另一个是均数为 1.85 的总体。我们用假设检验进行判断时用的是第一个总体，即依据第一个总体的均数来计算检验统计量并判断是否要拒绝原假设，因为我们假设所获得的这个样本是来自第一个总体的。但计算犯错概率时，用的是第二个实际总体，即我们这个样本并不是来自第一个总体，而是来自第二个实际的总体。在这个实际的总体中，会有一些样本点导致在计算检验统计量时不拒绝 H_0。

3.8.5 小结

假设检验在装备试验中的应用是自始至终的。在装备试验设计中，最基本的设计思想是，基于学科专业背景知识和假设检验的试验设计。在测量数据处理中，强调使用假设检验来选取和优化数据处理的数学模型。在试验评估中，假设检验经常配合其他方法用来判断评估结论。

3.9 偏微分方程定性理论

3.9.1 偏微分方程发展历程

微积分方程这门学科产生于 18 世纪，欧拉在他的著作中最早提出了弦振动的二阶方程，随后不久，法国数学家达朗贝尔也在他的著作《论动力学》中提出了特殊的偏微分方程。不过这些著作当时没有引起多大注意。

1746 年，达朗贝尔在他的论文《张紧的弦振动时形成的曲线的研究》中，提议证明无穷多种和正弦曲线不同的曲线是振动的模式。这样就由对弦振动的研究开创了偏微分方程这门学科。

和欧拉同时代的瑞士数学家丹尼尔·伯努利也研究了数学物理方面的问题，提出了解弹性系振动问题的一般方法，对偏微分方程的发展产生了比较大的影响。

拉格朗日也讨论了一阶偏微分方程，丰富了这门学科的内容。

偏微分方程得到迅速发展是在 19 世纪，那时候，数学物理问题的研究繁荣起来了，许多数学家都对数学物理问题的解决做出了贡献。法国数学家傅里叶年轻的时候是一名出色的数学学者，他在从事热流动的研究中写出了《热的解析理论》，他提出了三维空间的热方程，是一种偏微分方程。他的研究对偏微分方程的发展的影响是很大的。

二阶线性与非线性偏微分方程始终是重要的研究对象。

这类方程通常划分成椭圆型、双曲型与抛物型三类，围绕这三类方程所建立和讨论的基本问题是各种边值问题、初值问题与混合问题之解的存在性、唯一性、稳定性及渐近性等性质以及求解方法。

近代物理学、力学及工程技术的发展产生出许多新的非线性问题，它们常常导引出混合型方程、退化型方程及高阶偏微分方程等有关问题，这些问题通常十分复杂且具有较大的难度，一直是重要的研究课题。

对于偏微分方程问题的讨论和解决，往往需要应用泛函分析、代数与拓扑学、微分几何学等其他数学分支的理论和方法。另一方面，计算机的迅速发展，使得各种方程均可数值求解，并且揭示了许多重要事实。

3.9.2　偏微分方程定义

含有未知函数 $u(x_1, x_2, \cdots, x_n)$ 及其偏导数的关系式如果满足下面的等式

$$F\left(x, u, Du, u_{x_1x_1}, u_{x_2x_2}, \cdots, u_{x_nx_n}, \cdots\right) = 0 \tag{3.9.1}$$

则称为偏微分方程 [49-51]。其中，$x = (x_1, x_2, \cdots, x_n)$，$Du = (u_{x_1}, u_{x_2}, \cdots, u_{x_n})$，$F$ 是关于 x 和未知函数 u 及 u 的有限多个偏导数的已知函数。F 可以不显含未知函数 u 及其自变量 x，但是必须含有未知函数的偏微分。涉及几个未知函数的多个偏微分方程构成一个偏微分方程组。除非另有说明，我们限制自变量 $x = (x_1, x_2, \cdots, x_n)$ 取实数，并设函数 u 及其出现在方程中的各阶偏微商连续。

如果一个函数在其自变量 $x = (x_1, x_2, \cdots, x_n)$ 的某变化范围内连续，并且具有方程中出现的一切连续偏微商，将它代入方程后使其成为恒等式，则称该函数是方程的解或古典解。

一个偏微分方程或方程组的阶数是其中最高阶微商的阶数。偏微分方程或方程组称为线性的，如果它关于未知函数及其所有微商是线性的。否则，称为非线性。在非线性方程 (组) 中，如果它关于未知函数的最高阶微商 (比如是 m 阶) 是线性的，并且系数依赖于自变量 $x_1, x_2, \cdots, x_n$ 及未知函数的阶数低于 m 的微商，则称它是 m 阶拟线性方程 (组)。进而，若 m 阶微商的系数仅是自变量的函数，则称这种拟线性方程 (组) 是 m 阶半线性方程 (组)。不是拟线性方程 (组) 的非线

性方程 (组) 叫做完全非线性方程 (组)。在线性方程 (组) 中，像常微分方程中一样，又分为常系数、变系数、齐次和非齐次方程 (组) 等。下面我们给出一些例子。

以下如无特别说明，自变量 t 表示时间，$(x_1, x_2, \cdots, x_n)$ 表示 n 维空间自变量。称微分算子

$$\Delta = \frac{\partial^2}{\partial x_1^2} + \cdots + \frac{\partial^2}{\partial x_n^2} \tag{3.9.2}$$

为 Laplace (拉普拉斯) 算子。甚至可以说，它是偏微分方程中最重要的算子，这个算子在坐标的平移和旋转变换之下不变。

下面介绍三类经典偏微分方程：

(1) 关于函数 $u = u(x_1, x_2, \cdots, x_n, t)$ 的 n 维波动方程是

$$u_{tt} - a^2 \Delta u = f(x, t) \tag{3.9.3}$$

其中 $a > 0$，$f(x, t)$ 是外力函数。

这是一个二阶常系数线性方程。当 $n = 1$ 时，它描述弦的振动或声波在管中的传播；当 $n = 2$ 时，它描述浅水面或薄膜的振动；而当 $n = 3$ 时，它描述声波或光波。

(2) 当一个导热体的密度和比热都是常数时，其温度分布满足热传导方程

$$u_t - a^2 \Delta u = f(x, t) \tag{3.9.4}$$

其中 $a > 0$，$f(x, t)$ 是内部热源强度函数。

在研究粒子的扩散过程时，例如气体的扩散、液体的渗透以及半导体材料中杂质的扩散等，也可用类似方程来描述。

(3) 关于函数 $u = u(x_1, x_2, \cdots, x_n)$ 的 n 维 Poisson 方程是

$$\Delta u = u_{x_1 x_1} + u_{x_2 x_2} + \cdots + u_{x_n x_n} = f(x_1, \cdots, x_n) \tag{3.9.5}$$

其中 $u = u(x_1, \cdots, x_n)$ 是未知函数，$f = f(x_1, \cdots, x_n)$ 是给定的已知函数。当方程是齐次时，即 $f \equiv 0$，称之为 Laplace 方程，它的解 u 称为调和函数或势函数。它们通称为位势方程。它们具有广泛的应用背景，特别在研究静电场的电势函数、平衡状态下的波动现象和扩散过程时都会遇到这类方程。

3.9.3 定解方程及其适定性

一个偏微分方程通常有无穷多个解，这些方程基本都具有实际的物理背景。例如，当 $n = 2$ 时，方程 $u_{tt} - a^2 \Delta u = f(x, t)$ 表示在一个平面区域上张紧的薄膜的横振动，而薄膜的边界振动状态是已知的。也就是说，按照薄膜具体的物理状态，位移函数 $u(x, y, t)$ 在边界上的值或法向微商的值或二者的线性组合的值是

已知的。这就是要求求出的解满足这个条件。方程的解必须满足的事先给定的条件叫做定解条件。一个方程配备上定解条件就构成一个定解问题。

常见的定解条件有初始条件和边值条件两大类，相应的定解问题分别叫做初值问题和边值问题。初值问题或边值问题的解 (或称为古典解) 是指这样的函数：它在区域的内部具有方程中出现的一切连续偏微分，而本身在区域的闭包上连续，它满足方程，并且当时间变量趋于初始时刻或空间变量趋于区域的边界时，它连续地取到给定的初始值或边界值。有时，对方程同时附加初始条件和边界条件，这就构成一个初边值问题。下面给出两个初边值问题实例。

(1) 考虑在区间 $[0, l]$ 上张紧的均匀弦的微小横振动

$$
\begin{cases}
u_{tt} - a^2 u_{xx} = 0, 0 < x < l, t > 0 \\
u(0, t) = 0, u(l, t) = 0, t \geqslant 0 \\
u(x, 0) = \varphi(x), u_t(x, 0) = \psi(x), 0 \leqslant x \leqslant l
\end{cases}
\tag{3.9.6}
$$

其中，$u(x, t)$ 表示在时刻 t 质点 x 的在垂直于线段 $\overline{Ol}$(位于 x 轴上) 方向上的位移。弦的两端固定，即 $u(0, t) = u(l, t) = 0$，弦的初始位移为 $\varphi(x)$，初始速度为 $\psi(x)$，弦不受外力。其中，$a > 0$ 是波的传播速度。

在上面的例子中，如果考虑线中间一小段的振动状态，该小段的位移相对于弦的边界如此之小，以至于边界条件的影响尚未传到此处考察就结束了。所以，边界条件的影响可以不计，理论上可以把弦看作无限长，于是就得到了下面的初值问题：

$$
\begin{cases}
u_{tt} - a^2 u_{xx} = 0, -\infty < x < \infty, t > 0 \\
u(x, 0) = \varphi(x), u_t(x, 0) = \psi(x)
\end{cases}
\tag{3.9.7}
$$

(2) 假设定义在三维空间某区域 Ω 上的电势函数为 $u(x, y, z)$，电荷分布密度为 $\rho(x, y, z)$。由静电学理论知，$u(x, y, z)$ 满足 Poisson 方程 $\Delta u = -4\pi\rho(x, y, z)$。若测得在 Ω 的边界上的电势为 $\varphi(x, y, z)$，则得到 Poisson 方程的边值问题：

$$
\begin{cases}
\Delta u = -4\pi\rho(x, y, z), (x, y, z) \in \Omega \\
u(x, y, z) = \varphi(x, y, z), (x, y, z) \in \partial\Omega
\end{cases}
\tag{3.9.8}
$$

在该例中，若区域内部无电荷分布，则得 Laplace 方程的边值问题：

$$
\begin{cases}
\Delta u = 0, (x, y, z) \in \Omega \\
u(x, y, z) = \varphi(x, y, z), (x, y, z) \in \partial\Omega
\end{cases}
\tag{3.9.9}
$$

偏微分方程加上定解条件称为定解问题，而既有初始条件又有边界条件的定解问题称为混合初边值问题。对抛物型方程、双曲型方程都有混合初边值问题。而

只有初始条件的问题称为 Cauchy 问题；描述稳恒现象的偏微分方程不具有初始条件，而只具有边值条件，称为边值问题。

我们研究偏微分方程定解问题的目的在于解释发现和探索客观物质运动规律，因此建立的偏微分方程定解问题符合客观实际是非常重要的。当然，这要从客观实践得到证实。从数学上我们可以从研究定解问题的适定性着手。

关于偏微分方程定解问题的适定性。它包括：

(1) 解的存在性，即定解问题是否有解；

(2) 解的唯一性，即解是否保证唯一；

(3) 稳定性，即当定解资料 (包括定解条件、方程中的系数等) 做微小变动时，相应的解也只有微小改变。

一个定解问题如果解存在、唯一而且稳定，我们称定解问题的提法适定。

事实上，每一个反映正确物理现象的数学方程及定解条件当然应该存在解且解唯一和稳定。但是，我们从自然现象建立偏微分方程和定解条件时总要进行一些近似过程 (如舍弃一些因素)，提出一些附加条件，这样定解问题不可能完全等同地反映物理过程。对复杂的物理现象，用数学模型完全地描述它们较为困难。因此，研究解的存在性和唯一性不但是验证建立的数学模型正确性所必需的，也启发了数学工作者改进数学模型，使定解问题合理地反映自然规律。此外，研究解的存在性过程往往是建立问题解法的一个过程。

关于稳定性，也是一个很重要的问题，因为定解资料，不论是初始条件、边界条件，还是方程中系数都是由试验测定的，试验误差不可避免，如果微小的测量误差仅仅引起解微小的变化，这样的定解问题才有实际意义。

近年来，在实际问题中已发现了通常意义下不适定的问题 (如在地质勘探、最优控制中)，因此研究不适定问题也是有意义的，在数学上形成了有待研究的新课题。

3.9.4 三类线性偏微分方程及分类

1. 波动方程

研究张紧的弹性轻弦的微小横振动。所谓 "弦"，是指其长度与截面积相比要大得多的物体；"轻" 指可忽略重力；"横振动" 指弦在一个平面内振动，且弦上各点的位移与弦的平衡位置垂直。另外，我们假设弦是均匀、柔软的，"均匀" 指质量分布均匀。设其线密度为 ρ；"柔软" 指弦可以自由弯曲，张力沿弦的切线方向。

设弦平衡时沿 x 轴绷紧，弦上点 x 处在 t 时刻的位移为 $u(x,t)$。因弦振动是一种机械运动，故可应用关于质点运动的牛顿第二定律。

为此任取弦的一小段 $k = [x, x + \Delta x]$，分析弦段 k 所受张力。

因弦振动微小，弦上各点处的切线与 x 轴的夹角微小，故 $\left|\dfrac{\partial u}{\partial x}\right| \ll 1$，从而

弦段 k 之弧长

$$\Delta s = \int_x^{x+\Delta x} \sqrt{1+\left(\frac{\partial u}{\partial x}\right)^2}\, dx \approx \int_x^{x+\Delta x} dx = \Delta x \tag{3.9.10}$$

从而可以认为在振动过程中弦长不随时间改变, 因此张力也不随时间改变, 故可设张力 $F_T = F_T(x)$ (为了表述和计算方便, 后续都用 F_T, 或 F 来表示力和力的大小). 而弦段 k 的质量为 $m = \rho \Delta s \approx \rho \Delta x$. 下面列出弦段 k 的运动方程.

沿 x 轴方向, 因弦段 k 无水平位移, 张力之水平分量合力为零, 记张力 F_{T_1}, F_{T_2} 的倾角分别为 α_1, α_2, 则有平衡方程

$$F_{T_2} \cos\alpha_2 - F_{T_1} \cos\alpha_1 = 0 \tag{3.9.11}$$

沿 u 轴方向, 设作用在单位长度弦上的横向力 (沿横振动方向的力) 为 $F(x,t)$, 以 $u(\bar{x},t)$ 表示弦段 k 在其质心 $\bar{x}$ 处的位移, 则有运动方程

$$F_{T_2} \sin\alpha_2 - F_{T_1} \sin\alpha_1 + F(\bar{x},t)\Delta x = \rho \Delta x \frac{\partial^2 u(\bar{x},t)}{\partial t^2} \tag{3.9.12}$$

因为振动微小, 倾角微小, 所以

$$\cos\alpha_1 \approx 1, \quad \cos\alpha_2 = 1 \tag{3.9.13}$$

$$\sin\alpha_1 \approx \tan\alpha_1 = \frac{\partial u(x,t)}{\partial x}, \quad \sin\alpha_2 \approx \tan\alpha_2 = \frac{\partial u(x+\Delta x,t)}{\partial x} \tag{3.9.14}$$

于是由 (3.9.11) 式得 $F_{T_2} = F_{T_1}$, 即张力也与 x 无关, 从而为常数, 记为 F_T. 再由 (3.9.12) 式得

$$F_T\left[\frac{\partial u(x+\Delta x,t)}{\partial x} - \frac{\partial u(x,t)}{\partial x}\right] + F(\bar{x},t)\Delta t = \rho \Delta x \frac{\partial^2 u(\bar{x},t)}{\partial t^2} \tag{3.9.15}$$

两边同除以 Δx, 并令 $\Delta x \to 0$, 即得

$$F_T \frac{\partial^2 u(x,t)}{\partial x^2} + F(x,t) = \rho \frac{\partial^2 u(x,t)}{\partial t^2} \tag{3.9.16}$$

或记为

$$u_{tt} - a^2 u_{xx} = f(x,t) \tag{3.9.17}$$

其中 $a^2 = \dfrac{F_T}{\rho}$, $f(x,t) = \dfrac{F(x,t)}{\rho}$ 是单位质量在 x 点处所受的横向力, 又称力密度.

当 $f(x,t) = 0$ 或横向力可以忽略时, 即得

$$u_{tt} - a^2 u_{xx} = 0 \tag{3.9.18}$$

(3.9.17) 是弦受迫振动方程, (3.9.18) 是弦自由振动方程, 它们又称一维波动方程。

上面两式都是二阶偏微分方程, (3.9.18) 是齐次方程, (3.9.17) 是非齐次方程。

上述建立弦振动方程的方法可称为 "微元分析法", 即从所研究的物体中任意划出一小部分 (微元), 分析它与邻近部分的关系, 根据已知的物理规律, 写出联系所考察的物理量及与之有关的偏导数之间关系的等式, 再经必要的整理、化简, 即得所要的数学模型。在分析的过程中, 应当注意抓住主要矛盾, 忽略次要因素, 从而将问题简化。例如假设弦绝对柔软, 不计重力等。至于这些简化是否合理, 要看所归结的方程的解能否正确地说明有关的物理现象, 如果有欠缺, 就要作适当修正。

不难验证, 杆与弹簧的纵振动方程也是一维波动方程, 高频传输电路的电流和电压满足的方程也是一维波动方程。

均匀薄膜的微小横振动可归结为二维波动方程

$$u_{tt} - a^2 (u_{xx} + u_{yy}) = f(x, y, t) \tag{3.9.19}$$

其中 $a^2 = \dfrac{F_T}{\rho}$, $f(x, y, t) = \dfrac{F(x, y, t)}{\rho}$, ρ 为面密度, F 为单位面积上所受的横向力。

电磁波方程和声波方程为三维波动方程

$$u_{tt} - a^2 \Delta u = 0 \tag{3.9.20}$$

其中

$$\Delta = \frac{\partial^2}{\partial x^2} + \frac{\partial^2}{\partial y^2} + \frac{\partial^2}{\partial z^2} \tag{3.9.21}$$

称为拉普拉斯算子, 通常也记为 ∇^2, $\nabla = i\dfrac{\partial}{\partial x} + j\dfrac{\partial}{\partial y} + k\dfrac{\partial}{\partial z}$ 称为哈密顿算子。

对于真空中的电磁波而言, 式 (3.9.20) 中的 a 等于光速 c。在物理文献中, 也常记

$$\Box = \nabla^2 - \frac{1}{c^2} \frac{\partial^2}{\partial t^2} \tag{3.9.22}$$

称之为达朗贝尔算子。

2. 热传导方程

如果一个物体内部的温度分布不均匀，热量就要从温度高的地方向温度低的地方流动，这种现象叫做热传导。考察空间某物体 G 的热传导问题，即要研究温度在空间中的分布以及随时间的变化。设物体 G 中瞬时温度分布为 $u(x, y, z, t)$。

热传导遵循两个物理定律。

(1) **傅里叶 (Fourier) 实验定律**　单位时间内垂直通过曲面单位面积的热量 $q(x, y, z, t)$ 与温度 $u(x, y, z, t)$ 沿曲面的法向导数成正比，即

$$q(x, y, z, t) = -k\frac{\partial u}{\partial n} \tag{3.9.23}$$

其中 $k(x, y, z)$ 称为物体的**导热系数**，$h > 0$；n 是曲面的单位法向矢量，$\frac{\partial u}{\partial n} = \nabla u \cdot n$，它也反映了热流的方向。(3.9.23) 中的负号是由于热量由高向低传，而温度梯度的方向是由低指向高。

我们称 q 为热流强度，称 $-k\nabla u$ 为**热流矢量**。

(2) **能量守恒定律**　物体温度升高所需的热量等于通过物体的边界流入的热量与内部热源所释放的热量之和。

现从物体 G 中任取一闭曲面 S，它所包围的区域记为 V，设 S 的外法向矢量为 n，物体的密度为 $\rho(x, y, z)$，比热为 $c(x, y, z)$，则从时刻 t_1 到 t_2 区域 V 内温度升高所需要的热量为

$$Q = \int_V c\rho(u|_{t=t_2} - u|_{t=t_1})dV = \int_V c\rho\left(\int_{t_1}^{t_2}\frac{\partial u}{\partial t}dt\right)dV = \int_{t_1}^{t_2}\int_V c\rho\frac{\partial u}{\partial t}dVdt \tag{3.9.24}$$

式中 $dV = dxdydt$。又在时段 $[t_1, t_2]$ 内从 S 流入 V 的热量为

$$Q_1 = \int_{t_1}^{t_2}\left(\int_s k\frac{\partial u}{\partial n}dS\right)dt = \int_{t_1}^{t_2}\left(\int_s k\nabla u \cdot ndS\right)dt = \int_{t_1}^{t_2}\int_V \nabla \cdot (k\nabla u)dVdt \tag{3.9.25}$$

上面最后一个等式用到高斯公式。此外，设内部热源在单位时间内单位体积中产生的热量 (即热源强度) 为 $w(x, y, z, t)$，则热源在时段 $[t_1, t_2]$ 内在 V 中产生的热量为

$$Q_2 = \int_{t_1}^{t_2}\int_V wdVdt \tag{3.9.26}$$

由能量守恒定律，$Q = Q_1 + Q_2$，从而得到

$$\int_{t_1}^{t_2}\int_V c\rho\frac{\partial u}{\partial t}dVdt = \int_{t_1}^{t_2}\int_V \nabla \cdot (k\nabla u)\,dVdt + \int_{t_1}^{t_2}\int_V wdVdt \tag{3.9.27}$$

由于 t_1, t_2 和 V 都是任意的, 故得

$$c\rho u_t = \nabla \cdot (k\nabla u) + w \tag{3.9.28}$$

上式称为**三维热传导方程**。

对于均匀的各向同性体, ρ, c, k 都是常数, $\nabla \cdot (k\nabla u) = k\Delta u$, 记 $a^2 = \dfrac{k}{c\rho}$, $f = \dfrac{w}{c\rho}$, 则得

$$u_t - a^2\Delta u = f(x,y,z,t) \tag{3.9.29}$$

这是**有源热传导方程**。如果物体内无热源, $f \equiv 0$, 则得到二阶齐次偏微分方程。

特别地, 如果所考虑的物体是一根其侧面绝热的细杆, 或者虽然不是细杆, 但其中的温度分布只与 x, t 有关, 则得到一维热传导方程

$$u_t - a^2 u_{xx} = f(x,t) \tag{3.9.30}$$

如果是一块上、下底面绝热的薄片, 或者虽然不是薄片, 但其中的温度分布只与 x, y, t 有关, 则得到二维热传导方程

$$u_t - a^2(u_{xx} + u_{yy}) = f(x,y,t) \tag{3.9.31}$$

对于 (3.9.30), (3.9.31) 两式, 都有热源强度 $w = c\rho f$。

对于因浓度分布不均匀而引起的**物质扩散运动**, 其方程的推导过程和方程的形式与热传导问题相同, 只不过 (3.9.29) 式中的 u 是物质浓度, $f(x,y,z,t)$ 是在单位时间内单位体积中产生的粒子数 (扩散物质热源的强度), $a^2 = D$ 是扩散系数。

热传导问题、扩散问题等也称为**输运问题**, 热传导方程也称**输运方程**。

3. 位势方程

热传导持续下去, 如果达到稳定状态, 温度的空间分布将不再随时间变化, 即 $u_t = 0$, 这时得到稳定温度场方程

$$\Delta u = -\frac{1}{a^2}f(x,y,z,t) \tag{3.9.32}$$

如果无热源, 则得

$$\Delta u = 0 \tag{3.9.33}$$

方程 (3.9.32) 称为**泊松 (Poisson) 方程**, (3.9.33) 是**拉普拉斯方程**或**调和方程**。它们又统称为**位势方程**, 也称**稳定场方程**。

静电场方程也可归结为泊松方程。在静电学中介绍过真空中高斯定律的微分形式：

$$\nabla \cdot E = \frac{\rho}{\varepsilon_0} \tag{3.9.34}$$

其中 $E(x,y,z)$ 是静电场的电场强度，$\rho(x,y,z)$ 是电荷密度，ε_0 为真空介电常量。

设 u 是电势，则 $E = -\nabla u$，将它代入 (3.9.34) 式，即得静电场的电势满足的方程：

$$\Delta u = -\frac{\rho}{\varepsilon_0} \tag{3.9.35}$$

这是一个泊松方程。如果所考虑的区域内没有电荷，即 $\rho = 0$，则得拉普拉斯方程。亦即在无源区域中，电势分布满足拉普拉斯方程。

在实际问题中，常常选用球坐标系或柱坐标系，不难证明，拉普拉斯算子 Δ 对 u 的作用，在柱坐标系 (ρ, φ, z) 下为

$$\Delta u = \frac{\partial^2 u}{\partial \rho^2} + \frac{1}{\rho} \frac{\partial u}{\partial \rho} + \frac{1}{\rho^2} \frac{\partial^2 u}{\partial \varphi^2} + \frac{\partial^2 u}{\partial z^2} \tag{3.9.36}$$

在球坐标系 (r, θ, φ) 下为

$$\Delta u = \frac{1}{r^2} \frac{\partial}{\partial r} \left(r^2 \frac{\partial u}{\partial r} \right) + \frac{1}{r^2 \sin\theta} \frac{\partial}{\partial \theta} \left(\sin\theta \frac{\partial u}{\partial \theta} \right) + \frac{1}{r^2 \sin^2\theta} \frac{\partial^2 u}{\partial \varphi^2} \tag{3.9.37}$$

以上三段导出了三类典型的数学物理方程，除此之外，还有各种各样的数学物理方程，例如**流体力学基本方程**、电磁场**麦克斯韦 (Maxwell) 方程组**，以及量子力学中粒子波函数 Ψ 所满足的**薛定谔 (Schrödinger) 方程**

$$i\hbar \frac{\partial \Psi}{\partial t} = -\frac{\hbar^2}{2\mu} \Delta \Psi + u\Psi \tag{3.9.38}$$

等。另外应当指出，数学物理方程并非都是二阶的。例如，通常所说的弦和膜都假设它们充分柔软，只抗伸长不抗弯曲，如果研究的对象没有这种特点，力学上就称之为梁和板，它们的振动方程一般会出现四阶微商。数学物理方程也并非都是线性的，例如孤立子的 KdV 方程就是一个非线性方程：

$$u_t + \sigma u u_x + u_{xxx} = 0 \tag{3.9.39}$$

该方程关于未知函数 u 及其各阶导数的全体而言，其第二项 $\sigma u u_x$，不是线性的。

4. 两个自变量的二阶线性偏微分方程的分类

平面二次曲线可以分为三大类: 双曲线、抛物线和椭圆。其方程的一般形式是

$$a_{11}x^2 + 2a_{12}xy + a_{22}y^2 + b_1x + b_2y + c = 0 \qquad (3.9.40)$$

三类曲线分别对应于判别式 $\Delta \equiv a_{12}^2 - a_{11}a_{22}$ 大于、等于和小于零。

两个自变量的二阶线性偏微分方程的一般形式是

$$a_{11}u_{xx} + 2a_{12}u_{xy} + a_{22}u_{yy} + b_1u_x + b_2u_y + cu = f \qquad (3.9.41)$$

其中 a_{11}, a_{12}, a_{22}, b_1, b_2, c, f 都是 x, y 的实函数。可以证明, 经过可逆变换

$$\xi = \xi(x, y), \quad \zeta = \zeta(x, y) \qquad (3.9.42)$$

方程 (3.9.41) 保持线性, 阶数不变, 且 $\Delta \equiv a_{12}^2 - a_{11}a_{22}$ 大于、等于或小于零的性质不变。因此可将方程 (3.9.41) 分类如下:

如果在区域 D 中, Δ 大于、等于或小于零, 则分别称方程 (3.9.41) 在区域 D 中是双曲型、抛物型或椭圆型的。

例如, 弦振动方程 $u_{tt} - a^2u_{xx} = 0$ 属**双曲型**, 热传导方程 $u_t - a^2u_{xx} = 0$ 属**抛物型**, 拉普拉斯方程 $u_{xx} + u_{yy} = 0$ 属**椭圆型**。

如果方程在区域 D 的一部分属双曲型, 而在另一部分属椭圆型, 在它们的分界线上是抛物型的, 则称这样的方程在区域 D 中是**混合型**的。例如**特里科米** (Tricomi) 方程 $yu_{xx} + u_{yy} = 0$ 在上半平面属椭圆型, 在下半平面属双曲型, 在包含 x 轴的区域内是混合型的。在研究跨声速流问题时, 常会遇到混合型方程。

常微分方程

$$a_{11}(dy)^2 - 2a_{12}dxdy + a_{22}(dx)^2 = 0 \qquad (3.9.43)$$

称为方程 (3.9.41) 的**特征方程**, 其积分曲线叫做方程 (3.9.41) 的特征线。利用特征线作自变量实变换, 可以将方程 (3.9.41) 化简成标准形式。

3.9.5 求解方法与解的性质比较

本节介绍二阶线性偏微分方程定解问题的几种主要解法, 对这些解法的解题思想、应用条件以及理论根据进行综合性评述, 以便横向比较。

(1) **分离变量法**。这是求解线性偏微分方程定解问题的最主要方法。从理论上说, 分离变量法的依据是施图姆-刘维尔 (S-L) 型方程的本征值问题。从解题步骤上看, 除了留待确定叠加系数的部分定解条件外, 要求方程和其余的解条件都必须是齐次的 (因此, 如果它们是非齐次的, 则必须首先齐次化)。这样, 对于定解问题中微分方程的具体形式就有一定的限制, 对于所讨论问题的空间区域形状

更有明显地限制。同时涉及正交曲面坐标系的选取 (空间区域的边界面必须是正交曲面坐标系的坐标面)。

(2) **积分变换方法**。这种方法的优点是减少方程的自变量的数目。从原则上说，无论是对于时间变量，还是空间变量，无论是无界空间，还是有界空间，都可以采用积分变换的方法求解线性偏微分方程的定解问题。但从实际计算看，就需要根据方程和定解条件的类型，选择最合适的积分变换。反演问题，也是关系所拟采用的积分变换是否实际可行的关键问题。反演时涉及的积分很简单，甚至有现成的结果可供引用，采用积分变换的确可以带来极大的便利。但反过来说，如果涉及的积分比较复杂，没有现成的结果可供引用，那么反演问题也可以成为积分变换的难点。

积分变换方法和分离变量法存在密切的联系。例如，当本征值过渡到连续谱时，分离变量法就变为相应的积分变换方法。

另外，从实用的角度说，如果是有界空间，一般说来，积分变换和分离变量法没有什么差别，故仍不妨采用分离变量法。

积分变换方法也具有分离变量法所没有的优点：它还可以应用于求解非线性偏微分方程。

(3) **格林函数方法**。这种方法具有极大的理论意义，它给出了定解问题的解和方程的非齐次项以及定解条件之间的关系，因而便于讨论方程的非齐次项或定解条件发生变化时，解如何相应地变化。而且，不仅如此，在讨论本征值问题的普遍性质时，也离不开格林函数。格林函数方法，已经成为理论物理研究中的常用方法之一。

应用格林函数方法，最重要的是，要能够求出格林函数的具体形式。尽管格林函数所满足的是一种特别简单的定解问题：方程的非齐次项为 ± 函数，定解问题均为齐次，因此，在少数情形下，能够求得格林函数的简单表达式。但是，一般说来，要能够求出格林函数，仍只限于若干个空间区域形状，和分离变量法没有什么差别。

格林函数方法的另一个优点是便于进行近似计算。例如，对于某一类偏微分方程的定解问题，由于区域形状的限制，不能求出它的格林函数的解析表达式。但是，如果必要的话，总还可以求出格林函数的足够精确的近似解 (例如数值解)。这样，也就可以进一步求出这一类偏微分方程定解问题的近似解。这在工程上还是具有实际意义的。

(4) **变分法**。这个方法具有理论价值和实用价值。在理论上，它可以把不同类型的偏微分方程定解问题用相同的泛函语言表达出来 (当然不同问题中出现的泛函是不同的)，或者说，把不同的物理问题用相同的泛函语言表达出来。正是由于这个原因，变分或泛函语言已经成为表述物理规律的常用工具之一。在实用上，变分法又提供了一种近似计算的好办法。有效地利用物理知识，灵活巧妙地选取试探函数，可以使计算大为简化。在物理学中，过去或现在，变分法都是常用的一种近似计算方法。例如，在原子和分子光谱的计算中，就广泛地采用了变分法。

(5) **对于二维和三维拉普拉斯方程的边值问题，可以将解表示为特殊的积分公式**。对于二维拉普拉斯方程，它的解一定是解析函数的实部或虚部，因此，可以采用复变函数的方法求解。例如，圆内或上半平面的第一类边值问题，拉普拉斯方程的解就可以表示为泊松积分。三维拉普拉斯方程第一类边值问题的解，也可以表示为沿边界面的积分。

(6) **保角变换**。这种方法的理论基础，是解析函数所代表的变换的保角性，在复变函数的教材或专著中有相关介绍。这种解法，主要用于二维拉普拉斯方程或泊松方程的边值问题，因为在保角变换下，前者的形式不变，后者也只是非齐次项作相应的改变。粗略地说，运用保角变换，可以把"不规则"的边界形状化为规则的边界形状 (因为难以在"不规则"和"规则"之间划定一个界限)，例如，可以把多边形化为上半平面或单位圆内，再结合上半平面或圆内的泊松公式，就能直接求出二维拉普拉斯方程的解。运用保角变换，的确可以解决一些有意义的物理问题或工程问题，例如，有限大小尺寸的平行板电容器的边缘效应问题，空气动力学中的机翼问题，以及其他一些流体力学问题。又如，应用保角变换方法，可以把偏心圆化为同心圆。

(7) **对于双曲型方程的定解问题，也存在一些特殊的解法，例如平均值法、降维法等等**。在理论上说，双曲型方程的解的存在唯一性，可以通过所谓 Cauchy 型边界条件 (即要求解在边界上同时满足给定的函数值与法向微商值) 得到保证。

最后介绍解的性质的比较：

(1) **解的光滑性**。从物理现象本身上看，拉普拉斯方程描述物理过程的平衡与稳定的状态，表明这种状态的解应该是非常光滑的；热传导现象具有能迅速地趋于均衡状态的特点，因而解也比较光滑；而波的传播现象中其光滑程度显然不及前两者那样光滑，甚至可能有间断性的解。

从定解问题的解看，作为一个二阶方程的古典解，要求它有连续的二阶导数，即它是光滑的函数。但对不同类型的方程来说，解的光滑程度是不同的。如拉普拉斯方程的任意连续解在解的定义区域内部是自变量的解析函数，十分光滑。传导方程的解关于空间变量是解析的，关于时间变量是无穷次可微的，也相当光滑。对波动方程的解，只有当初始条件的光滑性较好时，问题的解才可能具有二阶的连续导数。

(2) **解的极值原理**。对拉普拉斯方程内部不能有极值，极值只能在边界上达到；传导方程在区域内部的极大值不能超过区域各面边界上取得的最大值，对时间而言的极值在初始时刻达到；双曲方程没有极值性质。

(3) **解的空间特性**。波动方程反映的是波的传播现象，初始条件的影响范围是一圆锥体，一点的依赖区域也是圆锥体。传导方程的传播速度是无穷的。拉普拉斯方程是平衡状态，不产生传播速度问题。

(4) **关于时间的反演**。拉普拉斯方程与时间无关，不会产生时间的反演问题；波动方程是一个可逆过程，波从 $t = 0$ 变化到 $t = t_0$ 时刻的过程相当于波从 $t = t_0$ 变化到 $t = 0$ 时刻的过程；传导方程描述的传播现象是由高到低的不可逆的。

3.9.6　蝴蝶效应

美国气象学家洛伦茨于 1963 年提出一个天气预测模型。他选取了三个天气参量 (温度、气压、风速)，建立微分方程系统，通过计算机计算，给出天气模式运行轨迹曲线，发现了如下一些结果 [52,53]。

(1) 天气变化模式对初始条件敏感依赖。

从几乎相同的初始条件出发，计算机产生的天气模式差别愈来愈大，终至毫无相似之处。哪怕小数点后的多位取舍上的微小差异，也将导致大相径庭的未来天气模式的差异。图 3.6 标出了从两个几乎相同的初始条件出发而产生的两条未来天气演化轨迹曲线。

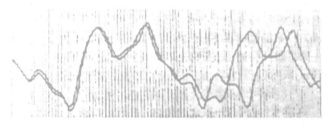

图 3.6　从几乎相同的初始条件出发的两条未来天气演化轨迹曲线 [52]

(2) 长期天气预报是不可能的。

对天气未来发展趋势的预测时间越长越需要高精度的初始条件，有时甚至需要无限精度。如果不能精确把握初始条件则会“差之毫厘，谬之千里”，对未来发展做出的预测无任何真实价值。洛伦茨比喻说：**远在南美洲的一只蝴蝶扇动一下翅膀，便可能成为一段时间后美国得克萨斯州产生一场龙卷风的契机。**

其实，真实情景比洛伦茨的比喻还要复杂，因为即使是把蝴蝶扇动翅膀的因素都考虑到初始条件之中，也不能保证能够为未来天气变化的预测提供精确条件。因为蝴蝶具有自由意志，我们只能考察它当下活动的方式，而不可能预测它下一步是否扇动翅膀，会用多大力气向哪个方向扇动翅膀。这就是具有内随机性特征的复杂系统所具有的复杂性特征。

(3) 洛伦茨吸引子 (一种奇怪吸引子)。

奇怪吸引子是指混沌吸引子，以区别于有序吸引子 (或称平庸吸引子)。前者不是通常意义上的点、环、环面吸引子。

当一系列三元组合出现时，在洛伦茨模型中，积分曲线不规则地运动，在相空间中，以某种数值画出了环状圈就构成了奇怪吸引子，它吸引了某一区域的所有轨迹，且系统轨迹从不完全地自我重复，点的轨线也永远不会自己相交。洛伦茨吸引子曲线的环状圈的维数介于 1 和 2 之间，既不是一条直线，也不是一个平面，而是一个分形物 (图 3.7)。

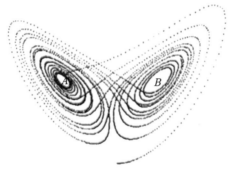

图 3.7　洛伦茨吸引子[52]

洛伦茨吸引子是由无限多张无限接近的曲面构成的一个复杂几何对象，在混沌区内，运动轨线在绕 A 点若干圈后随机地被甩到 B 点附近，再绕 B 点若干圈后又被随机地甩回 A 点附近，如此反复无穷地进行下去。每次绕 A 或 B 的圈数、圈的大小都是不确定的，表现出一种典型的无规则运动。

3.9.7　小结

偏微分方程是描述科学和工程问题的重要数学工具，因而偏微分方程的定性理论在装备试验的设计、实施和装备的鉴定评估中都有重要的应用。对于抛物型方程、椭圆型方程，因为有极值原理，解的存在性、唯一性、稳定性有保障。对于双曲型方程，解的稳定性特别值得关注。在装备研制、装备试验、装备作战中，最常用的 Navier-Stokes 方程、麦克斯韦方程，都是不稳定的，这两类方程都是值得研究的科学难题。

3.10　Navier-Stokes 方程

1755 年欧拉提出欧拉方程，1822—1845 年 Navier 和 Stokes 在欧拉方程的基础上发展出 Navier-Stokes 方程，这个方程在航空、航海、航天、气象预报、地震分析、战斗部毁伤效应分析等多个领域都有重要的应用。近 200 年来，许多学者从理论和应用方面做了很多工作，理论上也不断发现值得研究的问题，应用上也想了很多办法，例如风洞试验，但这个问题，依然是 21 世纪值得关注的科学问题，也是当前公认的数学难题。在装备试验中，可以从几方面关注：一是理论研究的进展，二是数字化的商业软件，三是各种工程试验手段。

3.10.1　NS 方程起源

纳维-斯托克斯方程 (Navier-Stokes Equation，简称 NS 方程)，是描述黏性流体物质运动的偏微分方程，以法国工程师、物理学家克洛德-路易斯·纳维 (Claude-Louis Navier) 和英国物理学家、数学家乔治·加布里埃尔·斯托克斯 (George Gabriel Stokes) 的名字命名。NS 方程是在从 1822 年 (Navier) 到 1845 年 (Stokes) 逐步建立理论的几十年中发展起来的 [64-66]。

Navier　　　　　　　　　　　Stokes

NS 方程的起源最早可以追溯自牛顿 [67]，他在经典著作《自然哲学的数学原理》中，给出了黏性流体运动的初步恰当描述。经典力学关注于物理实体运动的数学描述，把力、动量、速度和能量联系起来，描述宏观物体的行为。虽然是 400 多年前提出的，经典力学的许多基本原理仍然适用于一般情况，除了微观粒子动力学、高速运动和大尺度力学。经典力学适用于四个尺度：从 1 皮米 (2^{-12} 米) 到米，再到 10^{30} 米；此外，小尺度运动依靠量子力学，高速运动则需要使用狭义相对论。这是一套被认为是基本完整的理论。然而，流体力学的 NS 方程是一个仍未被解决的科学问题。

此后 NS 方程的发展历程大致为 [67]：1738 年，伯努利证明了压力梯度和流加速度成正比；之后，欧拉也推导了著名的欧拉方程；1758 年达朗贝尔证明了无黏性流体中物体受到阻力为零，这与现实生活中的大量事实相违背，产生了理论流体力学和工程水动力学这样的不同分支。在 19 世纪的研究中，人们更注重于往欧拉方程中添加摩擦项，以获得更加现实的结果。在 1822 年，Navier 利用在欧拉方程中加入摩擦项来分析分子力学，借此首次推导了 NS 方程，其他科学家，比如 1828 年的柯西 (Cauchy)、1829 年的泊松以及 1834 年的圣维南 (Saint Venant)，也发表了类似的研究成果，最终，Stokes 在 1845 年首次在数学上严谨地完善了 NS 方程。从欧拉方程至今，很多科学家写出了不同形式的 NS 方程，其中普朗特于 1934 年写的 NS 方程表达式是如今最为广泛接受的。NS 方程得出的结果有很多现实的应用，然而这组方程的解的理论分析至今仍未完善。具体来说，NS 方程的解包含湍流 (Turbulence)，至今仍是未解之谜之一，甚至解的一些更基础的数学性质也未能证明，比如数学家至今仍未能证明 NS 方程的一般解是否存在或者是否光滑。在 2000 年，美国克雷数学研究所将其列入千禧年八大数学难题之一，为第一位破解难题的人提供 100 万美元奖金。至今对此问题的数学性质有了部分成果，1934 年数学家 John Leray 证实了 NS 方程弱解 (Weak Solution) 的存在，2016 年数学家陶哲轩 (Terence Tao) 得出了三维 NS 方程有限时间内的能量爆破结果。

3.10.2 欧拉方程与 NS 方程

NS 方程的解是流速，它是一个矢量场——对于流体中的每个点，在时间间隔的任何时刻，它给出一个矢量，其方向和大小是流体在空间中某点在某时刻的速度的方向和大小。它通常在三个空间维度和一个时间维度中进行研究，尽管通常使用二维 (空间) 和稳态情况作为模型，并且在纯数学和应用数学中都研究了更高维的类似物。一旦计算出速度场，就可以使用动力学方程和关系找到其他感兴趣的量，例如压力或温度。这与人们通常在经典力学中看到的不同，在经典力学中，解通常是粒子位置的轨迹或连续体的偏转。矢量场的流线，被解释为流速，是无质量流体粒子行进的路径。这些路径在每一点的导数等于向量场的积分曲线，它们可以直观地表示向量场在某个时间点的行为。

首先介绍相对简单的欧拉方程 (1775 年)，这一组流体力学方程组，源自质量、动量和能量守恒的基本原理。其描述对象是理想流体，纯数学性质好，能够完美解决简单的问题，具体方程为

$$\text{质量：} \frac{\partial \rho}{\partial t} + \nabla \cdot (\rho \boldsymbol{u}) = 0 \tag{3.10.1}$$

$$\text{动量：} \frac{\partial \rho \boldsymbol{u}}{\partial t} + \nabla \cdot (\boldsymbol{u} \otimes (\rho \boldsymbol{u})) + \nabla p = 0 \tag{3.10.2}$$

$$\text{能量：} \frac{\partial E}{\partial t} + \nabla \cdot (\boldsymbol{u}(E + p)) = 0 \tag{3.10.3}$$

其中 ρ 为流体密度，$\boldsymbol{u}$ 为流体速度矢量，设分量为 u, v, w，$E = \rho e + 1/2\rho(u^2+v^2+w^2)$ 为每一单位容量所含的总能量，其中 e 为流体每一单位容量所含的内能，p 表示压力，$\otimes$ 表示张量积。

欧拉方程组是理想流体运动微分方程组，在不少情况下无法得到符合实际的解。在此基础上，为了考虑黏性、非线性等情况，提出了 NS 方程 (1825—1845年)，该方程本身复杂且不稳定，具体形式为

$$质量：\frac{\partial \rho}{\partial t} + \nabla \cdot (\rho \boldsymbol{u}) = 0 \tag{3.10.4}$$

动量 (速度矢量 $\boldsymbol{u}$ 的三个分量 u, v, w)：

$$\rho\left(\frac{\partial u}{\partial t} + u\frac{\partial u}{\partial x} + v\frac{\partial u}{\partial y} + w\frac{\partial u}{\partial z}\right) = \rho g_x - \frac{\partial p}{\partial x} + \mu\left(\frac{\partial^2 u}{\partial x^2} + \frac{\partial^2 u}{\partial y^2} + \frac{\partial^2 u}{\partial z^2}\right)$$

$$\rho\left(\frac{\partial v}{\partial t} + u\frac{\partial v}{\partial x} + v\frac{\partial v}{\partial y} + w\frac{\partial v}{\partial z}\right) = \rho g_y - \frac{\partial p}{\partial y} + \mu\left(\frac{\partial^2 v}{\partial x^2} + \frac{\partial^2 v}{\partial y^2} + \frac{\partial^2 v}{\partial z^2}\right) \tag{3.10.5}$$

$$\rho\left(\frac{\partial w}{\partial t} + u\frac{\partial w}{\partial x} + v\frac{\partial w}{\partial y} + w\frac{\partial w}{\partial z}\right) = \rho g_z - \frac{\partial p}{\partial z} + \mu\left(\frac{\partial^2 w}{\partial x^2} + \frac{\partial^2 w}{\partial y^2} + \frac{\partial^2 w}{\partial z^2}\right)$$

$$能量：\rho\left[\frac{\partial h}{\partial t} + \nabla \cdot (h\boldsymbol{u})\right] = -\frac{\partial p}{\partial t} + \nabla \cdot (k\nabla T) + \phi \tag{3.10.6}$$

其中 x, y, z 为空间三维坐标，g 为重力加速度，h 为焓 (单位质量的物质所含的全部热能)，k 为热导率，T 为温度，ϕ 为热耗散项。

3.10.3　NS 方程的空气动力学应用

生物界提供了空气动力控制的典范：当一只鸟飞过窗户落在树枝上时，这只小鸟的动作超越了人类所设计的一些控制系统。在降落动作中，鸟类旋转翅膀和身体，使它们几乎与飞行方向和迎面而来的气流垂直。这一动作既增加了暴露在气流中的表面积，从而增加了鸟的气动阻力，又在翅膀后面形成了一个低压空气区域，从而实现了稳定的降落[68]。

应用在飞机中，控制问题往往没有如此简单。黏滞力和压力结合在一起可以达到所需的快速减速，但这种机动会产生严重后果：机翼会"失速"，这意味着它们会经历巨大的升力损失，并可能失去控制能力。此时，空气动力学是非定常 (时变) 和非线性的，使得空气动力难以精确建模和预测。

飞机设计方面的缺陷，曾给人类带来巨大的灾难[69,70]。狮航 610 号班机于 2018 年 10 月 29 日清晨 6:20 分从苏加诺–哈达国际机场起飞 13 分钟后坠毁。机上所有 189 名乘客和机组人员不幸罹难。据印尼国家运输安全委员会调查，失事客机在最后 4 次飞行时，飞行仪表已经发生故障，其中一个迎角传感器输入读数错误，影响了迎角传感器和空速指示器的操作。空难发生时，基于错误的传感器数据，飞机防失速系统误以为是在失速 (气流平衡被破坏) 状态，客机自动降低机头，飞行员却无法使飞机从机头持续俯冲的状态中抬升而导致坠机。

NS 方程解释了很多科学上和工程上的物理现象，它可以用于洋流模拟、天气预测等。NS 方程也涉及试验鉴定领域的很多问题，例如，在飞机试飞中，飞机变形、湍流、(空战战法等原因导致的) 飞机姿态剧变等多种复杂因素耦合情况下，试验鉴定可否给出飞行试验设计与飞行试验评估的方案？

试验鉴定中，模拟这种过程的控制系统必须做出复杂的逻辑决定。虽然描述系统运动学和动力学的方程是非线性的，但必须具有可计算的结构。例如，想让一个小滑翔机着陆时，可以使用一个相对标准的轨迹优化和时变线性反馈方法。使用这种方法，可以实现让飞机稳定降落的控制器。评估该系统的稳定性，可以表示为一个"漏斗"，通过反馈库，实现从相对广泛的初始条件可靠地降落在高位：可以简单地把飞机从任何位置扔向降落点，它总是能找安全着陆，如图 3.8 所示。

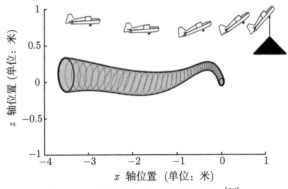

图 3.8 飞机着陆控制过程示意图 [68]

上面的例子是一个简单的数值模拟。涉及 NS 方程的一般空气动力问题十分复杂，美国国家航空航天局 (NASA) 在圣路易斯举行的 2021 年全球超级计算大会上推出了 39 项科学、工程和技术成果，其中包括 NS 方程对飞行的分析。由于飞行器巡航期间意外的阵风可能会发生横滚振荡等不稳定性，复杂的气流和姿态的剧变，飞机的稳定系统可能无法应对，如图 3.9 所示。为了设计能够响应具有多个发动机的飞机在复杂空气流体中的最佳控制机制，必须使用基于 NS 方程的计算流体动力学 (Computational Fluid Dynamics, CFD) 代码，并结合运动稳定性方程。此时，使用 NS 方程的模拟只有在使用超级计算机时才可行。

我国在计算流体力学方面也有丰富的自主创新成果，国家数值风洞工程由中国空气动力研究与发展中心联合国内数十家优秀单位共同建设，将在我国计算流体力学领域建成拥有自主知识产权、面向国内开放共享、达到世界一流水平的标志性战略基础设施。目前已发布网格生成软件 NNW-GridStar、流场仿真软件 NNW-FlowStar、"风雷"开源软件 NNW-PHengLEI、可视化软件 NNW-TopViz，这些国家数值风洞套装软件的已"合龙"，正式完成套装体系 [82]。

图 3.9　NASA 通过使用 NS 方程和减少风洞测试用例的数量，对空气流体进行高保真建模可以显著降低设计成本 [71]

3.10.4　小结

NS 方程在装备试验中有广泛的应用。各类战机、运输机，各类巡航弹，各类潜艇、水面舰艇等，都涉及 NS 方程。这个方程目前理论上并没有彻底解决，甚至无法获得完全精确且具体的方程，得到方程后，解的性态也不是稳定的。目前的通用做法是理论推导分析、数值模拟、风洞试验或其他 (半) 实物仿真试验、飞 (航) 行试验等方法综合解决。NS 方程在常规战斗部毁伤效应分析、气象预报等中也是主要方法。因为其在军、民用领域中的应用特别广泛，是装备试验科研的重点和难点。

3.11　麦克斯韦方程

3.11.1　麦克斯韦方程起源

麦克斯韦

19 世纪中期，苏格兰数学物理学家詹姆斯·克拉克·麦克斯韦 (James Clerk Maxwell, 1831—1879) 将电荷与电流、电场和磁场的联系归结为优美的麦克斯韦方程组。这是经典向量场电磁理论的奠基性工作，是站在牛顿的肩膀上物理学的第二次大一统。

电和磁在 19 世纪开始成为一门独立的科学，在麦克斯韦之前，人们对电磁现象有了一定的认识。例如英国物理学家法拉第 (Michael Faraday, 1791—1867) 提出"法拉第定律"是电磁学的一条基本定律。法拉第的实验很大程度上是基于直觉预测，且其数学能力比较薄弱，只限于使用简单的代数，对高等数学并不熟悉。麦克斯韦综合了法拉第、奥斯特、安培等学者的研究，在数学上进行了诠释、推广和补充，奠定了电磁理论的基石，他把光理解为控制静止电荷、运动电荷 (电流) 以及磁性之间相互影响的表现，把光学和电磁学统一了起来。麦克斯韦的理论被广泛接受，且被认为是人类对物理现实理解的一个根本性飞跃。在麦克斯韦的理论中，电磁场是物体之间传播电磁相互作用的中介，这种理解推翻了之前人们认为带电体或磁体之间的相互作用可以超越中间媒质而直接进行，并立即完成的"超距作用观念"。

1873 年，麦克斯韦在《电磁通论》中首次发表了如今以他的名字命名的方程式。积分形式的麦克斯韦方程组为

$$\oint_L \boldsymbol{E} \cdot d\boldsymbol{l} = -\iint_S \frac{\partial \boldsymbol{B}}{\partial t} \cdot d\boldsymbol{S}$$

$$\oint_L \boldsymbol{H} \cdot d\boldsymbol{l} = \iint_S \frac{\partial \boldsymbol{D}}{\partial t} \cdot d\boldsymbol{S} + \iint_S \boldsymbol{j} \cdot d\boldsymbol{S} \qquad (3.11.1)$$

$$\oint_S \boldsymbol{D} \cdot d\boldsymbol{S} = \int_V \rho dV$$

$$\oint_S \boldsymbol{B} \cdot d\boldsymbol{S} = 0$$

这四个方程反映了普遍情况 (包括静止和运动) 下电荷、电流激发电磁场的规律以及电磁场运动、变化的规律，是电磁理论的基础。

积分形式的麦克斯韦方程组整体上描述一个区域中的场量和场源的关系，但不能刻画空间一点场源和场量的局域关系，为此需要微分形式的麦克斯韦方程组

$$\nabla \times \boldsymbol{E} = -\frac{\partial \boldsymbol{B}}{\partial t}$$

$$\nabla \times \boldsymbol{H} = \boldsymbol{j} + \frac{\partial \boldsymbol{D}}{\partial t} \qquad (3.11.2)$$

$$\nabla \cdot \boldsymbol{D} = \rho$$

$$\nabla \cdot \boldsymbol{B} = 0$$

以上四个方程与积分方程是一一对应的，它们虽然与积分形式的麦克斯韦方程组反映的物理内容相同，但二者适用条件不同，微分形式的麦克斯韦方程组适用于场量连续分布情况，而积分形式的麦克斯韦方程组可以适用于场量不连续的情况 [72,73]。

麦克斯韦方程在试验鉴定领域的应用方面、在计算电磁学 (Computational ElectroMagnetics, CEM) 领域体现较多 [74]。

3.11.2 麦克斯韦方程组与计算电磁学

计算电磁学、计算电动力学或电磁建模是对电磁场与物理对象和环境的相互作用进行建模的过程。一些现实世界的电磁问题，如散射、辐射、波导等，对于大量不规则的几何形状，是不可解析计算的。数值计算技术可以克服无法在介质的

各种本构关系和边界条件下推导麦克斯韦方程组的封闭形式解的问题。因此，这使得计算电磁学对于电磁装备设计和建模很重要，如天线、雷达、卫星等通信系统，纳米光子器件和高速硅电子，医学成像等。

　　雷达散射截面 (Radar Cross Section, RCS)。RCS (图 3.10(a)) 衡量物体被雷达探测时发射能量的等效面积，较大的 RCS 表示更容易检测到对象。决定有多少电磁能量被反射的因素包括：制成目标的材料、目标的绝对大小、目标的相对尺寸 (与照明雷达的波长有关)、入射角 (雷达波束撞击目标特定部分的角度)、反射角 (反射光束离开目标命中部分的角度)、雷达发射器的强度、发射器-目标-接收器之间的距离等。隐形飞机 (图 3.10(b)) 被设计为具有低可探测性，即低 RCS (通过吸水性涂料、光滑表面、特别倾斜的表面等)。

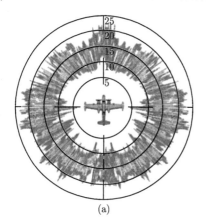
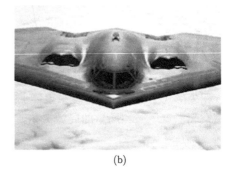

(a)　　　　　　　　　　　　　　　　　(b)

图 3.10　(a) 为典型飞机 (A-26 Invader) 的 RCS，(b) 为 B-2 隐形飞机 [75]

　　天线设计。天线 (图 3.11(a)) 是一种电子设备，它将自由空间中的无线电波耦合到无线电接收器或发射器的电流中。在接收过程中，天线截取部分电磁波功率，以产生无线电接收器可以放大的微小电压。或者，无线电发射器将产生较大的射频电流，该电流可以施加到同一天线的端子上，以便将其转换为辐射到自由空间的电磁波 (无线电波)。在天线设计领域，辐射方向图描述了天线或其他源的无线电波强度的方向 (角度) 依赖性。天线的远场方向图 (图 3.11(b)) 可以在一个天线范围内通过实验确定，或者，可以使用近场扫描仪找到近场方向图，并通过计算从中推导出辐射方向图，辐射方向图也可以通过计算机程序从天线形状计算出来。

　　电磁波传播计算与仿真面临的挑战包括：①传播域的几何特征，如目标相对于波长的尺寸、不规则形状的物体和奇点等；②传播介质的物理特性，如异质性和各向异性、物理色散和耗散等；③辐射源和入射场的特征等。

　　描述矢量电磁场的矢量微分方程或积分方程，在很多情况下是线性的，即可以表示成抽象的形式：

$$\mathcal{L}f = g \tag{3.11.3}$$

其中 $\mathcal{L}$ 是线性算子，它将在希尔伯特空间 V 中定义的函数 f 映射到在另一个希尔伯特空间 W 中的 g，其中 f 为未知量，g 为已知量 (驱动源)。

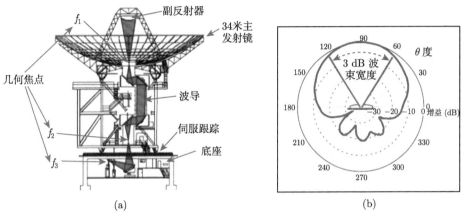

图 3.11　(a) 为大型天线，(b) 为天线的辐射方向图 [75]

为了求解，需要将算子形式的方程 $\mathcal{L}f = g$ 转化为矩阵-向量形式的方程 $\bar{L} \cdot f = g$，为此，首先将 f 用基函数进行表示，即

$$f \cong \sum_{n=1}^{N} a_n f_n \tag{3.11.4}$$

其中 $f_n, n = 1, 2, \cdots, N$ 为已知的基函数，$a_n, n = 1, 2, \cdots, N$ 为未知系数。上式近似的精度取决于基函数和逼近的项数，分段线性表示是常用的一种近似。

经过表示后，可以得到

$$\sum_{n=1}^{N} a_n \mathcal{L}f_n = g \tag{3.11.5}$$

再利用函数集 $w_m, m = 1, \cdots, N$，对上式两端进行内积运算，得到

$$\sum_{n=1}^{N} a_n \langle w_m, \mathcal{L}f_n \rangle = \langle w_m, g \rangle, \quad m = 1, \cdots, N \tag{3.11.6}$$

其中内积定义为 $\langle f_1, f_2 \rangle = \int f_1(\boldsymbol{r}) f_2(\boldsymbol{r}) d\boldsymbol{r}$。

至此，可以得到矩阵-向量形式的线性方程：

$$\bar{L} \cdot \boldsymbol{a} = \boldsymbol{g} \tag{3.11.7}$$

其中 $[\boldsymbol{L}]_{mn} = \langle w_m, \mathcal{L}f_n \rangle$，$[\boldsymbol{a}]_n = a_n$，$[\boldsymbol{g}]_m = \langle w_m, g \rangle$。

这种方法应用于积分方程时, 通常称为矩量法 (Method of Moments)。当用有限离散基表示曲面未知量时, 也称为边界元法 (Boundary Element Method)。当该方法用于求解偏微分方程时, 称为有限元法 (Finite Element Method), 由于其简单, 是一种比较受欢迎的方法。

为了用有限的基函数来近似定义在任意形状表面或体积上的函数, 常用网格来网格化 (镶嵌或离散) 表面和体积。在二维表面上, 一般形状都可以由三角形的并集进行镶嵌, 而三维体积可以由四面体的并集进行网格划分。然后, 使用的基函数在节点之间, 或者定义在三角形、四面体边缘的值之间进行插值。这样的网格不仅用于计算电磁学, 还可以用于其他领域, 如固体力学等, 因此, 有许多商业软件可用来生成复杂的网格。

电磁计算基于的偏微分方程模型就是麦克斯韦方程组, 主要包括: 时域方法、频域方法以及高性能计算等方面。这里简单提及几种经典的时域方法。

有限差分时域法 (FDTD: Finite Difference Time-Domain Method), 开创性的工作由 K. S. Yee 完成, 采用结构化 (笛卡尔) 网格 (图 3.12(a)), 在均匀网格上有二阶精度 (空间和时间)。其优点包括: 简单的计算机实现、计算效率高 (较低的算法复杂度)、网格生成很简单、复杂源 (天线、细线等) 的建模已有较为完善的基础。缺点包括: 非均匀离散化的准确性较差、高分辨率模型的内存要求大、边界的近似离散化困难等。

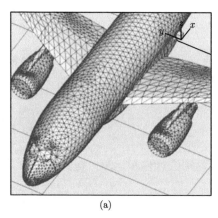
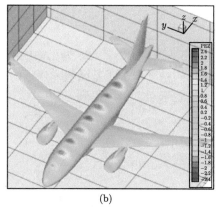

(a)   (b)

图 3.12   (a) 为飞机的网格化结果, (b) 为飞机的平面波电磁散射计算结果 [85]

有限元时域法 (FETD: Finite Element Time-Domain Method), 基于 J-C. Nédélec 的基础工作, 采用非结构化网格。优点: 复杂形状的精确表示、非常适合高阶插值方法。缺点: 计算机实现不那么简单, 非结构化网格很难生成自动化、全局质量矩阵。

此外还有有限体积时域法 (FVTD: Finite Volume Time-Domain Method)、非

连续 Galerkin 时域方法 (DGTD: Discontinuous Galerkin Time-Domain Method), 此处不一一赘述, 图 3.12(b) 为飞机的平面波电磁散射计算结果示例。

3.12 冯·诺依曼对策矩阵

3.12.1 冯·诺依曼简介

"若人们不相信数学简单, 只因他们未意识到生命之复杂。"

——约翰·冯·诺依曼

约翰·冯·诺依曼 (John von Neumann, 1903—1957) 是 20 世纪在现代计算机、博弈论和核武器等诸多领域内有杰出建树的科学全才之一, 被称为 "计算机之父" 和 "博弈论之父"。这位匈牙利出生的美籍科学家在短暂的一生中留给世人的两大发明——计算机和博弈论, 深刻地改变了世界, 改变了人类的生活、工作乃至思维方式, 极大地促进了社会的进步和文明的发展 [55-57]。

冯·诺依曼

作为 20 世纪最重要的数学家之一, 冯·诺依曼在纯数学和应用数学方面都有杰出的贡献。他的理论为量子力学打下了数学基础, 开创了冯·诺依曼代数。他还创立了博弈论, 于 1944 年发表了奠基性的重要著作《博弈论与经济行为》(*The Theory of Games and Economic Behavior*)。在第二次世界大战期间, 他参与了原子弹的研制, 对世界上第一台通用计算机 ENIAC 的设计提出了重要建议。在生命的最后几年, 冯·诺依曼研究了自动机理论, 留下了对人脑和计算机系统进行精确分析的著作《计算机与人脑》(*The Computer and the Brain*)。该书展现了第二次世界大战之后、冷战初期国际政治舞台上由核武器引发的矛盾和冲突, 并阐述了冯·诺依曼对此的态度。

3.12.2 "分蛋糕" 与极小极大原理

当考虑为两个馋嘴的孩子分一块蛋糕的最佳方法时, 不管怎样小心翼翼地分, 两个孩子总觉得自己那块小一些。解决这个问题的最佳方法是让一个孩子切蛋糕, 另一个孩子先选。出于贪心, 第一个孩子会切得很公平, 而且由于是他自己切的, 他不会对两块蛋糕是否一般大提出异议; 第二个孩子也不可能抱怨, 因为他拿的那一块是自己挑的。

在冯·诺依曼看来, 这个日常生活中的例子不仅仅是一种 "博弈", 而且是作为博弈论基础的极小极大原理最简单的说明。

蛋糕问题反映着利益的冲突。两个孩子想要的是一样的——尽可能多的蛋糕。蛋糕最后怎么分取决于两件事：一个孩子怎么切蛋糕，另一个孩子选哪一块。重要的是，每个孩子都在预测对方做什么。正是基于这一点，使冯·诺依曼把它看作一种"博弈"。

博弈论寻找博弈的答案——合理的结果。对于第一个孩子来说，把蛋糕分成同样大小的两块是最佳策略，因为他预测另一个孩子的策略必定是挑大的那块。因此，等分蛋糕是这个问题的答案。这个答案并不依赖于孩子的大度或者公平意识，而是由两个孩子各自的利益所驱使的。博弈论寻找的正是这类答案。在对抗环境中，导弹试验的设计与评估应考虑博弈的因素。

在博弈论中，假设局中人 1 有 m 个策略，局中人 2 有 n 个策略。设局中人 1 选择策略 i，且设局中人 2 选择策略 j 时，局中人 1 从局中人 2 处得到的收益是 a_{ij}，则收益矩阵为

$$A = [a_{ij}] = \left[\begin{array}{ccc} a_{11} & \cdots & a_{1n} \\ \vdots & & \vdots \\ a_{m1} & \cdots & a_{mn} \end{array} \right]$$

对于任意 $A = [a_{ij}]$，必有

$$\max_{1 \leqslant i \leqslant m} \min_{1 \leqslant j \leqslant n} a_{ij} \leqslant \min_{1 \leqslant j \leqslant n} \max_{1 \leqslant i \leqslant m} a_{ij}$$

当上式中等号成立时，即当

$$\max_{1 \leqslant i \leqslant m} \min_{1 \leqslant j \leqslant n} a_{ij} = v = \min_{1 \leqslant j \leqslant n} \max_{1 \leqslant i \leqslant m} a_{ij}$$

时，v 称为博弈的值。此时，必有

$$a_{ij^*} \leqslant a_{i^*j^*} = v \leqslant a_{i^*j}$$

对于一切 i，j 成立。故 i^*，j^* 分别为局中人 1，2 的最优策略，(i^*, j^*) 是对策的一个鞍点。

若局中人 1 以概率 x_i 选择策略 i，局中人 2 以概率 y_j 选择策略 j，那么局中人的期望收益为

$$\sum_{i=1}^{m} \sum_{j=1}^{n} x_i a_{ij} y_j = XAY^{\mathrm{T}}$$

同样，对于任意 $A = [a_{ij}]$，必有

$$v_1 = \max_{X \in S_m} \min_{Y \in S_n} XAY^{\mathrm{T}} \leqslant \min_{Y \in S_n} \max_{X \in S_m} XAY^{\mathrm{T}} = v_2$$

冯·诺依曼首先证明：对于一切对策矩阵 $A = [a_{ij}]$，必有 $v_1 = v_2$，这就是著名的**极小极大原理**，又称为**冯·诺依曼定理**。即存在 $X^* \in S_m, Y^* \in S_n$，使得

$$XAY^{*T} \leqslant X^*AY^{*T} = v \leqslant X^*AY^T$$

称 X^*，Y^* 为混合策略下的鞍点，v 为对策值。鞍点是局中人所对应的最优混合策略，只要局中人 1 坚持采用最优策略 X^*，则不论局中人 2 选择什么策略，局中人 1 的收益都不会少于 v。

3.12.3 田忌赛马与对策矩阵

我国有一个家喻户晓的典故——田忌赛马。

该故事发生在战国时期，齐威王和大将田忌赛马，根据马跑的速度双方各有上、中、下三种等级马各一匹，其中田忌的马比同一等级齐王的马跑得慢，但比齐王低一级的马跑得快。比赛规则为三局两胜制，每局比赛各出一匹马，负者向胜者支付黄金一千，显然相比之下齐王的马占优势。在第一次比赛中，田忌以上等马对齐王的上等马，以中等马对齐王的中等马，以下等马对齐王的下等马，结果连负三局。在第二次比赛中，田忌采纳孙膑的建议，以下等马对齐王的上等马，以中等马对齐王的下等马，以上等马对齐王的中等马，结果胜两局负一局，赢齐王一千金，而自以为胜券在握的齐王反而输掉一千金。

假设田忌的马分别记为 $B1$，$B2$，$B3$，齐威王的马分别记为 $A1$，$A2$，$A3$，假如马的速度：$A1 > B1 > A2 > B2 > A3 > B3$，而且，一次性背对背敲定 B 马和 A 马的出场顺序。那么，B 马、A 马的顺序，都有六种可能

$$(1,2,3), \quad (1,3,2), \quad (2,1,3), \quad (2,3,1), \quad (3,1,2), \quad (3,2,1)$$

B 马与 A 马比赛，田忌的收获，无非就是三局全输 (得 -3)，输二局赢一局 (得 -1)，赢二局输一局 (得 1)，可以表示为 6×6 矩阵。在博弈论中，此矩阵即为局中人田忌的收益矩阵 (表 3.8(a))。

表 3.8(a)　田忌赛马的原始收益矩阵

B	A					
	(1,2,3)	(1,3,2)	(2,1,3)	(2,3,1)	(3,1,2)	(3,2,1)
(1,2,3)	-3	-1	-1	1	-1	-1
(1,3,2)	-1	-3	1	-1	-1	-1
(2,1,3)	-1	-1	-3	-1	-1	1
(2,3,1)	-1	-1	-1	-3	1	-1
(3,1,2)	1	-1	-1	-1	-3	-1
(3,2,1)	-1	1	-1	-1	-1	-3

这个矩阵的每行、每列，各有 1 个 "-3"，1 个 "1"，4 个 "-1"。实际上，田忌得 -3，得 1 的概率都是 $1/6$，得 -1 的概率是 $4/6$。在上面的游戏规则和马的条件下田忌的期望得分是 -1。

从体系对抗的角度思考，提升田忌得分主要有两条途径。第一是指挥控制，通过侦察、指挥、战术等手段，形成孙膑的模式，即田忌上、中、下等马分别对齐威王的中、下、上等马。如果能 100% 形成孙膑模式，则田忌的期望得分提升为 1。而实际中很难达到这样理想的效果，若能以 50% 的可能形成孙膑模式，其他模式的可能性相同，则田忌的期望得分为 −0.2，相比于 −1 有很大提升。这是 C4ISR 的作用，著名的四渡赤水就是充分发挥了指挥和情报的作用。第二是提升马的能力：比如，提升 $B1$，$B2$，$B3$ 的能力使它们都大于 $A1$，$A2$，$A3$，那么田忌的期望得分便是 3，这是最理想的情况。如果仅把 $B2$ 提升到 $A2$ 之上，其他不变，即 $A1 > B1 > B2 > A2 > A3 > B3$。那么，前面的 6×6 矩阵就变为如表 3.8(b) 所示的形式。

表 3.8(b)　提升 $B2$ 后的收益矩阵

B	A					
	(1,2,3)	(1,3,2)	(2,1,3)	(2,3,1)	(3,1,2)	(3,2,1)
(1,2,3)	−1	−1	−1	1	−1	1
(1,3,2)	−1	−1	1	−1	1	−1
(2,1,3)	−1	−1	−1	1	−1	1
(2,3,1)	−1	−1	1	−1	1	−1
(3,1,2)	1	1	−1	−1	−1	−1
(3,2,1)	1	1	−1	−1	−1	−1

可以看到，这种情况，田忌的期望得分是 −1/3，相比于 −1 也有显著提升。

最后，以田忌赛马的案例考虑体系贡献率。田忌的最小得分是 −3，最大得分是 1，期望得分是 −1。若利用前面的两个途径，或提高孙膑模式的概率，或提升马的能力，更新模型，重新计算矩阵以及新的期望得分。那么，

$$体系贡献率 = \frac{新期望得分 - 原期望得分}{最大得分 - 最小得分} \times 100\%^{[58]}$$

武器装备和作战部队的体系贡献率，是体系对抗中的一个相对于作战对手的概念。装备、部队、战术的贡献率皆可通过对策矩阵计算。

3.12.4　博弈要素

我们考虑一个假想的攻防情景 [58]：现在蓝方有两个师的军力，任务是攻克红方占据的一座要塞。而红方的防御军力是三个师。规定双方的军力只可整师调动，通往这座要塞的道路有甲乙两条，我们不妨称之为两个据点。当蓝方发起攻击时，若蓝方的军力超过红方就获胜；若蓝方的军力比红方防御部队军力少或者相等，蓝方就失败。假如你是蓝方的司令，请问你如何制订进攻方案？

这是一个很简单的攻防情景，但是看起来有让人难以接受的苛刻条件——以少克多。但先不去讨论这个情景本身所给的信息及规则是否公平合理，我们先分析这个博弈的要素。

首先，这个博弈中出现了两方，蓝方和红方，这就是该博弈中的参与者 (Players)。参与者就是指谁参与了博弈，而参与博弈的人通常也称为局中人。在上述攻防作业的博弈中，参与者有两个，这也就是一般意义上的双人博弈，如果参与者有多个，就是多人博弈了。参与者的目的是通过合理选择自己的行动，以便取得最大化的收益。当然，参与者的选择不仅取决于自己的决策，还要取决于对方的决策，也就是说参与各方的决策过程其实就是一个利益博弈的过程。另外，参与者可以是自然人，也可以是团体，如企业、国际组织、国家等。

其次，红蓝双方可以选择的部署方案在博弈论里就被称为策略 (Strategies)，有时也被称为行动 (Actions)。但是应该强调的是，策略是参与者如何对其他参与者的行动做出反应的行动规则，它规定参与者在什么情况下选择什么行动，但并不是行动本身。如果 N 个参与者每人选择一个策略，就组成了一个策略组合。参与者做出决策的原则都是在其他参与者每一种可选择的情况下做出对自己最有利的决策。

对于红方而言，有四种部署方案即四种策略可以选择：

A——三个师的军力都驻守在甲据点；

B——两个师驻守在甲据点，一个师驻守在乙据点；

C——一个师驻守在甲据点，两个师驻守在乙据点；

D——三个师的军力都驻守在乙据点。

对于作为蓝方司令的你而言，则有三种可能的策略：

a——两个师的军力攻击甲据点；

b——一个师攻击甲据点，另一个师攻击乙据点；

c——两个师的军力攻击乙据点。

蓝方为什么要攻击红方的据点呢？很显然是要取得胜利，当然也可能攻之不克而失败，这是蓝方可能得到的利益或者损失，这自然也是博弈对局的结果。我们通常称之为支付 (Payoff)。注意，这个支付并不是说花去的成本，而是获取的收益或者遭受的损失。通常，我们用支付来表示在一个特定的策略组合下参与者能得到的确定的效用，显然它是博弈策略组合的函数。

我们以矩形图来分析红蓝双方的博弈结果。这样每个方格的左下方的数字就代表了蓝方发起军事攻击的博弈所得，每个方格的右上方的数字就代表了红方展开防御的博弈所得。并且红方有 4 种可选攻击方案，蓝方有 3 种可选防御方案，4 乘以 3 则一共就是 12 种可能的组合。

我们知道，战争是很难估算胜负的支付到底是多少的，为了简单起见，在这个博弈中，我们假设胜利的一方就会获得 5 单位支付，而失败的一方则会获得 −10 单位的支付。为什么加起来小于 0 呢？这是因为战争是负和博弈，是一种两败俱伤的博弈，即不管双方胜负如何，双方都有不同程度的损失，结果都会给世界带来损失。

假如蓝方采取 a 策略，红方此时采取 A 策略，那么蓝方以两个师的军力攻击甲据点，却遭遇到红方三个师驻守军力的防御，结果毫无疑问就是蓝方失败。此时红方获得 5 单位的支付，蓝方有 −10 单位的支付。假如蓝方采取 a 策略，红方此时采取 B 策略，那么蓝方以两个师的军力攻击甲据点，遭遇到红方两个师驻守军力的防御，结果也是蓝方失败，而红方获胜。如果蓝方采取 a 策略，红方此时采取 C 策略，则蓝方以两个师的军力攻击甲据点，因为只遭遇到一个师的抵抗，从而可以占领这个据点，那么蓝方获胜，红方失败。如果蓝方采取 a 策略，红方此时采取 D 策略，则蓝方以两个师的军力攻击红方无人驻守的甲据点，从而可以轻松占领这个据点，那么蓝方获胜，红方失败。以此类推，我们可以得到攻防作业博弈，如表 3.9 所示。

表 3.9　攻防作业博弈

		红方			
		A	B	C	D
蓝方	a	(−10, 5)	(−10, 5)	(5, −10)	(5, −10)
	b	(5, −10)	(−10, 5)	(−10, 5)	(5, −10)
	c	(5, −10)	(5, −10)	(−10, 5)	(−10, 5)

也许一开始，我们就告诉你这么复杂的分析图会让你感觉有些难以接受，但是或许这也是快速理解博弈问题的最好方法——在压力中更容易接受新事物。好了，当你完成了这个图的时候，你可能会发现在这 12 种策略中，其实蓝方获胜的概率还是 50% 呢，因为有 6 次可以攻破红方的据点而占领该座要塞。所以，你这个司令先不能着急或者气馁，要遇事沉稳，善于分析，起码有"一半对一半"的胜算。

在博弈中，所有的参与者依据信息 (Information) 做出自己的决策，即参与者在博弈过程中能了解和观察到的知识。

在上面这个攻防作业博弈中，因为双方同时出招，红、蓝方无法进行信息交互，他们知道双方的兵力总和，可选的决策，不知道对方的决策方案。信息对参与者至关重要，参与者在每一次进行决策之前必须根据观察到的其他参与者的行动和了解到的有关情况作出自己的最佳选择。博弈论中有完全信息和不完全信息。完全信息是指所有参与者各自选择行动的不同组合所决定的收益对所有参与者来说是共同知识 (Common Knowledge)。当然，有些博弈过程中的信息有时是隐秘的，各方信息是不完全对等的，即不完全信息。博弈论里所说的"共同知识"，指的是所有博弈参与者都知道，而且所有参与者都知道所有参与者知道这些信息。当然，这是一个很强的假设，在现实中，即使所有参与者都可以共同享有这些信息，但是参与者也许不知道其他参与者知道这些信息，或者并不知道其他参与者知道自己拥有这些信息。这也是我们在进行各种决策时需要考虑的问题。

除了以上谈到的四个要素之外，博弈论中还有一个最为关键的问题，就是博弈均衡与博弈结果。博弈的结果是所有参与者感兴趣的因素，之所以参与博弈，就是为了获得对自己有利的结果。当然这个结果取决于双方选取的策略，取决于博弈实现的均衡。

3.12.5　博弈与信息、囚徒困境

如果按照博弈参与者的行动是否同步来区分，博弈有静态博弈和动态博弈之分。静态博弈是指博弈中参与者同时采取行动，或者尽管参与者采取的行动有先后顺序，但后行动的人并不知道先采取行动的人采取的是什么行动。动态博弈指的是参与人的行动有先有后，而且后选择行动的一方可以看到先采取行动的人所选择的行动。序贯博弈，就是动态博弈的一种。那么，在博弈的要素中谈到的参与者所掌握的信息对博弈行为会有什么影响？

根据我们的分析，博弈可以依据行动顺序和信息结构来划分，前者有静态博弈和动态博弈，后者有完全信息博弈和不完全信息博弈。

如果我们将这两个结合起来，那么 2 乘以 2 就应该有 4 个类型的博弈，如表3.10 所示。

表 3.10　博弈的分类

信息结构	行动顺序	
	静态	动态
完全信息	完全信息静态博弈	完全信息动态博弈
不完全信息	不完全信息静态博弈	不完全信息动态博弈

先引入一个经典的例子[58]，有 A, B 两人，在联合盗窃案中被警察抓获。此时的警方正在发愁前几次偷窃案件的主犯还没有找到，所以希望从两人身上找到突破口。警方对两人进行审讯，对每一个犯罪嫌疑人，警方给出的政策是：如果两个人都供认了前几次偷窃的事实并交出赃物，那么每人都会获得宽大处理而获刑 3 年；如果两个人都拒不承认前几次偷窃的事实、由于证据不足但有本次盗窃现形而获刑 1 年；如果两个人中有一个犯罪嫌疑人坦白了罪行，供认了前几次偷窃的事实、交出赃物，并愿意做污点证人，则他会因为坦白而获得无罪释放，而抵赖者则会被判入狱 5 年。

这个博弈故事有一个大名鼎鼎的名字：囚徒困境[54]。在 1950 年，普林斯顿大学数学教授阿尔伯特·W. 塔克 (Albert W.Tucker) 给一些心理学家作讲演时，

为了避免使用繁杂的数学手段而能更加形象地说明博弈的过程，第一次提出了这个模型。从此以后，这个故事名声大噪，成了博弈论的经典。表 3.11 给出了这个博弈的支付矩阵。

表 3.11　囚徒困境博弈

		B	
		坦白	抵赖
A	坦白	(−3，−3)	(0，−5)
	抵赖	(0，−5)	(−1，−1)

这个博弈可预测的结果是什么。这里先介绍一下均衡的概念。一般意义上，均衡就是平衡的意思。在经济学中，均衡意味着相关变量处于稳定值，比如价格均衡、消费者均衡等。在博弈论里，博弈均衡是所有参与者的最优策略的组合。对任何一个参与者而言，他的策略选择通常会依赖于其他参与者的策略选择。一旦达到博弈均衡，所有参与者都不想改变自己的策略，这就形成一种相对静止的状态，实质上是由动态的竞争到相对静态的合作的一个变动过程。

对 A 来说，尽管他不知道 B 作何选择，但是在警察告知的政策下，他知道无论 B 选择什么，他选择"坦白"总是最优的。因为，A 会这么想：假如 B 选择坦白，对 A 而言，选择坦白时被判 3 年，而选择抵赖时则会被判 5 年，那么他一定会更愿意选择坦白；假如 B 选择抵赖，对 A 而言，选择坦白时被无罪释放，而选择抵赖时则会被判 1 年，那么他一定会更愿意选择坦白。当然，B 也不知道 A 到底会怎么做，所以 B 也有和 A 一样的想法。那么根据对称性，显然 B 也会选择坦白。如此一来，这个博弈的结果就是 (坦白，坦白)，两人都被判刑 3 年。

为什么他们同时选择抵赖？对于两人整体的刑期而言，显然 (抵赖，抵赖) 其实是比 (坦白，坦白) 更优的策略，倘若他们都选择"抵赖"，每人只被判刑 1 年。

这个囚徒博弈实际上就反映了一个很深刻的问题：个人理性和集体理性之间的矛盾。也就是说参与者之间会不会合作的问题。正是由于参与者都是理性的经济人，都是理性而自私的，所以，双方都会站在自己的立场上寻求对自己最好的结果。所以这个博弈就是参与者不合作的博弈。由于 A 和 B 都要保证选出来的策略不能使自己成为"受害者"，即使其中一个背叛了对方，目的也是为了不"吃亏"。

那么，如果 A 和 B 之间在每次行窃之前都制定一个攻守同盟，他们都约定不论如何都选择抵赖，结果会否发生改变？其实不然，因为这个所谓的同盟不会起到实质效果，没有谁会有积极性遵守这个协议的动力。因为 A 并不能保证 B 一定会在审判时想到这个同盟协议并且严格遵守，而 B 也并不能保证 A 一定会在审判时想到这个同盟协议并且严格遵守。所以结果依然不会改变。

所以，问题的实质是参与者是否会进行合作。从这个角度来看，博弈可分为合作性博弈和非合作性博弈。如果参与者从自己的利益出发与其他参与者谈判达成一种有约束力的协议或形成联盟，参与各方都在协议范围内行动，这就是一种合作博弈。如果参与者之间不可能或者无法达成具有约束力的协议，不能在一个统一的框架下采取行动的话，这种博弈类型就是非合作博弈。囚徒困境博弈在经济学、社会学、政治学等诸多领域都有着广泛的应用，比如价格竞争、寡头垄断、公共品供给、环境保护、军事竞赛等问题。

3.12.6 小结

冯·诺依曼对策矩阵，在作战指挥和装备试验中都有广泛的应用，而且这种数学描述也符合指挥员的思维习惯。尤其是，这个数学模型也是最容易与第 2 章的所有社会科学方法对接的数学模型。兵棋推演模型，以及体系贡献率分析，都可以依据冯·诺依曼对策矩阵 (见文献 [79] 中 P280-282, 618-620)。我们在装备试验中的种种努力，都是要完成计算出该矩阵中的各个元素。

3.13 纳 什 均 衡

3.13.1 约翰·纳什简介

约翰·纳什 (John Nash, 1928—2015)，美国数学家、经济学家，前马萨诸塞理工学院摩尔荣誉讲师，主要研究博弈论、微分几何学和偏微分方程。晚年为普林斯顿大学的资深研究数学家。

1950 年，纳什获得美国普林斯顿大学的博士学位，他在仅仅 27 页的博士论文中提出了一个重要概念，成为博弈论中一项重要突破。这个概念被称为"纳什均衡"，广泛运用在经济学、计算机科学、演化生物学、人工智能、会计学、政策和军事理论等方面。1994 年，

纳什

他和其他两位博弈论学家约翰 • 海萨尼和莱因哈德 • 泽尔腾共同获得了诺贝尔经济学奖。

3.13.2 纳什均衡发展历史

在博弈论中，纳什均衡 (英语：Nash Equilibrium，或称纳什均衡点) 是指在包含两个或以上参与者的非合作博弈 (Non-cooperative Game) 中，假设每个参与者都知道其他参与者的均衡策略的情况下，没有参与者可以透过改变自身策略使自身受益时的一个概念解。在博弈论中，如果每个参与者都选择了自己的策略，并且没有参与者可以透过改变策略而其他参与者保持不变而获益，那么当前的策略选择的集合及其相应的结果构成了纳什均衡。

纳什均衡的命名来由为约翰·纳什。该概念的其中一个版本已知最早于 1838 年被安托万·奥古斯丁·库尔诺运用于他的寡头垄断理论中。在库尔诺的理论中,企业们需选择合适的产量以获得最大利润,然而一家企业的理想产量取决于其他企业的产量。当每一家企业的理想产量都需要根据已知其他企业的产量来做出调整,以达到最大利润时,一种纯策略的纳什均衡——库尔诺均衡 (Cournot Equilibrium) 就形成了。在分析均衡稳定性的过程中,库尔诺还提出了最适反应 (Best Response) 动态的概念。然而纳什对均衡的定义比库尔诺的更为广泛,也比帕累托效率均衡的定义更为广泛,因为纳什的定义没有针对"形成哪种均衡最为理想"作出评判。

与此相反,现代博弈论中的纳什均衡概念是用混合策略来定义的,其中的参与者倾向于符合概率分布,而非动作合理性。约翰·冯·诺依曼和摩根斯顿在 1944 年出版的《博弈论与经济行为》(*Theory of Games and Economic Behavior*) 一书中提出混合策略纳什均衡的概念,然而他们的分析局限于零和博弈这一特例。书中表明对于任何零和博弈,只要动作集合有限,就存在混合策略纳什均衡。纳什在 1950 年发表了文章《非合作博弈》("Non-Cooperative Games"),意在定义上述这种混合策略纳什均衡,并证明这样一场博弈至少存在一个 (混合策略) 纳什均衡。之所以纳什对上述存在性的证明能够比冯·诺依曼的更具普遍性,关键在于他对均衡所下的定义。根据纳什的说法,"均衡点是当其余参与者的策略保持不变时,能够令参与者的混合策略最大化其收益的一个 n 元组"。在 1950, 1951 年发表的论文中证明了,存在至少一种混合策略的策略组合 (Strategy Profile),能够针对有限参与者博弈 (不一定是零和博弈) 的情况自我映射,即一种不需要为提高收益而变更策略的策略组合。

自纳什均衡概念形成以来,已经有学者发现,在某些情况下该概念所做的预测颇具误导性 (或缺乏唯一性)。其中一个尤为重要的问题是,某些纳什均衡所依据的并非"实质性"威胁。这些学者提出了许多相关的解概念 (Solution Concept),也称为纳什均衡的"微调",意在弥补纳什均衡概念中已知的瑕疵。1965 年,赖因哈德·泽尔腾提出子博弈完美均衡 (Subgame Perfect Equilibrium),以排除基于非实质性威胁的均衡。纳什均衡的其他延伸概念阐述了重复博弈产生的影响,或信息不完整对博弈的影响,但都用到了一个关键性理解,也是纳什概念的存在基础:一切均衡概念反映的都是在考虑其他所有参与者的决定的情况下,每个参与者最终会选择什么。

3.13.3　纳什均衡的存在性证明

约翰·纳什最早给出的关于 n 人非合作博弈在混合策略意义下的均衡点存在性证明 [59],首先介绍对策行为的基本要素:

局中人 (Players),用 N 表示包含 n 个局中人的集合,局中人个体用 i 表示。

行为集 (Actions)，用 A_i 表示局中人 i 全部可行行为的集合，若 a_i 是局中人 i 的一个行为，则向量 $a = (a_1, a_2, \cdots, a_n)$ 是 n 个局中人形成的行为局势。行为也被称作纯策略 (Pure Strategy)，向量 $A = (A_1, A_2, \cdots, A_n)$，$a \in A$。

效用函数 (Utility Functions)，对于任一局势，每个局中人都能得到一个效用值，称 $H_i : a \to \mathbb{R}$ 是局中人 i 的效用函数，向量 $H = (H_1, H_2, \cdots, H_n)$。

需要注意的是，效用是**局势** (而非行为或策略) 的实值函数，是局中人衡量局势是否对自己有利的重要指标。

举例来说，假设局中人 i 有 m 个纯策略 $\alpha_1, \cdots, \alpha_m$，局中人 j 有 n 个纯策略 $\beta_1, \cdots, \beta_n$，则局中人 i, j 的纯策略集分别为

$$A_i = \{\alpha_1, \alpha_2, \cdots, \alpha_m\}, \quad A_j = \{\beta_1, \beta_2, \cdots, \beta_n\} \tag{3.13.1}$$

两个局中人总共可以形成 $m \cdot n$ 个局势 (α_k, β_l)，局中人对应不同的效用值 $H_i(a)$，$H_j(a)$。

对于一个局中人，如果他的每次决策只能选择某个特定的行为，则称这种情形为纯策略 (Pure Strategy)；如果局中人可以依据某种概率分布在每次决策中选定不同的行为，则称之为混合策略 (Mixed Strategy)[60]。

定义 1 (混合策略) $(N, \{A_i\}, \{H_i\})$ 是一个标准形式的博弈，设 $\Pi(X)$ 是 X 上所有概率分布的集合，则称局中人 i 的混合策略集为 $S_i = \Pi(A_i)$。全体混合策略局势的集合 S 可表示为各局中人混合策略集的笛卡尔积：$S = S_1 \times S_2 \times \cdots \times S_n$。

混合策略的定义表明，对于策略 s_i，局中人 i 会依照特定的概率分布选择不同的行为。显然，纯策略是混合策略的一种特殊形式。我们记 $s_i(a_j)$ **为混合策略 s_i 下选择行为 a_j 的概率**。由此可以引出一个重要概念：

定义 2 (混合策略的效用期望) 给定一个标准形式博弈 $G = (N, \{A_i\}, \{H_i\})$，对于混合策略局势 $s = (s_1, s_2, \cdots, s_n)$，局中人 i 的效用期望 u_i 记作

$$u_i(s) = \sum_{a \in A} \left(H_i(a) \prod_{j=1}^{n} s_j(a_j) \right) \tag{3.13.2}$$

显然，混合策略的效用期望是行为的效用值乘以对应概率的累加。在下面的一些叙述中，会用策略集 S 替代纯策略集 A。

一个 n 人非合作对策可以用元组 $G = (N, S, H)$ 表示，并引入记号 $s\|s_i^* = (s_1, \cdots, s_{i-1}, s_i^*, s_{i+1}, \cdots, s_n)$ 表示在局势 $s = (s_1, s_2, \cdots, s_n)$ 中局中人 i 将策略 s_i 换成 s_i^* 且其他局中人策略不变而得到的一个新局势。

定义 3 (平衡局势) 如果局势 s 对全部局中人都有利，即对于任意 $i \in N$，$s_i^* \in S_i$，有 $H_i(s) \geqslant H_i(s\|s_i^*)$，则称局势 s 为 n 人非合作对策 G 的一个平衡局势 (或均衡点)。

平衡局势定义中 $H_i(s) \geqslant H_i(s\|s_i^*)$ 意味着，无论局中人 i 将自己的策略如何置换，都不会得到比在局势 s 下更多的效用值。需要注意，平衡局势的定义中是根据效用值进行判断，而不是效用期望，所以既可以针对纯策略，也可以针对混合策略。虽然也有纯策略纳什均衡，但根据矩阵对策的结果，纯策略意义下的平衡局势可能不存在。下面只在混合策略意义下讨论纳什均衡 [61,62]。

纳什均衡定义　给定一个博弈 $G = (N, S, u)$，对于混合策略局势 $s = (s_1,$ $s_2, \cdots, s_n)$，若任一局中人 $i \in N$，任一策略 $s_i^* \in S_i$，均满足 $u_i(s) \geqslant u_i(s\|s_i^*)$，则称局势 s 是 n 人非合作博弈 G 的纳什均衡。

需要明确，纳什均衡是一个特殊的**局势**。也就是说，如果一个非合作博弈的局势达到了纳什均衡，则无论哪个局中人更改自己的策略，自己的效用期望都只会持平或下降，而不可能上升。相比定义 3，纳什均衡只针对混合策略。

纳什定理的证明需要拓扑学方面的知识，详细内容可以参考拓扑学教材。

首先引入以下定理：

Brouwer 不动点定理 [61]　若 $f: \Delta_m \to \Delta_m$ 是连续的，则 f 有一个不动点，即存在某个 $z \in \Delta_m$ 使得 $f(z) = z$。

引理 1　对于 n 人有限非合作博弈 $G = (N; \{S_i\}), i \in N; \{u_i(s)\}, i \in N$，$s$ 是平衡局势的充分必要条件是 $u_i(s) \geqslant u_i(s\|a_i), a_i \in A_i, i \in N$。

引理 1 的作用在于，可以将纳什均衡的判别条件进行适当放宽。对于混合策略条件下的博弈，如果局势偏向纯策略而非混合策略，也可以判定局势 s 是否为纳什均衡。这为接下来纳什存在定理的证明提供了方便。

纳什定理 [62]　任何有限非合作博弈在混合策略意义下，一定至少存在一个纳什均衡。

"纳什均衡"更专业、更具概括性的说法是，n 人有限非合作博弈在混合策略意义下存在至少一个均衡点。

3.14　蒙特卡罗方法

蒙特卡罗 (Monte-Carlo) 方法在装备试验中有广泛的应用：一是可以给出各种贝叶斯决策的计算方案；二是可以验证仿真模型和仿真方案；三是可以评估复杂装备系统的不确定性；四是基于系统分解与系统集成的工程科学方法进行多次重复试验和数字化试验，扩充样本量。

3.14.1　蒲丰投针问题

蒲丰投针问题 (Buffon's Needle Problem) 是 18 世纪蒲丰伯爵乔治-路易斯·勒克莱尔 (Georges-Louis Leclerc)(图 3.13(a)) 首次提出的问题 (书稿见图 3.13(b))。

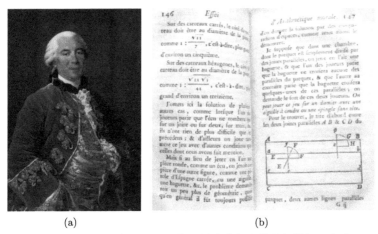

图 3.13 蒲丰伯爵乔治-路易斯·勒克莱尔和蒲丰投针问题书稿

假设地板上有一条条间距为 d 的平行线，将长度为 l（且满足 $l < d$）的若干针投放在地板上，则针与平行线相交的概率是多少？

如图 3.14 所示，由于 $0 < l < d$，故针至多与一条平行线相交，设 ξ 为针的中点到最近的平行线距离，η 为针与平行线所成的角度，则样本空间为

$$\Omega = \left\{ (\xi, \eta) \,\middle|\, 0 \leqslant \xi \leqslant \frac{d}{2}, \ 0 \leqslant \eta \leqslant \pi \right\} \tag{3.14.1}$$

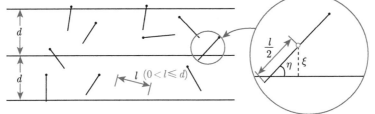

图 3.14 蒲丰投针问题中针与平行线相交关系示意图

而事件"针与某一平行线相交"为

$$A = \left\{ (\xi, \eta) \in \Omega \,\middle|\, \xi \leqslant \frac{l}{2} \sin \eta \right\} \tag{3.14.2}$$

于是所求的概率为

$$P(A) = \frac{A \text{ 的面积}}{\Omega \text{ 的面积}} = \frac{\displaystyle\int_0^\pi \frac{l}{2} \sin \varphi d\varphi}{\pi d / 2} = \frac{2}{\pi} \frac{l}{d} \tag{3.14.3}$$

蒲丰投针问题提供了利用物理或者计算机模拟方法近似计算 π 的思路, 如图 3.15 所示，进而产生了意义深远的蒙特卡罗方法。

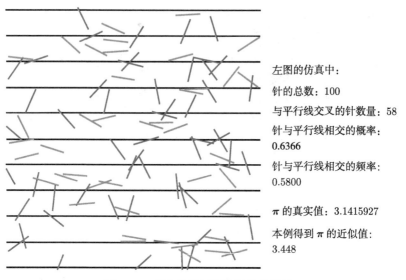

左图的仿真中：

针的总数：100

与平行线交叉的针数量：58

针与平行线相交的概率：
0.6366

针与平行线相交的频率：
0.5800

π 的真实值：3.1415927

本例得到 π 的近似值：
3.448

图 3.15　蒲丰投针问题的计算机模拟

3.14.2　蒙特卡罗方法及应用

20 世纪 40 年代，在科学家冯 • 诺依曼 (von Neumann)、斯塔尼斯拉夫 • 乌拉姆 (Stanislaw Ulam) 和尼古拉斯 • 梅特罗波利斯 (Nicholas Metropolis) 于洛斯阿拉莫斯国家实验室 (Los Alamos National Laboratory) 为曼哈顿计划 (Manhattan Project) 工作时，正式提出了蒙特卡罗 (Monte-Carlo, MC) 方法。因为乌拉姆的叔叔经常在摩纳哥的蒙特卡罗赌场输钱得名，而蒙特卡罗方法正是以概率为基础的方法。

蒙特卡罗方法属于统计计算方法，它们依赖于重复随机采样来获得数值结果。基本概念是利用随机性来解决确定性问题。它们通常用于物理和数学问题，并且在解析方法难以或不可能使用时发挥重要作用。蒙特卡罗方法主要用于三类问题：优化、数值积分和从概率分布生成样本。

在数值积分中，计算形如

$$I = \int_{\Omega} f(x)dx \tag{3.14.4}$$

的积分，经常使用梯形法等方法等确定性方法，而蒙特卡罗积分采用基于采样点近似的非确定性方法。首先得到区间 Ω (不失一般性，设区间长度为 1) 中均匀分布的采样点 $x_1, x_2, \cdots, x_N$，则积分值可以近似表示为

$$I \approx Q_N = \frac{1}{N} \sum_{i=1}^{N} f(x_i) \tag{3.14.5}$$

同时，近似的误差随采样数按 $1/\sqrt{N}$ 速度减小。图 3.16 形象地示意了近似过程。

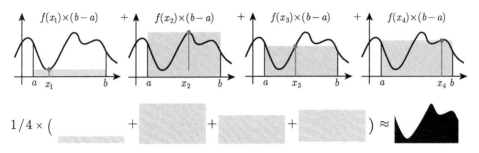

图 3.16　蒙特卡罗仿真计算积分的示意图

蒙特卡罗方法的另一个经典应用是利用物理实验来计算复杂的数。

在高尔顿钉板试验 (图 3.17) 中，小球到达各个位置的方法数，构成了一个杨辉三角。每次撞击钉板之后，小球向左和向右运动的概率都是 1/2。在 4 行钉板时，落入槽中的方法总数有 1+4+6+4+1=16 种，其中落入中央槽的方法数有 6 种，概率是 6/16=37.5%；落入第 2，4 两个槽的概率是 4/16=25%，而落到第 1，5 两个槽的概率就是 1/16=6.25%。假如一共有 n 排钉子，对应了 $n+1$ 个槽，落入第 k 个槽的概率有多大？根据计算，这个概率为

$$p = \frac{\mathrm{C}_n^{k-1}}{2^n}$$

因此可以做一个实际试验，让小球一次又一次落下，这就叫做采样。然后，观察每个球落入哪个槽中，并进行统计，最后根据各个槽中小球的频率分布，直接得到小球落入各个槽的概率。只要采样的次数足够多，根据大数定律，就能以足够高的精度获得这个概率。如此，如果已经通过试验得到了小球落入各个槽的概率，再利用概率公式，就能反向计算出难以计算的组合数 C_n^{k-1} 了。计算组合数需要很久的时间，但通过采样实验很快就完成了。上述总结来讲：通过物理实验，利用频率近似概率 (大数定律)，再反过来计算出了一个复杂的数学问题。

量子计算中玻色采样过程与此类似。通过一套量子装置，得到了一个概率结果，这个概率结果如果用经典计算机计算非常复杂，但是用量子装置却可以立刻得到结果。该概率的计算中，涉及一个新的概念：积和式，其与行列式有几分相似。

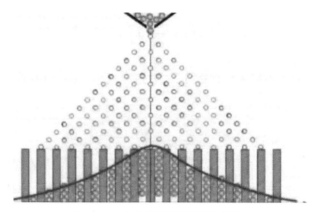

图 3.17　高尔顿钉板试验示意图

行列式的定义为

$$
\begin{vmatrix}
a_{1,1} & a_{1,2} & a_{1,3} \\
a_{2,1} & a_{2,2} & a_{2,3} \\
a_{3,1} & a_{3,2} & a_{3,3}
\end{vmatrix} = a_{1,1}a_{2,2}a_{3,3} + a_{1,2}a_{2,3}a_{3,1} + a_{1,3}a_{2,1}a_{3,2}
$$

$$
- a_{3,1}a_{2,2}a_{1,3} - a_{3,2}a_{2,3}a_{1,1} - a_{3,3}a_{2,1}a_{1,2} \tag{3.14.6}
$$

而积和式的定义为

$$
\mathrm{Perm}(A) = \sum_{\sigma \in S_n} \prod_{i=1}^{n} a_{i,\sigma(i)} \tag{3.14.7}
$$

S_n 表示 n 个元素的置换群，也就是将 $1, 2, 3, \cdots, n$ 这些元素进行全排列。与行列式计算 (n 阶行列式计算复杂度为 $O((\log 2)^n)$ 级别) 相比，积和式的计算把所有的负号都去掉了，从而使得计算十分复杂。

2010 年，麻省理工学院的教授阿伦森和他的博士生阿尔希波夫一起证明了一个结论：当有一个类似于"光子高尔顿钉板"的装置 (钉子是分束器、小球是光子) 时，最终光子从哪个出口出来是有一定概率分布的，这个概率与矩阵和积式的模方有关。如果我们能够通过采样 (称之为玻色采样)，计算出这个概率 P，就能通过这个公式反推出积和式 $\mathrm{Perm}(A)$。

使用蒙特卡罗技术涉及三个基本步骤：

(1) 指定随机量的概率分布。使用历史数据和/或主观判断来定义一系列可能的值，并为每个值分配概率权重。

(2) 重复运行模拟，生成随机变量的观察值，直到收集到足够的样本。

(3) 利用样本计算所关心的量，一般为样本的函数。

尽管其概念和算法简单，但蒙特卡罗模拟的计算成本可能会高得惊人。由于蒙特卡罗方法基于大数定律，因此一般来说，需要大量的样本才能获得良好的近似值，但如果采样的时间很长，可能会导致运行时间无法承受。尽管这在复杂问题的应用中是一个较为严重的限制，但可以通过多核处理器、集群、云计算、GPU、FPGA 等中的并行计算策略来降低。

蒙特卡罗方法中重要的一个环节是随机数生成 (Random Numbers Generator, RNG)。计算过程中，首先生成 $[0,1]$ 区间中均匀分布的伪随机数。1946 年，冯·诺依曼提出 Middle-Square 方法，这是一种迭代方法，给定前一个数 x_i，取其 x_i^2 的中间若干位数作为随机数。Linear Congruential Generators (LCG) 方法采用

$$x_{n+1} = (a \cdot x_n + c) \mod m, \quad 其中 \ a, \ c \geqslant 0, \quad m > x_0, \ a, \ c \qquad (3.14.8)$$

的格式生成随机数。在均匀分布的基础上，可以生成服从给定分布函数 $F(x)$ 的随机变量。

在装备使用，尤其是博弈过程中，经常涉及状态转移概率，即从 t 时刻到 t' 时刻，系统状态从 x 转变为 x' 的概率 $a(x, t; x', t')$，显然如果转移概率和初值 $a(x, t; x', t')$ 已知，那么可以求得装备在任意时刻的状态，基于马尔可夫性质，即在已知装备当前状态的条件下，未来的状态与历史无关，蒙特卡罗方法可以发挥重要作用。具体地，装备的状态转移可以由马尔可夫链表示，其中包括了以节点表示的状态，以及状态之间的转移概率，与状态转移概率相关的物理背景是维修率，实际中可能随着时间是变化的，因此需要采用蒙特卡罗仿真进行不确定性研究，不确定性传播显示了输入参数 (例如故障率) 的不确定性如何传播到模型的输出上。其基本步骤为：

(1) 为每个输入参数构造一个概率密度函数，反映关于参数状态值的知识。

(2) 根据分配给这些参数的概率密度函数，使用生成一组随机数作为输入。

(3) 使用上述的随机输入量化输出函数，其获得的值是随机变量 X 的实现。

(4) 重复步骤 (2) 和 (3) 直到数量足够多，记为 n 次 (例如 1000)，产生 n 个独立的输出值，这 n 个输出值表示来自输出函数概率分布的随机样本。

(5) 从获得的样本中为输出结果生成统计量：均值、标准差、置信区间等。

3.14.3 小结

蒙特卡罗方法有效、直观，有坚实的理论支撑，在计算一些数学物理问题、计算复杂的贝叶斯决策、装备数值仿真试验、计算体系贡献率、体系对抗评估中，都有广泛、深入的应用。应用过程中需要注意的是：建模要准确、随机数的质量要好、计算要精细，结果的分析要从易到难、循序渐进。

3.15　复杂自适应系统方法

1984 年，盖尔曼 (Murray Gell-Mann) 等人联合创立了圣塔菲研究所 (Santa fe)，这是一家致力于研究复杂自适应系统原理和一般复杂性理论的机构。该研究所的大多数创始人都是洛斯阿拉莫斯国家实验室的科学家。在圣塔菲研究所成立十周年时 (1994 年)，盖尔曼写了关于物理学和复杂性科学的书：《夸克和美洲豹：简单与复杂的冒险》。同年，美国科学家霍兰 (John Holland) 正式提出复杂适应系统 (Complex Adaptive System, CAS) 理论 [76-79]。

3.15.1　复杂性系统

复杂性 (Complex) 很难精准地描述，如果我们用日常语言说某事很复杂，我们的意思是用简单的逻辑难以描述或不能充分理解的东西。英语中有两个单词 Complex 和 Complicated 的中文翻译都是"复杂"，但是在复杂性研究中却不尽相同，例如：汽车并不 Complex，只是 Complicated，因为汽车无法展现出"非预期的功能"。Complicated 系统，通常可以采取"分而治之"的方法进行研究，因此 Complicated 比 Complex 更容易处理 [80]。

复杂 (如无特别说明均指 Complex) 行为源于简单的底层规则。复杂系统表现出若干特征：自组织 (Self-Organization)、非线性 (Non-Linearity)、有序/混沌动力特性 (Order/Chaos Dynamic)、涌现性 (Emergence)。此外，若考虑系统与环境的作用，则复杂性进一步提升。

复杂系统可以是如下的系统：大量元素排列成特定的结构，而该结构可以存在于多个尺度 (跨尺度)；元素之间存在局部相互作用，每个元素都通过直接或间接的方式连接到系统中的另外元素；结构经历了一个变化过程，即相变；涌现了无法从当前结构的描述中预测出来的特征和功能。

复杂系统理论解释规则如何产生涌现，以及它如何调节自组织性和系统的动态特性。复杂性科学不是单个理论，而是包括了很多领域知识，如：人工智能、认知科学、生态学、进化论、博弈论、社会科学、计算机科学、经济学、哲学等。

复杂性的测度也有多个角度。如：计算复杂度，即程序运行多长时间，或使用多少内存；语言复杂性 (形式语言理论)，即可以由不同类型的抽象机器计算 (识别) 的语言类别；从信息论角度出发的熵和互信息等；Solomonoff 的算法概率、Kolmogorov 的算法复杂性、Chaitin 的算法随机性等；Bennett 的逻辑深度；Lloyd 和 Pagels 的热力学深度；等等。

3.15.2　复杂自适应系统

"自适应"系统是在面对扰动时，通过改变其属性来保持某种不变性：扰动即输入、环境变化等，不变性是指系统能够"生存"下来，属性指系统的行为或结构。一个自适应系统必然是复杂的,进化是自适应系统的结果。除了"适应性"之外,"涌现性"和"自组织"也是复杂自适应系统的两个显著特点。

涌现性 (Emergence):系统中的代理 (Agent),也称主体,以简单的规则相互交互,但无法仅基于线性假设得出"整体等于其部分的总和"结论。例如,在装备试验中,多个单装在特定试验领域内可以进行聚合,需要研究聚合后的单装之间的交互作用 (尤其对有自主性的装备),其中包括:可能存在的群体结构是如何形成的,群体结构如何以及为何发生变化,交互的具体内容是能量或信息?因此,装备体系试验是复杂的,整体可能大于 (或小于) 其部分的总和,从而呈现涌现性。

自组织 (Self-Organized):在一个由局部相互作用的、相对简单的组件组成的系统中自发出现的大规模空间、时间或时空秩序。自组织是一个自下而上的过程,其中实体的交互出现将在多个级别。最终效应是非线性相互作用的结果,而不是规划和设计的结果,即不是先验的。可以将此与标准的、自上而下的工程设计范式进行对比,在这种范式中,规划先于实施,并且所需的最终系统是通过设计来了解的。

上述之外,次优性也是复杂自适应系统的一个特点。复杂的自适应系统不一定需要"完美"才能在其环境中发展,事实上,它只需要优于竞争对手就可以"生存"下来,而在此基础上的任何"改进"都是资源、能量等的浪费。另外,系统内的多样性越大,它的适应性就越强大。在复杂自适应系统中,模糊和悖论比比皆是,系统利用这些矛盾来创造与环境共同进化的新可能性。复杂自适应系统中的代理是直接或间接相连的,其相互连接和关联的方式对系统的"生存"至关重要,正是从这些联系中形成了模式并传播了反馈,从这个意义上说,代理之间的关系通常比代理本身更重要。

复杂自适应系统的形成,往往基于简单的规则。复杂的自适应系统中最底层的形成规则并不复杂,系统模式可能种类繁多,但管理系统功能的规则非常简单。一个典型的例子是,世界上所有的水系,所有的溪流、河流、湖泊、海洋、瀑布等,都各自呈现其美丽、力量和多样性,但支配它们的都是"水找到自己的水平面"这一简单原则。

复杂自适应系统初始条件的微小变化在经过几次涌现、反馈循环后会产生显著影响,即蝴蝶效应。复杂系统具有自组织的特点,在复杂的自适应系统中没有指挥和控制的层次结构,虽然没有计划或管理,但系统不断重组以找到最适合环境的方式。

复杂自适应系统存在于从平衡到混沌之间,即处于平衡状态的系统没有内部动力来使其能够对其环境做出反应,并且会缓慢死亡;混乱中的系统不再作为一个系统发挥作用。最有生产力的状态是处于混沌的边缘,那里有最大的多样性和创造力,带来新的可能性。嵌套系统:大多数系统嵌套在其他系统中。例如:单个装备, 如单台雷达, 是一个系统; 装备之间组成网络后, 如组网雷达, 也是一个系统; 而组网雷达也是天/地基联合预警系统中的一个子系统。

复杂自适应系统的研究还面临计算不可约性 (Computational Irreducibility) 问题: 数学模型未能为复杂现象提供明确的解决方案。无人系统中, 每个装备的位置和速度可以精确计算, 但是群体行为是计算不可约的。

值得注意的是, 复杂自适应系统不断适应周围的变化, 但不会从这个过程中学习, 而复杂演化系统 (Complex Evolving Systems, CES) 可以从每个变化中学习和进化, 从而能够影响它们的环境, 更好地预测未来可能发生的变化, 并相应地做好准备。

表 3.12 列举了复杂自适应系统研究的典型工具。

表 3.12   复杂自适应系统研究的典型工具 [80]

动力系统	代表竞争双方的微分或差分方程, 包括系统动力学方法等
博弈论模型	两人或 n 人博弈策略在具有相互依存关系的情境中的应用; 计算机模拟等
控制理论模型	将线性、非线性和最优控制理论原理应用于实体之间的相互作用
进化计算	将各种进化方法 (例如遗传算法) 应用于系统模拟模型
状态转换系统	将实体之间的交互建模为已知状态之间的转换, 包括元胞自动机、Petri 网等
网络分析	利用图论、网络科学等工具理解、建模具有交互组件的系统, 刻画其中的涌现属性
基于代理的仿真	在复杂环境中的基于代理的大尺度模拟仿真
基于规则的系统多代理系统	应用复杂规则系统和其他人工智能技术来模拟复杂环境中的代理

3.15.3   复杂自适应系统在战争中的应用 [81]

现代战争的特点是在复杂的作战环境中, 跨越多个 (陆、海、空、天、赛博等) 领域, 开展战略博弈或武装冲突。理解战争的复杂性, 如何用复杂自适应系统思维, 在大国竞争和战争中利用复杂性。要理解在战争中应用的复杂性概念, 将战争——以及所有人员、机构、设备、环境和其他相关元素——视为复杂自适应系统。每个交战国的行为取决于它的对手的行为, 以及自己国情。

利用复杂自适应系统的一种方法, 是利用系统的复杂性给对手强加更具挑战性的现实困难。强加或利用复杂性就是采取行动, 增加环境的复杂性, 使对手更难做出决定或行动。

自组织性。组织成具有嵌套节点的层次结构, 嵌套意味着 (子) 系统被放在更大的系统中。在一个冲突系统中, 网络中的节点可能是个人、组织, 或是装备。系统的不同层次具有不同的特征、行为和规则, 而更高层次的系统除了拥有自己的特征外, 还具有其包含层次的规则和行为。军队是一个多层次的复杂系统, 其特征是指挥结构的层次分明, 可以看作是嵌套的, 并且在相互依赖的同层次系统之间存在水平联系。根据不同的需要, 可以在特定的层次上讨论系统, 例如可以讨论某个战斗单位或飞行机组，而不需要了解组成这个单位的每个人或组件的功能。例如，要从复杂自适应系统的角度理解敌方的 C2 (Command and Control) 系统，则需要描述对手 C2 系统结构和流程的细节，以及该系统涉及多层嵌套网络的程度。了解这些特征，为给对手强加决策复杂性提供了基础。

自适应性。自适应是指系统会随着时间的推移而适应环境。系统中的代理对其他代理做出的行动做出反应，并对不断变化的环境条件做出反应。自适应与自组织是相关的，系统的各个部分在没有中央协调的情况下集体响应挑战。军事单位是根据作战理论和战斗经验来组织的，以在一定的背景下达到相关的目的。对手的 C2 组织可能会随着许多因素的变化而变化，包括战略优先级、本方的战术、技术和设备、资源水平、过去的表现和其他驱动因素。虽然其中一些改变将是自上而下命令的结果，但也有直接基于经验的自下而上转变。因此，驱动复杂系统自适应重组的决策和更改往往来自系统网络的层次 (从上到下)。这种适应在军事环境中尤其有效，因为可以迅速传达和反馈来自上层的明确战略指导和来自底层的最佳操作实践。这种形式的适应意味着它是时变的，需要时间吸取教训、适应结构、完成传播。了解对手的 C2 的组织和适应速度，对于了解它将如何应对变化和压力是至关重要的。敌手无法适应变化，敌手无法实现自组织的，以及其适应变化的所需的反应时间等方面，是我方可以利用的重要特征。这些特征为给对手强加决策复杂性提供了途径。

涌现性。复杂自适应系统往往具有无法根据其组件的属性或行为预测或理解的属性。战争是一种集体活动，需要许多人和装备，有时还需与盟友协同，从而击败共同的敌人。相变是复杂自适应系统的一个重要特性，包括质的变化，其中出现了新的系统条件，如新规则或新特征。不同的阶段有不同的规则，它们可以由一个事件来促成。当一个阶段的转变发生时，规则、文化和期望都会发生变化——对物质和规则都是如此。相变，即阶段转换的例子包括 C2 系统被压制，或者从敌对对峙过渡到激战，操作领域可以是物理域的，或者非物理域 (在网络空间的情况下) 的。能力被用来在某领域或其他领域中创造期望的效果。作战行动的目的之一是为己方提供更大的行动自由，以实现其在相关领域的最终任务目标，或相反地剥夺对手实现其任务目标的行动自由。例如，目前五个作战领域包括：陆地、海洋、空中、太空和网络空间。陆地和海洋领域当然是最古老的战场；直到第二次世界大战，空中领域才完全形成自己的领域；冷战后的一段时期，更具体的是第一次海湾战争以及随后的以美国为首的北约在科索沃的行动，太空开始被公认为一个作战域；最后，尽管自 20 世纪 90 年代中期以来，计算和信息能力已经被用于一系列的网络进攻和防御行动，直到 2008 年美国国防部机密军事计算机网络发生重大泄密后，网络空间才开始被广泛认为是一个可能用来威胁国家基本利益的作战领域。作战单元的划分通常是根据以下原则，即职能紧密结合的人员和装备应放在一起管理，每个指挥官应监督可管理的若干个子单位。尽管军队的精细结构可能是历史发展的产物，但其运作所依据的功能需求和其涉及单位 (人员装备) 的能力必然会产生一个具有相同共性的组织。理解对方 C2 系统的阶段转换，以及系统如何跨越作战域，为己方在两个域之间的接缝处攻击，给对手提高决策复杂性提供了有效的途径。

在作战中利用复杂性，可以分为加强复杂性和复杂性攻击。加强复杂性就是采取行动，增加环境的复杂性，使对手更难以做出决定或操作，本质上形成有利于己方的条件。在操作方案中嵌套的欺骗军事行动是加强复杂性的一个例子。

要进行复杂性攻击，就是采取一种利用复杂自适应系统特性的行动，故意对敌方产生负面影响。目前的文献中有四类操作，它们直接从复杂自适应系统的特性中获得实用方案。这些行动包括削弱意图、削弱响应、跨越组织边界、利用非线性。

在大多数复杂自适应系统中，系统的组成部分 (无论是人还是设备) 既没有完备的对手和环境信息，也没有完善的推理能力，在动态的环境下、有限的时间内处理得到所需要的作战情报。

这种复杂性加强是针对信息和决策的，系统在所有级别上都需要做出各自的决策，并且决策依赖于观察和预测对手的行动，决策者总是在有限的信息和有限的认知处理能力下行动。尽管双方都努力尽可能多地了解对手，尽可能清楚地思考对手，但这些了解和思考都是有限的。需要寻找方法将这些限制对己方的影响最小化，并将对敌方的影响最大化。

信息退化可以采取几种形式。第一，己方可以创造不完全的信息，并确保对手比己方知道的少，即最大限度地扩大己方获取信息的渠道，并最大限度地减少对方获取信息的渠道。第二，向对手提供错误的信息，导致对手做出错误的决定或提高响应时间 (因为其在努力区分真假信息)。武装冲突的历史提供了许多成功的军事欺骗的例子，可以通过复杂自适应系统的视角进行有效的分析。尽管前两类削弱作战能力的方法侧重于拒绝提供信息或向对手提供虚假信息，但它们实质就是最大化对手的"已知未知化"——对手知道他们想知道什么 (已知)，但要么无法发现，要么被欺骗 (未知化)。信息退化的第三种形式是产生深度不确定性，在深度不确定性的情况下，产生"未知的未知"。这意味着敌方不明确问题的性质或任务的目标，己方可以通过比敌方更清楚地理解作战的目标而获得优势。还可以使得敌方不理解系统如何工作来制造深度不确定性，这可能会导致敌方将其努力 (智力或装备等方面) 集中在不是最有用的领域，或采取不能导致其预期结果的行动。然而，这里需要说明一下，己方并不总是希望敌方做出错误的决定，在某些情况下，敌方的错误决定可能导致对双方都更糟糕的结果。

自组织自适应涉及在系统的不同级别上进行的观察和决策。就目前而言，强敌部分装备可能更成熟，尽管这些属性在已知的环境中提供了一定的优势，但它们也会产生一定程度的惯性，使组织更难改变和适应新的情况。反馈是所有复杂自适应系统的基本特征，也是自适应的一个关键步骤。一般来说，收集、反馈是观察行动结果并利用这些结果来规划未来行动结果的基础。需要建立机制来利用反馈调整系统的结构、战术、目标和行为等，以应对所面临的新挑战。我们将从了解对手的 C2 能力中受益以适应战争。例如，对手的 C2 系统对来自环境，或来自不同领域对手攻击的反应是什么？对手的反应是可预测的吗？

跨越边界。将己方和对手两军都设想为嵌套的网络，提出各种可能使用的方法来获得优势。这些网络的嵌套结构中并非所有节点都具有相同的价值，因此需要分析哪些干预措施可能在保留己方能力和破坏敌方能力方面最有效。节点的相互依赖创造了产生级联影响的机会。一个节点的中断可能会导致依赖该节点的一串节点的中断。这种中断，加上来自其他上游节点的中断，可能会给下游节点带来重大问题。这种干扰既会破坏关键功能，也会迫使敌方花费宝贵的时间来检查自己的状态，从而导致响应速度变慢、效率降低。弥漫性决策往往是自组织的一个显著特征，系统趋向于发展到这样一个阶段：在整个组织的所有级别上都做出决策，每一级都根据授予它的权力做出决策。一方面，这种决策结构非常稳健，即使在节点被破坏的情况下，也使得组织的一部分能运作；另一方面，它会使需要协调共同行动的多个节点的决策复杂化。军事网络的层次结构的一个主要含义是，通过迫使对手采取需要不同指挥下的节点协调的行动，在这种情况下的反应将依赖于效率较低的沟通和达成共识或提高指挥级别。在任何一种情况下，跨越边界的响应都可能较慢且效率较低。

复杂自适应系统结构也可以通过寻找其中的关键节点来加以利用。C2 系统的相互依赖网络固有的不均匀性质意味着：某 (些) 关键节点处的中断可能会产生较大的影响。例如，敌方可能拥有对其决策至关重要的指挥官或指挥系统，这些都是高价值的目标，很容易受到干扰。在确定这些关键节点时，理解对手 C2 系统的本质是至关重要的。除了正式的指挥链之外，点对点的通信和信息系统可能在对手 C2 内部提供关键的链接，而后者的结构与正式的指挥链不同，这些链接可能在面对指挥链中断时提供弹性。通过跟踪对手 C2 系统中相互依赖的部分，就有可能识别出关键的瓶颈。举个简单的例子，港口有一个燃料库，为一定战斗空间中的地面和空中行动提供服务。即使陆军和空军使用不同的燃料，并在不同的体制下进行管理，相同的物理位置会产生一个共同的网络节点，其功能对跨域的两种服务至关重要，这将是一个高价值的节点。尽管这个例子相对明显 (油库是典型的攻击点)，但网络科学的工具提供了识别高价值节点并对其进行排序的一般方法。作战依赖网络与指挥结构网络的相互作用提供了行动的机会，这些行动需要职能关系比指挥关系更密切的相互依赖的单位作出反应。如果各单位在没有直接指挥监督的情况下，通过相互协调达成共识，则将导致额外的成本。如果这种协调是共同需要或预期的，则可以建立跨界机制以促进这种协调。

非线性是复杂自适应系统的一个共同特征，其中输入的较小变化可能导致输出的较大 (甚至不连续) 变化。超载敌方网络中的节点就是利用非线性的一个例子。指挥官可能在负载较轻的情况下表现良好，并随着负载的增加而继续表现良好，只会偶尔出现遗漏或错误，而错误会随着负载的增加而增加。然而，到达一定时候，这个人的信息处理和沟通能力会超负荷，超过这个点，能力的下降会十分陡峭。同样的逻辑也适用于任何 C2 系统的负荷。另一个非线性是压倒性优势：当敌方进攻时，如果我方拥有一定的优势，则有可能响应战斗并获胜，但有轻微的损失；当双方势均力敌时，结果是不确定的，双方都有可能损失惨重。然而，当敌方处于相当不利的地位时，它很可能立即撤退 (或投降)。在这种情况下，敌方被优势兵力击溃，无法进行有效的防御。需要指出的是，具有一定优势的情况和具有压倒性优势的情况之间的差异实际上可能很小，这取决于如何看待前景等，但结果上的差异是相当大的，即输入差异很小但输出差别很大。在这里，可能的机会之一是我方优势能够使对手的决策过程过载，从而减缓该过程或导致对手做出糟糕的决策，从而为我方创造决策优势；另一个机会是，敌方 C2 系统被我方的力量所压倒，从而导致敌方放弃军事行动。

有研究将对手的决策演算应用于特定的环境，这代表了对抗决策和我方行动的基本状态，试图塑造这个决策流的结果，以实现一套期望的行动效果。在某些情况下，结果可能是更强大的威慑，因为敌方看到，达到其理想状态的可能性显著降低了。结果也可能是敌方无法迅速采取行动，因为必要的信息被拒绝，风险与回报的权衡更加复杂。我们把决策作为攻击的目标，复杂性在对抗中发挥了重要的影响。有研究尝试了一些方法来模拟复杂性对观察、定位、决定、行动 (Observe Orient Decide Act, OODA) 循环的影响，如果能够比对手更快、更准确地完成 OODA 循环过程，就会产生决定性的优势。复杂性的增加影响了 OODA 循环过程的每个阶段，而不仅仅是决定阶段。如：不清晰的信号、隐蔽和诱饵可以混淆或减慢观察阶段，而日益复杂的环境在定位阶段造成挑战。相关分析建模了复杂性对决策过程的影响，这与它们在 OODA 循环中的具体位置无关。

降低脆弱性，包括被攻击的可能性和可能造成的损害，以限制敌方攻击造成的潜在损害。例如，主动防御拦截来袭的导弹、利用掩体降低对飞机的破坏，分散部署飞机可以减少单个导弹造成的损害。此外，基础弹性措施，如跑道修复能力和辅助燃料囊，可以在遇袭后迅速恢复作战。从对手的决策流程来看，一旦对手意识到这些措施，这些措施就会降低对我方态势脆弱性的评估。从战略层面看，这些措施的影响是通过减少敌人决定进攻的可能性来实现威慑。这不会在决策过程中引入新的变量或因素。因此，总体决策流程是不变的，但与之相关的参数被改变，使之更有利于我方的利益。

3.15.4　小结

复杂自适应系统方法，是一种系统建模与系统分析的思路，研究工具、计算方法、数据分析方法不拘一格。要用好复杂自适应系统方法，既要融会贯通经典的社会科学方法、自然科学方法、工程科学方法，又要与时俱进，关注颠覆性技术、关注新的作战理念和作战样式。

思　考　题

1．你觉得装备试验的自然科学方法还有哪些？

2．节省参数建模技术，在测量数据处理、跟踪数据分析中，有许多成功应用，试举例说明。

3．假设检验在试验设计中，有许多成功的应用。试用假设检验分析孟德尔遗传学实验数据。

4．节省参数建模技术，配合假设检验方法，可以对运载火箭、卫星的轨道的多方面的试验数据进行分析处理。试提出方案，给出流程图。

5．Navier-Stokes 方程在气象预报、海况预报、飞机内燃分析、飞行器外气体动力学分析等等方面都有应用。在不同的应用场合，方程有什么差别？

6．蒙特卡罗方法在装备试验中有非常广泛的应用，试举例说明要注意的问题。

7．实验设计是 Fisher 在农业实验中提出来的，核心是三原则。你觉得装备试验设计与 Fisher 当年的农业实验，有什么相同点和不同点。

8．二阶偏微分方程有三种类型，其中双曲型方程中，有一些是不稳定的，试举例说明。

9．麦克斯韦方程在电子对抗仿真中有许多应用，试举例说明，这种仿真的准确性如何？如何分析不确定性？

10．回归分析方法，在轨道预测、导弹拦截中、交汇对接中有广泛应用，试给出建模分析、迭代计算方法。

11．C. R. Rao 的名言："一切科学都是数学，一切判断都是统计学。"请举例说明，装备试验如何转化为数学、统计学问题？

12．由于"幸存者偏差"或者"屁股决定脑袋"的原因，贝叶斯方法有时候会被有意或无意地滥用、误用，你觉得如何从科学、从管理上避免滥用和误用。

13．欧拉的数学思想，对今天的装备试验有哪些启发？

参 考 文 献

[1] Rao C R. Information and the Accuracy Attainable in the Estimation of Statistical Parameters[M]. New York: Springer, 1945.

[2] Dembo A, Cover T M, Thomas J A. Information Theoretic Inequalities[J]. IEEE Transactions on Information Theory, 1991: 1501-1518.

[3] Blackwell D. Conditional expectation and unbiased sequential estimation[J]. Annals of Mathematical Statistics, 1947, 18(1): 105-110.

[4] Murphy K, Russell S. Rao-Blackwellised particle filtering for dynamic Bayesian networks[M]//Sequential Monte Carlo Methods in Practice. New York: Springer, 2001: 499-515.

[5] Robert C P , Roberts G O. Rao-Blackwellization in the MCMC era[J]. The International Satatistical Review, arXiv:2101.01011, 2021.

[6] Mendel G. Über einige aus künstlicher Befruchtung gewonnenen Hieraciumbastarde[J]. Verhandlungen des Naturforschenden Vereines, Abhandlungen, 1970, 8: 26-31.

[7] 饶毅. 孤独的天才 [J]. 科学文化评论, 2010, 7(5): 90-106.

[8] Mendel G. Gregor Mendel's letters to Carl Nageli[J]. Genetics, 1950, 35: 1-29.

[9] Fisher R A. Has Mendel's work been rediscovered?[J]. Annals of Science, 1936, 1(2): 115-137.

[10] Hartl D L, Fairbanks D J. Mud sticks: On the alleged falsification of mendel's data[J]. Genetics, 2007, 175: 975-979.

[11] 黄运成. 贝叶斯统计学 [J]. 中国统计, 1986(8): 2.

[12] 萨尔斯伯格. 女士品茶: 20 世纪统计怎样变革了科学 [M]. 邱乐, 等译. 北京: 中国统计出版社, 2004.

[13] 孙建州. 贝叶斯统计学派开山鼻祖——托马斯·贝叶斯小传 [J]. 中国统计, 2011(7): 24-25.

[14] 周兰兰. 贝叶斯统计之美: 平凡而伟大 [J]. 中国统计, 2017(7): 2.

[15] 范超. 概率是物质属性还是主观认识——频率学派与贝叶斯学派的区别 [J]. 中国统计, 2016(8): 2.

[16] Bayes T. An essay towards solving a problem in the doctrine of chances[J]. Philos. Trans. Soc. London, 1763, 53 : 370-418.

[17] Stigler S M. The history of statistics: The measurment of uncertainty before 1900[J]. American Journal of Psychiatry, 1986, 145(4): 527-b-528.

[18] 伯杰. 统计决策论及贝叶斯分析 [M]. 2 版. 北京: 中国统计出版社, 1998.

[19] 闫章更, 濮晓龙. 现代军事抽样检验方法及应用 [M]. 北京: 国防工业出版社, 2008.

[20] 郑锦, 张富强, 何晓明. 验前信息在武器装备试验中的应用研究 [J]. 指挥控制与仿真, 2011, 33(2): 84-89.

[21] Aldrich J. R.A. Fisher and the making of maximum likelihood 1912-1922[J]. Statistical Science, 1997, 12(3): 162-176.

[22] Box J F, Fisher R A. The life of a scientist[J]. Comparative Biochemistry & Physiology Part A Physiology, 1980, 66(3): 549.

[23] Rao C R. 统计与真理: 怎样运用偶然性 [M]. 李竹渝, 译. 北京: 科学出版社, 2004.

[24] 王元, 文兰, 陈木法. 数学大辞典 [M]. 北京: 科学出版社, 2010.

[25] 王正明. 弹道跟踪数据的校准与评估 [M]. 长沙: 国防科技大学出版社, 1999.

[26] 王正明, 易东云. 测量数据建模与参数估计 [M]. 长沙: 国防科技大学出版社, 1996.

[27] 周义仓, 靳祯, 秦军林. 常微分方程及其应用 [M]. 北京: 科学出版社, 2003.

[28] 闵茂中, 陈式. 放射性废物处置原理 [M]. 北京: 原子能出版社, 1998.

[29] 朱保仓. 从求卫星轨道方程谈起 [J]. 数学教学通讯: 中教版, 2000(5): 2.

[30] Kemp F. Applied multiple regression/ correlation analysis for the behavioral sciences[J]. Journal of the Royal Statistical Society Series D (The Statistician), 2003, 52(4): 691.

[31] Draper N R . Applied regression analysis[J]. Technometrics, 1998, 9(1): 182-183.

[32] 孙荣恒. 应用数理统计 [M]. 2 版. 北京: 科学出版社, 2003.

[33] Bates D M, Watts D G. 非线性回归分析及其应用 [M]. 韦博成, 等译. 北京: 中国统计出版社, 1997.

[34] 邓璇, 何寒青, 周洋, 等. 断点回归设计在真实世界疫苗保护效果评价中的应用 [J]. 中华流行病学杂志, 2022, 43(2): 5.

[35] 李雪, 舒宁, 刘小利. 基于序贯决策融合的变化检测方法研究 [J]. 长江科学院院报, 2012, 29(11): 117-121.

[36] 陆雄文. 管理学大辞典 [M]. 上海: 上海辞书出版社, 2013.

[37] Chapanis A. Book review: Sequential analysis. Abraham Wald[J]. The Quarterly Review of Biology, 1947, 22(3): 274.

[38] 唐启义. DPS 数据处理系统: 实验设计. 统计分析及数据挖掘 [M]. 北京: 科学出版社, 2007.

[39] 王玉民, 周立华, 张荣. 序贯决策方法的应用 [J]. 技术经济, 1996(11): 3.

[40] 徐南荣, 钟伟俊. 科学决策理论与方法 [M]. 南京: 东南大学出版社, 1995.

[41] 郭立夫. 决策理论与方法 [M]. 合肥: 中国科学技术大学出版社, 2014.

[42] 沈南山. 数学教育测量与统计分析 [M]. 合肥: 中国科学技术大学出版社, 2017.

[43] 吴学森. 医学统计学 [M]. 北京: 中国医药科技出版社, 2016.

[44] 尹希果. 计量经济学: 原理与操作 [M]. 重庆: 重庆大学出版社, 2009.

[45] 雷蕾. 应用语言学研究设计与统计 [M]. 武汉: 华中科技大学出版社, 2016.

[46] Box F J. Guinness, Gosset, Fisher, and small samples[J]. Statistical Science. 1987, 2(1): 45-52.

[47] Lomax R G, Hahsvaughn A. Statistical concepts: A second course[J]. Vaughn, 2012.

[48] Box G E P . Non-normality and tests on variance[J]. Biometrika, 1953, 4(3/4): 318-335.

[49] 周明儒. 数学物理方法 [M]. 北京: 高等教育出版社, 2008.

[50] 沈以淡. 简明数学词典 [M]. 北京: 北京理工大学出版社, 2003.

[51] 姜振寰. 自然科学学科辞典 [M]. 北京: 中国经济出版社, 1991.

[52] 徐泽西. "蝴蝶效应"和"混沌理论" [J]. 百科知识, 2009(12): 43-46.

[53] 萧如珀, 杨信男. 物理学史中的一月——大约 1961 年 1 月: Lorenz 和蝴蝶效应 [J]. 现代物理知识, 2008(1): 62-63.

[54] 威廉姆·庞德斯通. 囚徒的困境 [M]. 吴鹤龄, 译. 北京: 北京理工大学出版社, 2005.

[55] 诺曼·麦克雷. 天才的拓荒者: 冯·诺依曼传 [M]. 上海: 上海科技教育出版社, 2008.

[56] 梁宗巨. 数学家传略辞典 [M]. 济南: 山东教育出版社, 1989.

[57] Petz D, Rédei M. Legacy of John von Neumann in the theory of operator algebras. In the Neumann Compendium, 2013.

[58] 南旭光. 博弈与决策 [M]. 北京: 外语教学与研究出版社, 2012.

[59] Jiang A X, Leyton-Brown K. A tutorial on the proof of the existence of Nash Equilibria[D]. Vancouver: University of British Columbia, 2008.

[60] Nash J F. Equilibrium Points in N-Person Games[J]. Proceedings of the National Academy of Sciences, 1950, 36(1): 48-49.

[61] Ca H, Ae R. The Nash equilibrium: A perspective[J]. Proceedings of the National Academy of Sciences, 2004, 101(12): 3999-4002.

[62] Myerson R B . Game Theory: Analysis of Conflict[M]. Cambridge: Harvard University Press, 1997.

[63] Moon K, Kwon H, Ryoo C K, et al. Trajectory Estimation for a Ballistic Missile in Ballistic Phase using IR Images, The 9th International Conference on Mechanical and Aerospace Engineering, 2018.

[64] https://en.wikipedia.org/wiki/Navier%E2%80%93Stokes_equations.

[65] https://zh.wikipedia.org/wiki/欧拉方程 _(流体动力学).

[66] https://www.simscale.com/docs/simwiki/numerics-background/what-are-the-navier-stokes-equations/.

[67] Navier-Stokes 方程的简短历史, https://www.bilibili.com/video/BV15q4y1f732/.

[68] Tedrake R. Designing a Nonlinear Feedback Controller for the DARPA Robotics Challenge, https://www.mathworks.com/company/newsletters/articles/designing-a-nonlinear-feedback-controller-for-the-darpa-robotics-challenge.html.

[69] https://zh.wikipedia.org/wiki/狮子航空 610 号班机空难.

[70] https://zh.wikipedia.org/wiki/埃塞俄比亚航空 302 号班机空难.

[71] https://www.nas.nasa.gov/SC21/research/project1.html.

[72] A dynamical theory of the electromagnetic field James Clerk Maxwell. F. R. S. Philosophical Transactions of the Royal Society of London, 1865, 155: 459-512, published 1 January 1865.

[73] An Introduction to Maxwell and His Equations, https://www.thirdequation.com/news/maxwells-third-equation.

[74] DOD at risk of not meeting its own electromagnetic spectrum goals, experts tell Congress. https://www.fedscoop.com/dod-at-risk-of-not-meeting-its-own-electromagnetic-spectrum-goals/.

[75] Lanteri S. Computational electromagnetics, MSc Course Applied mathematics: Between industry and research，2011.

[76] https://en.wikipedia.org/wiki/Complex_adaptive_system.

[77] Holland H. Complex Adaptive Systems Daedalus Vol. 121, No. 1, A New Era in Computation (Winter, 1992), pp. 17-30 (14 pages) Published By: The MIT Press.

[78] 郭雷, 张纪峰, 杨晓光. 系统科学进展 [M]. 北京：科学出版社, 2017.

[79] 王正明, 卢芳云, 段晓君. 导弹试验的设计与评估 [M]. 3 版. 北京: 科学出版社, 2022.

[80] Kaisler S H, Madey G. Complex Adaptive Systems: Emergence and Self-Organization Tutorial Presented at HICSS-42 Big Island, HI January 5, 2009.

[81] Rand Corporation, Leveranging Complexity in Great-Power Competition and Warfare.

[82] 国家数值风洞套装软件迎来首次 "合龙". 新华网, 2021.12.

[83] 唐雪梅, 张金槐, 等. 武器装备小子样试验分析与评估 [M]. 北京: 国防工业出版社, 2001.

第 4 章　装备试验的工程科学方法

工程科学技术在推动人类文明的进步中一直起着发动机的作用。一部近代世界社会生产力的发展史，也是科学发现、技术革命、产业革命相互推进的历史。科学技术是第一生产力，工程科技是第一生产力的一个最重要因素。科学发现推动人们在认识世界的过程中形成科学原理，工程科技的使命则是把科学原理变成改造世界的能动力量。工程科技架起了科学发现与产业发展之间的桥梁，是产业革命、经济发展和社会进步的强大杠杆。(摘自 2000 年 10 月 11 日江泽民在国际工程科技大会上的讲话，国务院公报 2001 年第 1 号)

4.1　引　　言

新中国成立 70 多年来，重大工程建设捷报频传："两弹一星"、西气东输、南水北调、三峡工程、青藏铁路、高速铁路、三北工程、超级计算机、"中国天眼"、载人航天、北斗导航 [1]⋯⋯ 一大批基础设施、高端装备、战略性新兴产业等方面的重大工程相继问世 [2]。

大工程体现三个特点：一是在核心科学或技术方面取得原创性突破，或解决了长期存在的瓶颈或难点，在单项或多项科学技术指标上具有显著的竞争力，居世界领先水平；二是在技术整合、系统集成上，实现工程的安全、精准、绿色等方面鲜明的创新特征，或在重大工程的资源配置和组织管理方面有突出创新；三是在带动产业发展方面取得明显的经济社会效益，促进了经济、社会高质量发展，提升了全人类的生产力水平。

在第二次世界大战之前，建筑师和土木工程师实际上是他们那个时代的系统工程师，主要从事大型土木工程项目，例如：埃及金字塔、罗马渡槽、胡佛水坝、金门大桥和帝国大厦。在第二次世界大战时成立的美国战时生产局、美国国防先进研究计划署 (Defense Advanced Research Projects Agency, DARPA) 以及曼哈顿计划、阿波罗登月计划等，均在重大工程的科学方法论方面，给予我们启示。美国在加入第二次世界大战时，为了把以民用生产为主的美国工业迅速转向以军工为主的生产，通过紧急立法设立了一个"史无前例"、只对总统负责的特殊机构——战时生产局，它以胡萝卜加大棒的方式完成了美国工业的战争动员。美国于 1942 年 6 月开始实施曼哈顿计划研制原子弹，动员了 10 万多人参与其中，耗资 20 亿美元，用了三年时间实现原子弹生产计划，其中工程科学思维发挥了重要的作用, 大大缩短了项目的时间。但是, 当美国最初把对核武器的研究交给科学家自由探索的时候, 甚至都没有明确的原子弹研制任务。直到美国参战之后, 决策者才意识到不能再沿用毫无应用目标的实验室研究方式, 而是必须交由军方来专门领导原子弹的研制和生产 [3], 采用了以结果为导向的工程思维解决问题的办法。此外, 科学方法中常用的蒙特卡罗仿真, 以及计算机时代的出现, 都与曼哈顿计划有着密切联系。为了进行大量工程计算, 军方动员科学家设计新的计算机, 奠定了计算机的基础架构和基础运算方式的 “二进制”。DARPA 作为一个机构领导美国的许多前沿技术的开发, 成为美国第二次世界大战后许多突破性技术创新的策源地。虽然 DARPA 每年的预算列支只有 30 亿美元左右, 但每年都在运营 200 个左右的前沿技术项目。从军事上的隐形战机、弹道导弹防御系统、数字化指挥系统、高能激光、全球定位系统等, 到从军事技术成果外溢民用的互联网、机器人和计算机软硬件及芯片制造等等, 都与 DARPA 的成果有关。

展望国防科技发展趋势, 新的系统工程或数字化转型等将进一步改变传统装备的开发、制造和应用。谁能率先实现数字工程技术生态建设, 谁就有可能赢得未来战争。美国国防部运用系统工程方法, 成功建立了基于数字化的数字化工程系统、数字孪生和数字线程, 大大简化了系统工程的应用难度和成本。传统工业工程软硬件比例符合 “二八原则”, 即软件只占 20%。但是, 随着工业数字化的深入, 软件在装备中的比重呈几何级增长, 使得现代工程软硬件的二八比重开始反转, 即软件比重从 20% 变为 80%, 这给软件工程带来了巨大的挑战。新型武器装备的研制能否在较短的时间内完成, 能否在较低的预算内完成, 都涉及工程科学方法。

本章主要介绍九种工程科学方法, 包括 V 模型图方法、Hall 图方法、控制工程方法、仿真工程方法、网络工程方法、通信工程方法、大系统结构分析方法、冯·诺依曼体系结构方法、体系工程方法, 将分别介绍这些方法的形成过程, 给出在装备应用的案例。

4.2　V 模 型 图

4.2.1　V 模型图的概念

经典的系统工程可视化表达有多种模型, V 模型 [4,5] 是 Kevin Forsberg 和 Harold Mooz 在 1978 年首先提出的描述系统演进过程的一种模型, 使得系统工程过程变得可视化且易于管理, 得到了业界的广泛关注与应用。

Forsberg 生于 1934 年, 是美国工程师、商业顾问。Forsberg 的职业生涯始于其在加利福尼亚州帕洛阿尔托的洛克希德导弹和航天公司的洛克希德马丁航天系统公司工作。20 世纪 70 年代后期，他开始担任独立业务顾问，并与他人共同创立了管理培训和咨询公司。Forsberg 于 1976 年被美国机械工程师协会 (ASME) 选为终身会士。他于 1981 年获得了 NASA 公共服务奖章，以表彰 "他对航天飞机计划的杰出技术和管理贡献"。他与 Mooz 一起获得了 Agency Seal Medal 和 2001 年的国际系统工程委员会 (International Council on Systems Engineering, INCOSE) 先锋奖，以表彰 "开创并不懈地推动了将系统工程和项目管理无缝集成的概念"。除了在复杂开发项目上的工作之外，Forsberg 还通过教程和演示，以及书籍《可视化项目管理》向全球数以千计的专业人士授课。

Mooz 出生于 1932 年，是美国系统工程师、业务顾问和系统管理中心的创始人兼首席执行官。Mooz 于 1954 年从史蒂文斯理工学院获得机械工程硕士学位。毕业后，他在工业界工作了 22 年，担任航空航天首席系统工程师和项目经理。1981 年，他开始担任独立的商业顾问，并于 1989 年创立了管理培训和咨询公司 The Center for Systems Management, Inc.。他是项目管理协会和 INCOSE 的成员。Forsberg 和 Mooz 都曾长期参与美国的航空航天工作。可以说 V 模型的产生是随着航空航天工业的发展而来的。

Forsberg 和 Mooz 相信他们的 V 模型解决了线性瀑布模型 (Linear Waterfall)、改进瀑布模型 (Modified Waterfall) 和美国国防部关于系统工程标准 (DOD-STD-2167A) 的缺陷。他们在论文中提到了 Boehm 的螺旋模型，并说："虽然 Boehm 的螺旋表示实现了他的目标，但系统工程的作用仍然模糊不清。"正如我们迄今为止讨论的所有其他模型一样，V 模型是基于瀑布的，但又有明显的区别。他们说："在我们的方法中，项目周期的技术方面被设想为一个 V 字形，从左上角的用户需求开始，到右上角的用户验证系统结束。"

该模型认识到需求的可变性，并提供了六个基线的建立：用户需求基线、概念基线、系统性能基线、"设计" 基线、"构建" 基线和 "建造" 基线。该过程是迭代的，允许在任何阶段进行增量开发和并行工程，直到该阶段的阶段审查。阶段审查成功完成后，将启动新阶段，并且不会像瀑布设计那样重新回到旧阶段。重点放在验证和确认活动、风险识别和风险降低建模上。

V 模型强调测试在系统工程各个阶段中的作用，并将系统分解和系统集成的过程通过测试彼此关联，如图 4.1 所示。V 模型从整体上看起来，就是一个 V 字型的结构。左边的下划线分别代表了任务的构想、需求和体系结构、详细设计；中间是实现；右边的上划线代表了 (子系统) 集成、测试和验证，系统验证和确认，使用和维护。V 模型的中心思想是，通过架构的分解和定义将复杂的系统分解成便于处理的简单结构，然后再通过简单结构的架构集成和验证实现复杂系统的功能。研发人员和测试人员需要同时工作，在软件做需求分析的同时就会有测试用例的跟踪，这样可以尽快找出程序错误和需求偏离，从而更高效地提高程序质量，最大可能地减少成本,同时满足用户的实际软件需求。V 模型的重要意义在于,非常明确地表明了测试过程中存在的不同的级别,并且非常清晰地描述了这些测试阶段和开发阶段的对应关系。

图 4.1   典型的 V 模型图 [6]

在系统工程方法,特别是软件开发中,还有瀑布 (Waterfall) 模型 [7]。瀑布方法是第一个在软件工程中广泛使用的软件开发生命周期 (Software Development Life Cycle, SDLC) 模型。如图 4.2 所示,在瀑布模型方法中,软件开发的整个过程被分成不同的阶段,通常一个阶段的结果依次作为下一阶段的输入,在了解需求和完成分析后首先开发应用程序,然后对应用程序进行不同的试验 (或测试),而试验几乎处于开发的最后阶段。因此,瀑布模型是一种相对线性的序贯设计方法,也正是因为在该模型下试验在开发完成后进行,所以如果有任何的缺陷,

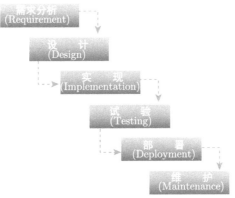

图 4.2   系统工程方法的瀑布模型 [7]

则需要回到开发阶段,然后再实施验证。在瀑布模型中,由于线性开发的特点,开发过程中只有一个阶段是可操作的 (序贯进行),因此与 V 模型相比,其成本和复杂性较低。而且,由于模型的刚性,瀑布模型易于管理,每个阶段都有特定的可交付成果和审查过程,有明确定义的阶段,有明显的里程碑节点,便于安排任务,过程和结果有据可查。事实上,有不少装备研制和列装的过程采用了瀑布模型。但是,由于试验是在开发后完成的,因此瀑布模型最后出现缺陷的数量较高,具有高风险和不确定性,对于复杂装备的研发和试验来说,并不是一个完善的模型。

4.2.2   装备体系试验的 V 模型

根据体系试验的流程,将体系试验分解成体系能力描述与指标体系生成,体系试验方法与试验设计,体系试验数据模型、采集与测量,体系试验评估以及体系试验知识提取这五个方面 (图 4.3)。其中,体系能力描述与指标体系生成根据装备体系的使命任务与能力描述生成试验评估的指标体系,牵引试验方法和试验设计;体系试验方法与试验设计包括试验流程设计、想定设计、科目设计、样本设计以及试验任务优化设计等,是体系试验优化实施的理论方法;体系试验数据模型、采集与测量指的是体系试验实施过程中的数据采集以及数据的建模、刻画与存储规范等;体系试验评估则主要包括体系试验的智能化网络化评估方法、适用性与体系贡献率评估以及融合评估方法等;体系试验知识提取包括试验知识图谱建模方法、试验知识分析与提取等,全局挖掘试验相关知识。

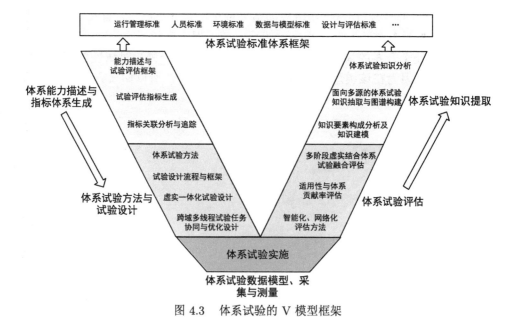

图 4.3   体系试验的 V 模型框架

4.2.3 突击破坏者项目中 V 模型图的应用

DARPA 项目的研发过程中，很多遵循了 V 模型图模式。

例如，Assault Breaker (突击破坏者)[25] 是 DARPA 资助研发的一个典型项目，是一种通过采用"体系"(System of Systems) 优势从远处发现、打击和摧毁战场目标的概念项目——被称为"防区外精确打击"。该项目结合了机载雷达、远程战术陆基导弹和末端制导技术。突击破坏者 I 期计划始于 1978 年，并于 1983 年结束。I 期项目由 DARPA 的战术技术办公室 (TTO) 运行。

Assault Breaker 研究项目旨在"灵活应对外来军事威胁"。这是一项大型、多方参与的研究，由军事战略家和技术专家组成，在 DARPA 领导下研究基于防区外精确打击的新防御概念，为此，需要统一开发、整合和使用各种技术。

DARPA 整合了 [25]:

(1) 实施远程精确打击的概念和军事需求；

(2) 使用移动目标指示 (Moving Target Indication, MTI) 雷达将导弹引导至目标区域，然后使用末端制导技术摧毁目标的想法；

(3) 工业界关于带有光电导引头的战术导弹研发。

DARPA 战术技术办公室整合这些想法，提出了集成目标获取和打击的系统，并要求麻省理工学院的林肯实验室进行具体研究，包括所需新技术的可行性，以及整合的潜在系统。美国空军和陆军的先期研究，例如空军的广域反装甲弹药 (WAAM) 和陆军的终端制导子弹药 (TGSM)。这些在传感器、导弹、制导以及指挥和控制方面的研发，是林肯实验室的研究的输入。

需求和设计明确后，该项目分阶段进行研究，第一阶段是例如传感器、雷达和自动目标识别等单项技术的实现；第二阶段是针对子系统级功能测试；第三阶段是更复杂的系统集成和整合。该项目的研发遵循了 V 模型图模式，如图 4.4 所示。

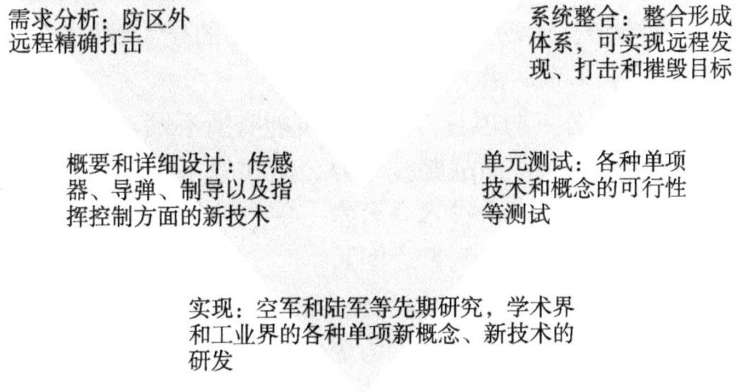

需求分析：防区外
远程精确打击

系统整合：整合形成
体系，可实现远程发
现、打击和摧毁目标

概要和详细设计：传感
器、导弹、制导以及指
挥控制方面的新技术

单元测试：各种单项
技术和概念的可行性
等测试

实现：空军和陆军等先期研究，学术界
和工业界的各种单项新概念、新技术的
研发

图 4.4   Assault Breaker (突击破坏者) 项目研究的 V 模型图

DARPA 正在推进 "突击破坏者" II 期计划,为美国的多域作战和反介入、区域拒止战略提供 "技术基础"。该计划正在研究新的远程智能武器,包括远程传感器和装有智能武器的轰炸机的组合,这些武器旨在寻找和摧毁敌军的坦克、船只和其他系统。这将是一个快速反应系统,能够在战争行动开始后几个小时内启动,对还未达到前线的 "敌军" 造成严重伤害,从而争取时间将新的增援部队投入战区。

DARPA 的其他计划开发过程中,也可以发现 V 模型图的应用。需求方面,有关新能力需求的信息来自军方;而有关技术上可行的信息,以及哪些领域可能成熟的推进信息,则来自技术社区。相关信息的分析和讨论可能来自为军方和 DARPA 提供建议的智囊团和咨询委员会。DARPA 项目经理接受这些分析和讨论,并进行选择构建项目。关于研究计划,如下的 "Heilmeier 问答" 提供了一系列问题,这些问题需要在项目获得批准前得到回答:

- 研究内容和目标:想做什么? 在不使用过多学术术语的情况下阐明目标。
- 研究现状:目前是如何完成的,现有的做法有哪些限制?
- 新技术优势:所提的方法有什么新东西,为什么认为它会成功?
- 需求分析:谁关注这样的成功? 如果成功了,会有什么不同?
- 有什么风险? 要花多少钱? 需要多长时间?
- 考核:中期检查和验收时如何考核?

在为项目开发过程提供信息的大类群体中,还有具体的细分。在需方内部,可能有来自军事部门 (陆军、海军和空军) 的意见,他们对新技术的重要性可能都有不同的看法。在技术社区内,有大学、国防实验室、国防承包商等,每一方都有不同的观点。

在一般情况下,军事需求推动 DARPA 项目立项,但构成计划基础的关键思想可能来自技术界、研讨会;有些情况下,DARPA 各办公室主任认为 DARPA 应该跟踪某些特殊的新技术,他们将招募一名项目经理来执行围绕这些新技术建立的项目。还有第三类情况,驱动力可能来自 DARPA 的技术社区,他们使 DARPA 意识到某些技术应用于军事的潜力。

不同的 DARPA 办公室的项目开发流程可能有所不同。一般来说,国防科学办公室与学术界有更多互动,而战略技术办公室和战术技术办公室则倾向于与军事部门进行更多互动。其他三个技术办公室——生物技术办公室、微系统技术办公室和信息创新办公室——介于两者之间。

对于每个项目,可以通过名称、目标、DARPA 办公室、时间段和主要结果来描述。DARPA 管理部门检查项目的历史以及该项目的想法来自哪里、是谁的主意? 当 DARPA 接手时,这个想法有多先进? 有没有以前的想法和计划? 该计划是 DARPA 更广泛和长期活动的一部分吗? 该项目开发了多长时间? 在主项目立项之前，是否有预研的小项目来测试关键概念？该计划是否在目标或方法上进行了重大修改？

4.2.4 小结

V 模型图方法，在装备试验中的应用是贯彻始终的。该方法把大问题转化为小问题，把复杂问题转化为简单问题。因为任何新装备，在科学原理、所有子系统等方面，不可能都是全新的，在 V 模型图上，我们应主要关注新的部分、新的子系统或者有变化部分的试验。

4.3 Hall 图

4.3.1 Hall 三维结构

Hall 三维结构又称 Hall 系统工程图[8,9]，是美国系统工程专家 Hall (A. D. Hall，1925—2006) 等人在大量工程实践的基础上，于 1969 年提出的一种系统工程方法论。其内容反映在可以直观展示系统工程各项工作内容的三维结构图中。Hall 三维结构集中体现了系统工程方法的系统化、综合化、最优化、程序化和标准化等特点，是系统工程方法论的重要基础内容。

Hall

Hall，《系统工程方法论》[10] 的作者，是美国电气工程师，也是系统工程领域的先驱。Hall 就读于弗吉尼亚州林奇堡的布鲁克维尔高中。第二次世界大战期间，他曾在军队服役。战后他在普林斯顿大学学习电气工程。他的职业生涯始于贝尔实验室的电气工程师，并在那里工作了多年。20 世纪 50 年代，他开始了自己的咨询业务，60 年代，Hall 成为宾夕法尼亚大学摩尔电气工程学院的教员。Hall 是电气和电子工程师协会 (Institute of Electrical and Electronics Engineers, IEEE) 的创始成员。1965年，Hall 成为 *IEEE Transactions on Systems Science and Cybernetics* 的第一位编辑。

Hall 的三维结构模式的出现，为解决大型复杂系统的规划、组织、管理问题提供了一种统一的思想方法，因而在世界各国得到了广泛应用。如图 4.5 所示，Hall 三维结构是将系统工程整个活动过程分为前后紧密衔接的七个阶段和七个步骤，同时还考虑了为完成这些阶段和步骤所需要的各种专业知识和技能。这样，就形成了由时间维、逻辑维和知识维所组成的三维空间结构。其中，时间维表示系统工程活动从开始到结束按时间顺序排列的全过程，分为规划、方案、研制、生产、部署、运行、更新七个时间阶段。逻辑维是指时间维的每一个阶段内所要进行的工作内容和应该遵循的思维程序，包括明确问题、确定目标、系统综合、系统分析、方案优化、做出决策、付诸实施七个逻辑步骤。知识维列举需要运用包括工程、医学、建筑、商业、法律、管理、社会科学、艺术等各种知识和技能。

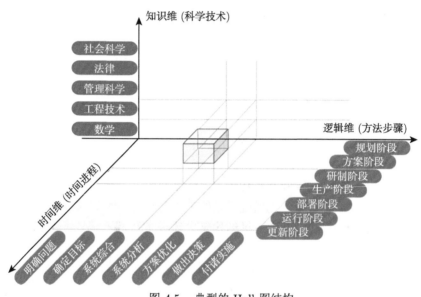

图 4.5　典型的 Hall 图结构

4.3.2　三维结构的阐释

三维结构体系形象地描述了系统工程研究的框架，对其中任一阶段和每一个步骤，又可进一步展开，形成了分层次的树状体系。首先是逻辑维的 7 个步骤，可以看出，这些内容几乎覆盖了系统工程理论方法的各个方面[24]。

1. 逻辑维

运用系统工程方法解决某一大型工程项目时，一般可分为七个步骤。

1) 明确问题

由于系统工程研究的对象复杂，包含自然界和社会经济各个方面，而且研究对象本身的问题有时尚不清楚，如果是半结构性或非结构性问题，也难以用结构模型定量表示。因此，系统开发的最初阶段首先要明确问题的性质，特别是在问题的形成和规划阶段，搞清楚要研究的是什么性质的问题，以便正确地设定问题，否则，以后的许多工作将会劳而无功，造成很大浪费。

2) 确定目标

需要确定的目标, 包括主要目标和次要目标, 规划、方案、研制、生产、部署、运行、更新各阶段的目标, 系统综合目标, 方案优化目标等。

评价体系要回答以下一些问题: 评价指标如何定量化, 评价中的主观成分和客观成分如何分离, 如何进行综合评价, 如何确定价值观问题等。行之有效的价值体系方法有以下几种。

(1) 效用理论。该理论是从公理出发建立的价值理论体系, 反映了人的偏好, 建立了效用理论和效用函数, 其中包括多属性和多隶属度效用函数。

(2) 费用/效益分析法。例如投资效果评价、项目可行性研究等。

(3) 风险估计。在系统评价中, 风险和安全性评价是一个重要内容, 决策人对风险的态度也反映在效用函数上。在多个目标之间有冲突时, 人们也常根据风险估计来进行折中评价。

(4) 价值工程。价值是人们对事物优劣的观念准则和评价准则的总和。例如, 要解决的问题是否值得去做, 解决问题的过程是否适当, 结果是否令人满意等。以生产为例, 产品的价值主要体现在产品的功能和质量上, 降低投入成本和增加产出是两项相关的准则。价值工程是个总体概念, 具体体现在设计、制造和销售各个环节的合理性上。

3) 系统综合

系统综合是在给定条件下, 找出达到预期目标的手段或系统结构。一般来讲, 按给定目标设计和规划的系统, 在具体实施时, 可能会与原来的设想有些差异, 需要通过对问题本质的深入理解, 作出具体解决问题的替代方案, 或通过典型实例的研究, 构想出系统结构和简单易行的能实现目标要求的实施方案。系统综合的过程常常需要有人的参与。计算机辅助设计 (CAD) 和系统仿真可用于系统综合, 通过人机的交互作用, 使系统具有推理和联想的功能。

4) 系统分析

不论是工程技术问题还是社会环境问题, 系统分析首先要对所研究的对象进行描述, 建模和仿真技术是常采用的方法, 对难以用数学模型表达的社会系统和生物系统等, 也常用定性和定量相结合的方法来描述。系统分析的主要内容涉及以下几方面。

(1) 系统变量的选择。用于描述系统主要状态及其演变过程的是一组状态变量和决策变量, 因此, 系统分析首先要选择出能反映问题本质的变量, 并区分内生变量和外生变量, 用灵敏度分析法可区别各个变量对系统命题的影响程度, 并对变量进行筛选。

(2) 建模和仿真。在状态变量选定后, 要根据客观事物的具体特点确定变量间的相互依存和制约关系, 即构造状态平衡方程式, 得出描述系统特征的数学模型。

在系统内部结构不清楚的情况下，可用输入输出的统计数据得出关系式，构造出系统模型。系统对象抽象成模型后，就可进行仿真，找出更普遍、更集中和更深刻反映系统本质的特征和演变趋势。

5) 方案优化

在系统的数学模型和目标函数已经建立的情况下，可用最优化方法选择使目标值最优的控制变量值或系统参数。所谓优化，就是在约束条件规定的可行域内，从多种可行方案或替代方案中得出最优解或满意解。实践中要根据问题的特点选用适当的最优化方法，目前应用最广的是线性规划和动态规划，大系统优化已开发了分解协调的算法。组合优化适用于离散变量，整数规划中的分支定界法、逐次逼近法等的应用也很广泛。多目标优化问题的最优解处于目标空间的非劣解集上，可采用人机交互的方法处理所得的解，最终得到满意解。当然，多目标问题也可用加权的方法转换成单目标来求解，例如目标规划法。

6) 做出决策

决策又有个人决策和团体决策、定性决策和定量决策、单目标决策和多目标决策之分。战略决策是在更高层次上的决策。在系统分析和系统综合的基础上，人们可根据主观偏好、主观效用和主观概率做决策。人的决策受到认识能力的局限。近年来，决策支持系统受到人们的重视，系统分析者将各种数据、条件、模型和算法放在决策支持系统中，该系统甚至包含了有推理演绎功能的知识库，以便决策者在做出主观决策后，可以从决策支持系统中尽快得到效果反馈，以求得到主观判断和客观效果的一致。

7) 付诸实施

一项大的开发项目，涉及设计、开发、研究和施工等许多环节，每个环节又涉及组织大量的人、财、物。在系统工程中常用的计划评审技术 (PERT) 和关键路线法 (CPM) 在制定和实施计划方面起了重要的作用。

2. 时间维

对于一个具体的工作项目，从制定规划起一直到更新为止，全部过程可分为七个阶段。

(1) 规划阶段。即调研、程序设计阶段，制定项目的规划与战略。

(2) 方案阶段。提出具体的计划方案。

(3) 研制阶段。作出研制方案及计划。

(4) 生产阶段。生产出系统的零部件及整个系统。

(5) 部署阶段。将系统部署完毕。

(6) 运行阶段。系统按照预期的用途开展服务。

(7) 更新阶段。即为了提高系统功能，取消旧系统而代之以新系统，或改进原有系统，使之更加有效地工作。

3. 知识维

系统工程除了要求为完成上述各步骤、各阶段所需的某些共性知识外，还需要其他学科的知识和各种专业技术，Hall 把这些知识分为工程、医药、建筑、商业、法律、管理、社会科学和艺术等。各类系统工程，如军事系统工程、经济系统工程、信息系统工程等，都需要使用其他相应的专业基础知识。

4.3.3 空战进化项目的 Hall 图解读

本节主要介绍美国 DARPA 资助的空战进化 (Air Combat Evolution, ACE) 计划 [26]，分析其 Hall 图视角，讨论其给科学试验方法研究带来的启示。

ACE 计划以人机协作空战作为挑战背景，开发可信赖的、可扩展的、人类水平的、人工智能驱动的空战自主性。ACE 的想定为：在未来空战中，一名人类飞行员可以通过在有人驾驶飞机内有效地协调多个自主无人平台来增加杀伤力。这将人类角色从单一的战机操作员转变为任务指挥官。可以使飞行员能够参与更广泛、更全球化的空中指挥任务。

ACE 创建了一个分层框架，其中高级认知功能，例如制定整体交战策略、选择和优先目标、确定最佳武器以达到最佳打击效果等，可由人类执行；而低级功能例如飞机机动和交战战术的细节，则留给自主系统。为了实现这一点，自主智能必须是可信的，以便在进行超视距交战，或在视距内混战时实施复杂的战斗行为。ACE 将从目前使用的简单的基于物理的自动化系统，扩展到能够在高度动态和不确定的环境中实现有效自主的复杂系统。

ACE 计划的主要需要是解决以下四个方面的挑战：

(1) 提高局部行为中的空战单机的自主性能；
(2) 建立和校准对空战中自主智能行为的信任度；
(3) 将自主性能和信任度扩展到异构多机行为；
(4) 为全面的空战试验建设基础设施。

可以看出，ACE 计划旨在：在人机协作混合作战中增加对可信自主人工智能 (AI) 的参与度，利用 AI 执行传统的"僚机"角色，它将测量、预测和校准无人战机自主性能，把自主混战的战术应用扩展到更复杂、异构、多机、实时的作战级场景，为未来空军的战役级"马赛克战"试验奠定基础。从 Hall 图的时间维、知识维和逻辑维三个角度，可以对 ACE 计划进行解读，如图 4.6 所示。

从时间维度上，ACE 计划分为三个阶段，其中第一阶段为 (美国) 2020 财年至 2021 财年，第二阶段为 2022 财年至 2023 财年，第三阶段为 2023 财年至 2024 财年。

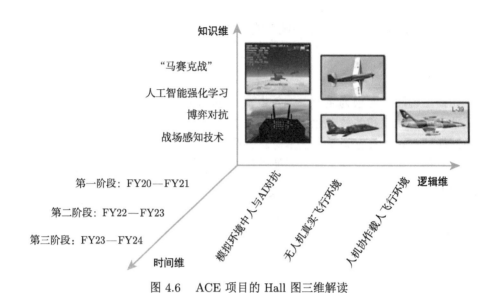

图 4.6　ACE 项目的 Hall 图三维解读

　　从逻辑维度看，三个阶段的研究逐层递进，同时相关技术也是充分进行了试验鉴定后才转入下一阶段的研究。以下对每个阶段进行了详细的分析 [26]。

　　第一阶段的重点是人工智能程序的开发，数字模拟仿真环境的建立以及人工智能空战算法的测试。其中，2020 年的 AlphaDogfight 试验中，在约翰霍普金斯大学应用物理实验室开发的数字模拟系统中，测试了多家团队开发的视距内空战机动 (通常称为混战) 先进算法，一家名为 Heron Systems 小型公司开发的 F-16 AI 代理击败了其他七家研发团队 (包括洛克希德·马丁公司、佐治亚理工学院等) 的代理，其后与一位经验丰富的空军 F-16 飞行员进行数字作战仿真，并以 5:0 的比分获胜。比赛中，AI 实现了人类飞行员无法比拟的精确机动。

　　另一个主要重点是衡量飞行员对 AI 作战的信任度，即空军战斗飞行员的底线信任问题：是否可以把生死攸关的飞机控制问题交给 AI。为了获取信任度的测试数据，试飞员在爱荷华大学技术学院操作员性能实验室的 L-29 喷气式教练机上进行了多次飞行。这架双座喷气式飞机在驾驶舱内配备了传感器，用于测量飞行员的生理反应，为研究人员提供关于飞行员是否信任人工智能的线索。实际上，这架喷气式飞机实际上并不是由人工智能驾驶的。相反，前座舱中的实际飞行员执行由 AI 生成的飞行控制输入；对于后座的评估员飞行员来说，似乎 AI 正在执行飞机机动。这样既保证了飞行的可靠性，又可以获取信任度测量数据。测量中，通过飞行员的头部指向的位置、眼睛观察的目标等数据，评估飞行员对自主系统进行检查程度，并与他们在战斗管理任务上花费的时间进行比较，对自主系统检查的时间越多、而对任务管理时间越少，则信任度越低。

　　在第一阶段成功之后，该计划推进到第二阶段。此后，开展技术方案的设计，进行配件的制造、安装和测试，从而研制可用于在真实飞行环境中进行自主人工智能技术测试的无人机，进行多机协同测试等试验任务。

第三阶段是对第一架 L-39 全尺寸喷气式教练机进行初步修改，创建飞机的准确航空性能模型，人工智能算法可以使用该模型进行预测以及战术机动决策，最终实现人工智能能够控制飞机在实况中进行空中团战。

在知识维，ACE 计划涉及多项技术，最基础的底层是飞机的控制以及相关空战战场态势的感知。同时，将 AI 视为一种释放资源、时间和人力的工具，从而飞行员可以专注于更高优先级的任务，并比竞争对手更快、更精确地实现优化决策。直接相关的技术包括：人工智能和强化学习——如何在自主环境中处理这些博弈对抗问题？如何整合各种多主体自治系统？以及如何让人类与它们互动，让它们与人类良好互动？在这个领域，前沿技术正不断接受检验。

此外，ACE 项目还计划培养一种自主人工智能开发的文化，实现数据共享、加强互操作性、合作开发新的框架和工具，利用推进第二波和第三波人工智能和自主概念方面的经验，最终实现在非常苛刻的对空作战环境中运行的自主系统。

4.3.4 小结

《孙膑兵法·月战》中提到，"天时、地利、人和，三者不得，虽胜有殃"。从不同的维度全面分析问题，衡量得失，是我国古人早有的智慧。Hall 图三个维度，特别适合于现代的大型工程，对装备试验尤其有指导价值。当然，在装备试验中，我们可以学习、借鉴 Hall 图，从多个不同维度展开，而每个展开，又可以借鉴 V 模型图。应用 Hall 图或者 Hall 图的思想，结合 V 模型图，形成模型、分析数据、评估结果，是装备试验中最常用的系统工程方法。

4.4 控制工程方法

4.4.1 控制论的提出

控制论的提出者是诺伯特·维纳 (Norbert Wiener)。在 Wiener 50 余年的科学生涯中，他涉足了哲学、数学、物理学等多个领域，并都取得了丰硕的成果。1948 年创立的控制论 (Cybernetics) 作为一种具有普遍意义的科学方法，揭示了物质动态系统的一般规律，对工程的发展具有深远的影响。

第二次世界大战开始后，Wiener 参与了火炮控制的研究，进而建立了控制理论。1943 年，Wiener 与他人共同发表了题为《行为、目的和目的论》("Behavior, Purpose and Teleology") 的论文，阐述了控制行为的本质，并第一次明确构思了如何通过反馈进行科学的控制。

Wiener

1948 年，Wiener 出版了《控制论》这一划时代的著作，这本书的副标题是"关于在动物和机器中控制或通信的科学"，这也是 Wiener 对控制论的定义。在这本书中，他提出控制论的基本概念和方法，揭示了机器中的通信和控制机能与人的神经、感觉机能的共同规律，标志着现代意义下控制科学理论由此诞生。

《控制论》一书中的思想引起了人们极大的重视，不仅为现代科学技术研究提供了崭新的科学方法，更从多方面突破了传统思想的束缚，有力地促进了现代科学思维方式和当代哲学观念的一系列变革。

在《控制论》出版 6 年之后，Wiener 的另一本书《人有人的用处：控制论与社会》问世。他在这本书中，描述了现在被称为"负反馈自动控制原理"的内容，基于这个理论，Wiener 相信，一个机械系统完全能够进行运算和记忆。他发现计算机和人脑的工作原理极其相似：都是进行信息处理和信息转化的系统，只要能够得到数据，计算机就可以完成人所能做的任何事。

尽管在 20 世纪 50 年代，控制论被从其中衍生出的科学分支和技术所取代，但是没有人可以否认它对科学发展的革命性意义。Wiener 将消息 (Message)、信息 (Information)、基本的传播和控制过程定义为组成世界的基本实体，阐述了几个世纪以来哲学家和科学家都在回避的有关物质和思想的问题。Wiener 的控制论思想启发和影响了诸如人工智能、认知科学、环境科学、现代经济理论等多个领域，他的工作为数字革命铺平了道路。

4.4.2　反馈控制理论

没有控制系统，就没有制造业，没有汽车，没有计算机，没有各类装备，没有受管制的环境。从广义上讲，控制系统是使机器按预期运行的东西。控制系统通常是基于反馈的原理，即将被控制的信号与期望的参考信号进行比较，然后用误差来计算校正控制动作。

设计控制系统的过程通常包括许多步骤。① 研究要控制的系统，并决定将使用何种类型的传感器和执行器，以及它们将被放置在哪里。② 对所要控制的系统建模。③ 必要时简化模型，使其易于处理。④ 分析模型，确定其属性。⑤ 决定性能指标。⑥ 决定要使用的控制器类型。⑦ 设计符合规格的控制器。⑧ 在计算机上或试验装置上模拟由此产生的控制系统 (如有必要，重复步骤①)。⑨ 选择硬件和软件并实现控制器。⑩ 如有必要，在线调整控制器。

反馈理论不仅要在可能的情况下产生良好的设计，而且要在不能满足性能目标时给予明确的提示。同样重要的是要在一开始就认识到实际问题具有不确定的，如传感器噪声和输入信号水平的限制限制了反馈水平，控制中都应该能够明确地处理这些问题，并给出关于它们对系统性能影响的定量和定性结果。

一个典型的工程系统是凯克天文望远镜 (图 4.7)，位于夏威夷的莫纳克亚山。该望远镜的基本目的是利用一个大凹面镜收集和聚焦星光。镜子的形状决定了所观察到的图像的质量。镜子越大，收集到的光就越多，因此就能观测到的"越暗"的恒星。凯克望远镜反射镜的直径为 10 米。用一片玻璃制作如此大的、高精度的镜子将是非常困难和昂贵的。凯克望远镜上的镜子由 36 面六边形小镜子拼接而成，这 36 个部分必须校对整齐，以使复合镜具有所期望的形状 [11]。

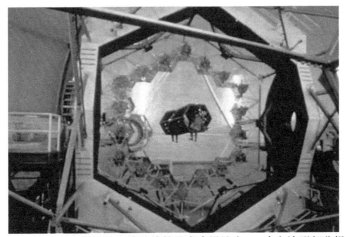

图 4.7 凯克天文望远镜主镜独特的马赛克设计由 36 个六边形部分组成，以 4 纳米的精度排列 [11]

实现这一目的的控制系统如图 4.8 所示，镜片受到两种类型的力：干扰力和执行器的力。在每个小镜子的后面是三个活塞式驱动器，在其上的三个点施加力，以影响其方向。在每两个相邻小镜子之间的间隙中有传感器，测量两段之间的局部位移。这些局部位移被叠加到矢量 y 中，这就是要控制的量。为了使反射镜

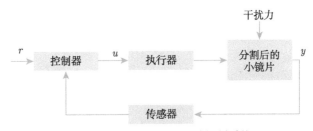

图 4.8 望远镜制造的反馈控制系统

具有理想的形状，这些位移应该具有一定的可以预先计算的理想值，用矢量 r 表示。控制器的设计必须使在有干扰力的系统中，y 仍保持在 r 附近。控制信号是向量，这样的系统是多变量的。

本例中不确定性来自于干扰源：当望远镜转向跟踪一颗恒星时，反射镜上的重力方向发生了变化；夜间进行天文观测时，环境温度会发生变化；望远镜易受阵风影响；组件的动态行为 (镜片、执行器、传感器) 不能以无限精度建模。

4.4.3　小结

控制工程方法，在高价值的单装、装备系统、装备体系、作战体系、指挥体系中都有应用，反馈控制的原理和方法，在装备的试验和使用中，也被广泛使用，也是机械化、信息化、智能化三化融合的重要基础之一。例如，导弹系统分为弹体系统、推进系统、控制系统、战斗部系统等子系统；各靶场都有测量、通信、控制系统等，大型导弹系统的试验需要控制工程等方法，实现"万人一杆枪"。

4.5　仿真工程方法

4.5.1　相似原理及模型

仿真 (Simulation) 是指使用模型 (Model)，大多是计算机模型，也可以是实物，模拟现实世界的过程或系统。模型代表所针对过程或系统的关键行为和特征，而模拟代表模型在不同条件下如何随时间演变。

仿真的基础是相似，即指组成模型的每个要素必须与原型的对应要素相似，包括几何要素和物理要素，其具体表现为由一系列物理量组成的场对应相似。对于同一个物理过程，若两个物理现象的各个物理量在各对应点上以及各对应瞬间大小成比例，且各矢量的对应方向一致，则称这两个物理现象相似。利用模型进行实验，其结果能否真实再现原来物理现象？如果要使从模型实验中得到的精确的定量数据能够准确代表对应原型的流动现象，就必须在模型和原型之间满足以下相似性 [12,13]。

(1) 几何相似。

几何相似是指模型与其原型形状相同，但尺寸可以不同，而一切对应的线性尺寸成比例，这里的线性尺寸可以是直径、长度及粗糙度等。

(2) 运动相似。

运动相似是指对不同的流动现象，在流场中的所有对应点处对应的速度和加速度的方向一致，且比值相等，也就是说，两个运动相似的流动，其流线和流谱是几何相似的。

(3) 动力相似。

动力相似即对不同的流动现象，作用在流体上相应位置处的各种力，如重力、压力、黏性力和弹性力等，它们的方向对应相同，且大小的比值相等，也就是说，两个动力相似的流动，作用在流体上相应位置处各力组成的力多边形是几何相似的。

在科学试验领域的模型中，有不同类型的结构：如具体对象 (Concrete Objects)、数学对象 (Mathematical Objects) 和计算结构 (Computational Structures)，也需要符合仿真模型 (Simulation Model) 与实际物理问题之间的相似性 (Similarity)。

具体对象模型是一组具有"物理"关系的具体对象，其中包括感兴趣的内在和外在属性。美国陆军工程兵团的旧金山湾模型 (如图 4.9 所示，旧金山湾和萨克拉门托–圣华金河三角洲系统的比例模型) 是具体对象的代表。清华大学在支撑我国三峡工程的论证中，也使用了实物比例模型。

图 4.9   旧金山湾模型

计算结构模型是一组状态，通过一组过程/算法进行演化。谢林的隔离模型 (Schelling's Model of Segregation) 是计算结构的代表，是经济学家 Thomas Schelling 开发的基于代理的计算模型。基于代理的建模侧重于系统的各个组件的活动，这与更抽象的系统动力学方法和以过程为中心的离散事件方法形成对比。

数学模型采用像这样的数学对象并定义一组数学关系。Lotka-Volterra 捕食者–猎物模型是数学模型的代表。模型是一种"解释结构"，建模者规定结构或对象的哪些部分，表示目标的哪些部分。当然，并非结构的每个属性都表示目标的某些属性，也不是目标的所有属性都可以由结构的某些属性表示。此外，模型以一定保真度 (也即相似性) 来表示目标系统的"表面"属性或"深层"因果结构。在 Lotka-Volterra 捕食者–被捕食者模型中，设 V 为猎物总量，P 为捕食者总量，r 为猎物增加率，a 为捕食者对猎物的捕获率，b 为捕食者捕获的猎物转化为新捕食者的转化效率，q 是捕食者的死亡率，于是可以得到捕食者与猎物之间的关系模型：

$$\frac{dV}{dt} = rV - aVP$$
$$\frac{dP}{dt} = baVP - qP$$
(4.5.1)

虽然被建模的对象本身不是一组方程，但它只能通过这些方程等代理进行研究。这也是科学家经常非正式地将方程称为模型的主要原因，他们的注意力集中在这些方程式上。

以结构、行为和其他非显而易见的数学方式将模型与目标进行比较。具体对象模型的属性比数学对象模型更丰富。数学对象模型和计算结构模型的解释方式容易被混为一谈，当调用一个计算模型来解释某种现象时，通常是使用规则或算法作为解释器；相反，在数学模型中，数学结构或变量之间的关系承担了解释的作用。考虑一个简单的钟摆模型：

$$m\left(\frac{d^2x}{dt^2}\right) = -\left(\frac{mg}{l}\right)x$$
(4.5.2)

其中 x 是位置，m 是质量，g 是当地重力加速度，l 是摆的长度。对于摩擦非常小、摆动角度小、时间间隔非常短的摆，满足保真度标准，因此该数学模型可以充分表示摆的振荡。也可以模拟一个实际的钟摆，一个用绳子悬挂的重物，作为一个理想的钟摆。甚至可以说，在这两种情况下，摆的长度和周期时间之间的关系大致相同，并且在这方面它们彼此相似。

最近关于模型和建模的哲学思想源于对科学类比的分析，以及对作为公理系统的理论的批判。科学家使用类比来理解和预测系统的特征，如水波就像声波，粒子就像台球等等。同时，科学家使用各种工具来表示世界，包括具体的物体、方程式、图表、图片等。这些表示工具和它们表达的内容就是模型。当一个学生在数学建模课上被要求"写下一个模型"时，是对物理对象的抽象，当目标的属性不包含在表示中或在表示中引入目标不具有的属性时，将其理想化。由于计算复杂度或时间等成本的原因，实际中可能会选择复杂而逼真的模型。相对简单的模型可以通过提供基线、概念框架等来实现特定目标。此外，可以通过某种拟合优度或模型选择标准来寻找最佳拟合模型；可以设计不同参数值、功能形式或表示框架的模型系列，并查看是否有稳健性。模型和建模无处不在，它们是人们一直使用的表示和交流工具的扩展。

4.5.2 实况–虚拟–构造仿真技术和数字工程

实况–虚拟–构造 (Live Virtual and Constructive, LVC) 提供计算机硬件和软件 [14]，以及其他的现场条件，可使得试验系统在集成训练环境 (Integrated Training Environment, ITE) 中协同工作。ITE 结合了来自各种类型训练的行动，为任务指挥系统提供了充分的基础数据，并为指挥官提供更真实的通用作战画面。

实况–虚拟–构造是一个以网络为中心的链接，用于训练辅助、设备、模拟器和模拟 (Training Aids, Devices, Simulators, and Simulations, TADSS) 与任务指挥系统之间收集、检索和交换数据。它定义了 TADSS 和任务指挥系统之间"如何"交换信息。它使现场的、虚拟的、建设性的训练参与者能够看到共同的互操作画面，并使用统一的组织指挥和控制设备进行交流。它提供通用协议、规范、标准和接口，以实现组件的互操作性，允许领导者、指挥人员和部队在低成本条件下，或者无法进行全实况操作时，进行复杂的联合任务训练、试验。

现代联合作战中，以空战为例，机组人员面临的挑战逐渐从心理、飞行技能和低级认知技能，升级到信息管理技能和其他高级认知技能；同时，武器系统、战术、交战规则等都可以迅速变化，经典的训练环境根本不足以支撑这些变化。训练中的威胁需要多样和逼真，需要应对各种条件，例如天气、情报质量、团队组成等。建模和仿真技术的发展，使得目前可以在混合环境、虚拟和构造战斗空间中进行大规模训练和演习。其中："实况"是指涉及操作真实系统的真人的训练，例如操作真正的喷气式飞机的飞行员。"虚拟"是指涉及操作模拟系统的真人的训练，例如操作模拟喷气机的飞行员。"构造"是指涉及模拟人员操作模拟系统的训练，这些模拟本身通常用于训练高级别的指挥决策。LVC 并不是单一的新技术，而是多种底层技术的融合，旨在进一步拓展训练赋能。LVC 的基础是来自以下领域的技术：分布式任务模拟、嵌入式训练 (如在机载操作平台上嵌入模拟)、试验和训练靶场。

数字工程是使用模拟仿真等工具，对现实世界对象进行数字化的方法，其所呈现的综合虚拟环境将影响装备试验领域 [15]。新兴的数字线程和数字工程流程旨在解决在其生命周期内管理复杂和不断发展的技术的困难。就像 DevSecOps (Development Security and Operations) 改变了美国国防部的软件开发、测试和采购流程一样，数字工程又通过强调数字建模技术来改变硬件密集型系统的构建和试验方式。

在装备全寿命周期内，评估当前的能力是否与任务需求保持一致，通常是一个艰巨、容易出错的过程。实践中，数字工程可以提供帮助。这是一种集成的数字方法，它使用权威来源的系统模型和数据作为跨阶段的连续体，以支持从概念设计到最终报废的装备生命周期活动。

数字工程是为硬件密集型装备的生命周期管理而设计的，但它也适用于装备中的软件、算法部分。要了解数字工程在从开发到交付装备的整个流程中的必要性，重要的是要认识硬件和软件技术、它们的获取和维护要求之间的异同等。例如，复杂的武器装备依赖于同时协同运行的多个系统，软件和硬件同时出现在系统中。虽然硬件和软件都存在集成挑战，但硬件和软件集成的管理和调度大不相同。

DevSecOps 提供了一种已被美国国防部成功采用的生命周期管理方法和框架，这是数字工程在其复杂硬件系统的生命周期管理中的模拟模型。DevSecOps 的定义为：一种集成软件系统的开发、测试和交付/操作的方法，以减少从需求到能力的时间，并提供具有高质量软件的持续集成和持续交付。同样，数字工程在整个开发组织和集成团队中同样强调工程的持续发展以及人员和流程的组织集成。

数字工程和数字线程这两个术语，它们有重叠的方面。数字线程和数字工程都是产品生命周期管理的延伸，涉及以数字形式创建和存储系统的组件，并且可以随着系统在其整个生命周期中的演变进行修改。数字线程和数字工程都涉及单一事实来源，称为权威真相，其中包含维护在单个存储库中的组件，利益相关者使用相同的模型开展工作。

数字工程和 DevSecOps 都致力于流程优化、自动化系统的构建和集成，以及更早、更频繁、更彻底地进行测试。通过建模和测试，这两种范式寻求在开发过程的早期阶段发现并修正缺陷，节省时间和金钱，并提高整体质量。

数字工程应用的一个例子是数字孪生，它是对物理系统运行的软件模拟，并强调使用真实环境的数据作为输入。数字孪生可用于增强复杂系统的测试和验证，例如自动驾驶汽车。为了实现质量目标，自动驾驶汽车行业需要进行充分的安全测试。兰德 (Rand) 公司的报告揭示了对自动驾驶汽车测试覆盖率的极高要求，以证明其安全性："自动驾驶汽车必须行驶数亿千米，有时甚至是数千亿千米，才能证明其在死亡方面的可靠性。"该报告的结论是，这项几乎无法完成的测试任务只能通过模拟测试来完成。

数字工程大力提倡在构建物理模型之前或同时使用虚拟模型，以提高效率、功效和成功率。在没有模拟和仿真的情况下，在时间、金钱和资源可用性方面的测试成本将会高得不可思议。例如，在 20 世纪 50 年代美国 F-100 超级军刀喷气式战斗机的测试中，垂尾设计的变化直接导致了数名优秀飞行员丧生。因此，美空军希望改变飞机的研制和装备流程，以避免在实际测试中造成大量损失。

由于数字工程的系统建模和管理方式，将其整合到各个领域将进一步提高效率、测试、安全以及产品的重复使用，包括物理和数字产品。

4.5.3 小结

机械化、信息化、智能化,三化融合的战争,不断催生高价值装备、高性能装备,装备体系越来越多、越来越复杂。相似性原理,数字工程与系统科学、系统工程结合,使得仿真工程在装备试验和作战任务规划中的地位越来越突出。很多不能试、不能多做现场试验的装备或装备体系,我们可以通过仿真工程方法,配合以其他科学方法,进行装备试验。

4.6   网络工程方法

4.6.1   互联网及其特点

现代互联网起源于美国 DARPA (当时该机构被称为高级研究计划局 ARPA) 在 20 世纪 60 年代开展的开创性工作,创建了后来的 ARPANET。最早的 ARPANET 始于四个计算机节点,1969 年 10 月 29 日,加州大学洛杉矶分校和斯坦福研究所之间发送了该网络上的第一个端到端的信号 [27]。

在地理上分散的端点实现安全通信和信息共享是 ARPANET 的最初目标之一。然而,随着越来越多的计算机参与到这个早期网络中,逐渐出现了工程问题。其中一个关键问题是保持通信,因为如果 ARPANET 的行为类似于传统的基于电路的电话系统,那么单个节点的故障可能会导致整个网络瘫痪。于是,需要一种以不依赖于任何单个节点的方式,将消息发送到目的地的方法,这催生了分组交换概念,即使一个或多个节点出现故障,也可以避免丢失数据。计算机之间的通信协议也是必要的,因为所涉及的计算机并不总是兼容的。

ARPANET 的网络能力的第一次重要展示发生在 1972 年。此时,美国国防部开始对使用计算机进行指挥和控制产生了兴趣。与使用专用电话线将计算机设施连接在一起的 ARPANET 不同,军方想要一个网络将坦克、飞机、舰船和其他装备连接在一起。这种能力需要使用无线电和卫星系统。到 1973 年,DARPA 支持下的研究提出了四种不同的分组交换技术,这带来了下一个新的挑战:制定标准,使这些独立的通信技术能够相互通信。后来,互联网的研究中出现了传输控制协议 (Transmission Control Protocol, TCP) 和互联网协议 (Internet Protocol, IP)。

第一个 TCP/IP 协议产生于 1975 年的斯坦福大学,现在该协议正在全球范围内呈指数增长的计算机系统上应用。1983 年 1 月,ARPANET 逐渐演变为互联网,最初的 ARPANET 本身于 1990 年正式退役。在 DARPA 和美国国防部的持续支持下,互联网这个新的、不断发展的网络被广泛使用。20 世纪 90 年代中期,DARPA 计划在这种快速技术开发和部署的网络基础上,提供相应的应用程序,使安全、可靠的战场通信成为可能。但关键问题是,与民用互联网不同,军

用网络不能依赖于 (但可以作为补充手段) 民用固定基础设施，因为这些固定节点将成为战场上的主要目标，同时此类基础设施可能也无法在需要的地点广泛部署 (如人迹罕至的战场)。

网络拓扑是网络中节点互连的布局、模式或组织层次，网络拓扑会影响吞吐量、可靠性等关键问题。对于某些结构，例如总线或星形网络，单个故障可能导致网络完全故障。一般来说，互连越多，网络就越健壮；但导致成本更高。

常见的网络拓扑布局 (图 4.10) 有：

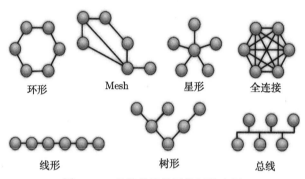

图 4.10   几种常见的网络拓扑布局

环形网络：每个节点都与其左右邻居节点相连，这样所有节点都是相连的，每个节点都可以通过向左或向右遍历节点到达另一个节点。光纤分布式数据接口就利用了这种拓扑结构。

Mesh 网络：从每个节点到任何其他节点至少有一次遍历通路。

星形网络：所有节点都连接到一个特殊的中心节点，这是无线 LAN 中的典型布局，其中每个无线客户端都连接到中央无线接入点。

全连接网络：每个节点都连接到网络中的每个其他节点。

线形网络：每个节点依次连接起来的网络，也称串联网络。

树形网络：节点分层排列。

总线网络：所有节点都沿着一条链路连接。这是原始以太网中使用的布局，仍然是数据链路层上的常见拓扑。

网络中节点的物理布局不一定反映网络拓扑，但也与物理布局并非完全无关，因为可能由于物理位置处的火灾、电源故障和洪水等问题而导致的单点故障。

当前，社会生活和军事行动越来越依赖于网络环境中运行的大规模、高度分布式系统。无界网络，如 Internet，没有中央管理控制，也没有统一的安全策略。此外，很多情况下也无法完全了解连接到此类网络的节点的数量和性质，因此再多的系统加固都无法确保连接到无界网络的系统不会受到攻击。抗毁 (生存) 性原则有助于确保此类系统能够提供基本服务并保持基本属性，例如在受到可能入侵时的完整性、机密性和通信性能。特别是在军事和装备系统中，需要在存在攻击时是稳健的，并且能够在入侵的攻击中生存下来。在装备试验中，需要包括对作为装备的生存能力、生存能力要求的规范、实现生存能力的策略、生存能力实现的现状等进行讨论。

DARPA 支持的研究创建了一个移动设备 "Mesh 网络"，这些设备不需要固定的基础设施，每个移动设备都可以相互发送和接收信息。如果一台设备丢失，许多其他设备仍可用于发送和接收数据。

Mesh 网络意味着减少对昂贵和易受攻击的大型固定基础设施的投资，而是建立更灵活、更泛在的网络，这样的网络可以连通世界上仍然无法访问的大片地区。Mesh 网络的另一优势是，可以使物联网 (IoT) 上的各种设备 (而非仅仅是计算机) 能够相互通信，并为更多设备提供连接。根据美国国会研究服务处估计，物联网设备的数量可能会从 2019 年的近 100 亿台活跃端点，增长到 2025 年超过 210 亿台。设备的爆炸式增长既带来了巨大的机遇，也带来了巨大的挑战。例如，这些连接设备的数据存储在云端，引发了隐私和安全问题，以及主体对自己数据的所有权和控制权问题。未来战争中，装备之间的网络也存在类似问题，例如实现安全可控的互联互通和数据共享等。

4.6.2 利用 Mesh 网克服空间作战的脆弱性 [16]

尽管美军目前已在太空领域装备体系方面具备了主导地位，但这些系统的弹性和生存能力并非足够稳健。对太空能力的严重依赖，使得其容易受到潜在的非对称多域攻击。美军正在考虑利用空军高空 ISR (Intelligence Surveillance and Reconnaissance) 平台的机载移动 Mesh 网络来减轻太空装备体系的风险和脆弱性。U-2S 龙女和 RQ-4B 全球鹰等高空 (无人) 平台为在战场上部署、操作机载移动 Mesh 网络，增强关键空间能力提供了良好的基础。与易受攻击的卫星的高成本相比，这样的网络可以具有更高的效费比，使得太空系统具有更好的弹性能力，同时无需对作战战术和程序等进行重大改变。

美国正在制定相关目标，以加快弹性、可生存系统的开发和运营，解决对其脆弱星座日益增加的威胁。为了克服这些近期挑战，并以现代战争的速度和规模保持其太空力量的优势，美国国防部考虑采用机载移动网状网络 (Mobile-Mesh Network, MMN) 作为弹性和冗余的解决方案，以克服在当前的空间星座中的一些固有漏洞。这项研究侧重于利用现有和新兴发展的技术，探索这种网络的潜在功能。通过在模块化高空机队上搭载现有和新兴的 ISR 载荷，美国空军试图为其太空系统，提供弹性、灵活和适应性强的 C4ISR 数据流。

在探索机载移动 Mesh 网络的军事潜力之前，有必要澄清其是什么以及它是如何运作的。一个"传统"网络，例如互联网或国防部信息网络，往往是"基于几个集中的接入点或服务提供商"，其节点首先通过"中央机构或集中组织"进行连接。这种分层结构容易受到各种类型的威胁，并且容易受到"瓶颈"处的单点故障的影响，尤其是在需求高峰时期。从概念上讲，这与现代 ISR 平台的数据流架构非常相似。例如，美军 RQ-4B 全球鹰侦察机可以使用其专用传感器收集图像情报和信号情报，但必须将这些数据推送到机外以进行传播、处理和利用。数据必须通过商业卫星下传至其相应的地面站点，然后最终传递到分布式公共地面系统进行处理、利用和进一步传播。当今 ISR 的数据链路是一个大规模的分层网络，与任何其他线性系统一样容易受到针对性攻击的风险。关键节点——卫星、它们的地面站点，甚至分布式公共地面系统设施——容易受到动能攻击，还可以对数据链路、通信和 ISR 传感器使用电磁频谱攻击。

对这些关键节点之一的攻击会削弱网络，并可能导致相关区域中的指挥和控制、情报、监视和侦察功能失效。这些"传统 ISR 和相应的支持基础设施"，未来可能无法帮助指挥官和作战人员实现基本目标。

图 4.11 中，要在节点 1 和 8 之间交换数据，必须首先通过节点 2 和 4。如果节点 2 被破坏，则节点 1 和 8 之间的交换则无法进行。图 4.12 中，通过全连接，每个节点都直接与网络中的每个其他节点相连，数据可以在节点之间直接传递而不会中断。要在节点 1 和 8 之间交换数据，最短路径是直接连接。如果节点 2 被破坏，其他节点仍然连接，节点 1 和 8 之间的数据交换不会被破坏。但是，这种全连接的网络缺点是耗费较高的构建和运行成本。

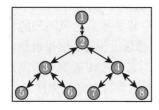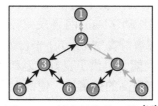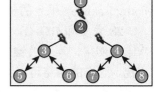

图 4.11　树状连接的网络 [16]

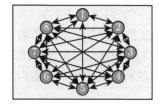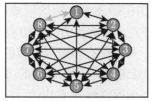

图 4.12　全连接的网络 [16]

如图 4.13，基本 Mesh 网络是基础设施节点动态和非分层结构地拓扑连接到尽可能多的其他节点，并相互协作地完成有效的数据路由。当 Mesh 网络中的节点以无线方式连接时，它们就变成了一个移动自组织网络 (Mobile Ad Hoc Network, MANET)，它可以"根据带宽、存储等的可用性和距离自动重新配置"。节点之间的动态连接使数据包能够使用多条路由在网络中传播，这使得这些网络更加健壮。由于这些网络是"持续自组织"和"无中心节点"的，因此禁用整个网络的唯一方法是摧毁每个节点。

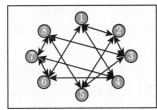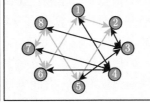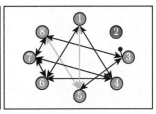

图 4.13   Mesh 网络 (任意两个节点间至少有一个链路)[16]

网络化作战方法的好处包括具备弹性、系统和传感器的可分解可扩展等，也能够以通用的协议共享数据。所有飞机和传感器构成的网络，不仅可以改善网络区域内的侦察效能，而且还可以实现与网络中任何可用节点的可靠通信。此外，随着单个网络中参与节点数量的增加，数据流的可用路径也会增加。

为了满足现代战场上作战人员和决策者的需求，网络必须能够在电磁等多种干扰下保持生存。这种生存能力要求连接节点的波形在面对各种干扰技术时保持智能捷变，并在不易被对手探测到的模式下运行。它必须在节点接入和离开网络时自主形成，并且在设备、软件故障或节点被破坏的情况下完成自我修复。机载移动 Mesh 网络必须满足美军"战斗云"(情报、侦察、监视、打击、机动和保障综合体，在灵活作战框架内通过安全的无线网络进行连接，实现海上、空中、太空和网络等多域能力的综合一体化整合) 的所有要求。它必须具备"自动链接、无缝数据传输能力"，同时也可靠、安全和抗干扰。这一概念将改变当前"工业时代" ISR 数据流架构而进入"信息时代"。

4.6.3 小结

图 4.10 给出常见的网络拓扑布局，这些与 V 模型图、Hall 图联合使用，可以得到很多体系的分解，参考这些思想，可以梳理复杂的装备体系，沟通不同体系之间的关系。尤其是在建立装备试验的数学模型、仿真模型时，经常可以从网络工程方法得到一些启发。

4.7　通信工程方法

4.7.1　香农信息论及采样定理

香农

香农 (Claude Elwood Shannon) 于 1948 年发表的《通信的数学理论》是信息时代的里程碑论文，也是信息工程方法产生的标志。香农的工作描述了含噪声信道上的数据压缩和纠错的基本定律，标志着一个统一理论——信息论 (Information Theory, IT) 的诞生，其与概率统计、计算机科学等许多其他领域有着深刻的交叉 [17]。

通信传输信息的速率取决于噪声的大小。香农指出，任何通信信道——有线电话线、无线电波段、光纤电缆等——都可以由两个因素决定：带宽和噪声。带宽是指可以用来传输信号的电子、光学或电磁波频率的范围；噪声是干扰信号传输的非理想因素。香农给出了在一个有噪声的信道上减少误码率，提高通信效率的极限。信息论基本的应用包括无损数据压缩 (如 ZIP 文件)、有损数据压缩 (如 MP3 和 jpg) 和信道编码 (如数字用户线路 (DSL, Digital Subscriber Line))。这些应用涉及数学、统计学、计算机科学、物理学，以及电气工程的交叉。它的影响对旅行者号 (Voyager) 深空任务的成功、光盘的发明、移动电话的发展、互联网的发展、语言学和人类感知的研究、对黑洞的理解以及许多其他领域的研究都至关重要。信息论的重要分支是信息度量、信源编码、信道编码、算法复杂度理论、算法信息论、信息安全等。

信息的一个关键衡量标准被称为 (香农) 熵 (Entropy)，它通常用信息中存储或通信一个符号所需的平均比特数来表示。熵量化了预测随机变量值时所涉及的不确定性。例如，提供一次抛硬币的结果 (两个等可能的结果)，比提供一次掷骰子的结果 (六个等可能的结果) 所获得的信息更少 (熵更低)。

同时，装备试验中有重要应用的带限函数采样定理，也以香农命名，其表达为：设函数即信号 $f(x)$ 的傅里叶变换 $\hat{f}(x)$ 的支撑域为 $[-B, B]$，则原信号可以由如 (4.7.1) 式进行重构。

$$f(x) = \sum_n f\left(\frac{n}{2B}\right) \sin c\left(2B\left(x - \frac{n}{2B}\right)\right) \tag{4.7.1}$$

换句话说，如果一个绝对可积函数 (即信号 $f(x)$) 不包含高于 B 赫兹的频率成分，那么该信号可以完全由其一个均匀网格上的离散采样重构。

4.7.2 装备与试验的互信息

通信工程明确提出了信息的度量，但也有许多其他领域有类似的概念，如统计力学、统计推断、心理学、计算机视觉等。熵和互信息在装备试验方法中也有广泛应用。例如，对"熵"的概念进行改进，用于分析时间序列或动力系统的非平稳性和长程相关性等性质；"互信息最大化"已经作为一种最优化准则被广泛使用。又如，在装备试验中，可能存在的缺陷是装备中隐藏的和客观的状态，鉴定方通过解释测试结果对其作出假设。试验是一种从装备中提取信息以进行评估的手段。因此，试验应该提取尽可能多的信息：从装备流向鉴定方的知识越多，试验评估就越准确。这些信息隐含在装备论证、研制、试验过程的开始，起着基础性的作用。下面先介绍香农信息理论中的一些核心概念，然后在此基础上引入评估试验对装备信息提取的指标。

设 $P = \{p_1, p_2, \cdots, p_K\}$ 和 $Q = \{q_1, q_2, \cdots, q_K\}$ 为两个概率分布律，则它们之间的 KL 散度 (Kullback-Leibler Divergence) 定义为 [18]

$$\mathcal{D}(P||Q) \stackrel{\text{def}}{=} \sum_{i=1}^{K} p_i \log \frac{p_i}{q_i} \tag{4.7.2}$$

其可以认为是两个分布律之间的"伪距离"(距离需满足对称性，但 KL 散度是非对称的)。

设 P_X 和 P_Y 为随机变量 X, Y 的概率分布，且它们的联合分布为 P_{XY}，则定义

$$I(X,Y) \stackrel{\text{def}}{=} \mathcal{D}\left(P_{XY}||P_X P_Y\right) = \sum_{x,y} p(x,y) \log \frac{p(x,y)}{p(x)p(y)} \tag{4.7.3}$$

为互信息 (Mutual Information, MI)，它是对称的，即 $I(X,Y) = I(Y,X)$，从信息论的角度看，如果 $I(X,Y) = 0$，则 X, Y 之间没有交换信息 (相互独立的)。

如果取 $Y = X$，则有

$$I(X,X) = \sum_{i,j} p\left(x_i, x_j\right) \log \frac{p\left(x_i, x_j\right)}{p\left(x_i\right) p\left(x_j\right)} \stackrel{\text{def}}{=} H(X)$$

$$= -\sum_{i=1}^{K} p\left(x_i\right) \log p\left(x_i\right) \geqslant 0 \tag{4.7.4}$$

上式定义了香农熵 $H(X)$，也可以理解为自信息。同时，也可以得到如下的性质：

$$\begin{aligned} I(X,Y) &= H(X) - H(X/Y) = H(Y) - H(Y/X) \geqslant 0 \\ I(X,Y) &\leqslant \min\{H(X), H(Y)\} \end{aligned} \tag{4.7.5}$$

将信息论的定义引入装备试验，设装备状态的随机变量为 D，试验结果的随机变量为 R，则根据互信息的定义，有

$$I(D,R) = \sum_{d,\,r} p(d,r) \log_2 \frac{p(d,r)}{p(d)p(r)} \tag{4.7.6}$$

再根据贝叶斯公式，有

$$I(D,R) = \sum_{d,\,r} p(d)p(r|d) \log_2 \frac{p(r|d)}{\sum\limits_{d' \in \mathcal{D}} p(d')\,p(r|d')} \tag{4.7.7}$$

随机变量 D 最简单的情况是二值 (0-1) 的，即正常或故障；随机变量 R 最简单的情况也是二值 (0-1) 的，即成功或失败。由于装备的复杂性和随机因素的影响，正常的装备在具体试验中未必一定成功；而故障的装备在具体试验中未必一定失败。于是，设 $P_D = P(D=1)$，再定义：

$$\mathrm{SE} \overset{\text{def}}{=} P(R=1|D=1) = \frac{\mathrm{TP}}{\mathrm{TP} + \mathrm{FN}} \tag{4.7.8}$$

$$\mathrm{FNR} \overset{\text{def}}{=} P(R=0|D=1) = \frac{\mathrm{FN}}{\mathrm{TP} + \mathrm{FN}} \tag{4.7.9}$$

$$\mathrm{FPR} \overset{\text{def}}{=} P(R=1|D=0) = \frac{\mathrm{FP}}{\mathrm{FP} + \mathrm{TN}} \tag{4.7.10}$$

$$\mathrm{SP} \overset{\text{def}}{=} P(R=0|D=0) = \frac{\mathrm{TN}}{\mathrm{FP} + \mathrm{TN}} \tag{4.7.11}$$

其中各变量的定义见表 4.1。

表 4.1　公式 (4.7.8) 至 (4.7.11) 中变量的定义

	试验成功	试验失败
装备正常	TP(True Positive)	TN(True Negative)
装备故障	FP(False Positive)	FN(False Negative)

则 D 与 R 之间的互信息可以表示为

$$
\begin{aligned}
I(D,R) = {} & P_D \left(\log_2(1-\mathrm{SE}) + \mathrm{SE}\left(\log_2 \mathrm{SE} - \log_2(1-\mathrm{SE})\right) \right) \\
& + (1-P_D)\left(\log_2(1-\mathrm{SP}) + \mathrm{SP}\left(\log_2 \mathrm{SP} - \log_2(1-\mathrm{SP})\right) \right) \\
& - ((1-\mathrm{SP}) + P_D(\mathrm{SE} + \mathrm{SP} - 1))\log_2[(1-\mathrm{SP}) + P_D(\mathrm{SE} + \mathrm{SP} - 1)] \\
& - (\mathrm{SP} + P_D(1 - (\mathrm{SE} + \mathrm{SP})))\log_2[\mathrm{SP} + P_D(1 - (\mathrm{SE} + \mathrm{SP}))] \quad (4.7.12)
\end{aligned}
$$

上式表明试验和装备之间的互信息完全依赖于 SE, SP 和 P_D, 于是可以将 $I(D,R)$ 记为 $\mathrm{MI}_{\mathrm{SE,SP}}(P_D)$, 或者直接略去 SE, SP 而记为 $\mathrm{MI}(P_D)$。

在此基础上, 可以在 $(0,1)$ 区间上进行积分消去参数 P_D 的影响, 得

$$\overline{\mathrm{MI}} \overset{\mathrm{def}}{=\joinrel=} \int_0^1 \mathrm{MI}(P_D)\, dP_D \tag{4.7.13}$$

上式可以作为描述试验是否能够提取装备故障信息的指标。

4.7.3 5G 通信技术的试验 [19,20]

竞争 (Contested) 和拥挤 (Congested) 的军事斗争环境给装备试验带来了挑战, "战场到实验室" (Field to Lab) 的性能测试思路有助于评估与优化战场 5G 网络和智能基地通信 (Smart Base Communications)。

对于作战而言, 关键决策和命令的时敏性十分重要, 为全方位的军事活动提供清晰的音频、流畅的视频和其他数据保障, 需要信息在通信传输中的延迟或损坏最小化。因此在作战环境中建立有效和可靠的智能军事通信基地是首要目标之一。

与商业网络相比, 这些军事通信基地通常建立在各种野外环境中: 没有地面基础设施, 也不太可能有光纤接入; 此外, 噪声、距离、移动速度、地理、地形、气象等竞争和拥挤环境中常见的因素可能会削弱连接性或影响性能。而且, 这些影响因素的形式和作用时间会有所不同, 因此很难在现场环境中进行全面测试。

"战场到实验室" 的 5G 性能评估提供了一种思路, 一定意义上这是一种 "最佳" 测试方法: 将战场环境的实时反馈与实验室测试的可控性相结合, 从而全面了解 5G 通信网络的性能。具体操作, 在各种外场环境中充分采集数据, 然后导入实验室测试平台, 并按需在试验中重放以模拟现场因素, 从而识别重要因素并调整优化。

由于 5G 固定接入点涉及从天线到目标的视距信号传输, 因此测试其在外场的性能对于了解需要改进的因素, 以及如何改进至关重要, 例如天线放置方式, 这是影响信号质量的重要变量。"战场到实验室" 的试验可以评估当前配置, "假设" 情景下的测试, 可以给出当前配置的基本性能、识别故障点。回放的现场数据 (增加噪声或干扰), 可以更好地测试未来战场状态下的性能, 并根据结果调整以实现性能最大化。

频谱共享评估是 5G 通信基站优化的另一个关键。军方许多通信频谱是与民用频谱共享的, 需要对频谱使用的优先级进行排序, 以确保没有重叠和干扰。特别是在城市等拥挤的环境中, 民用信号不得干扰战时军用通信, 然而动态频谱共享 (Dynamic Spectrum Sharing, DSS) 技术很难在现场环境中进行测试。"战场到实验室" 的方式可以先 "捕捉" 现实的环境, 将它们带到实验室, 并通过测试

平台进行重放，可以提供对动态频谱共享测试，其中还可以结合人为的损坏来测试可能的干扰和退化。根据结果，可以进行必要的射频无线电调整，以便满足预期效用。

拥挤和嘈杂的环境下，稳定、短时延的视频、语音及其他数据传输，是基本通信的必要条件，以确保在作战环境中为部队提供不间断、清晰、安全的通信，因此需要测试大容量通信的性能。"战场到实验室"测试，可以捕获真实环境、模拟未来战场，车载和飞行试验可以捕获特定环境数据，步行试验可以模拟建筑物遮挡的信号中断和其他地形干扰。当上述数据导入测试平台时，结合其他技术可以模拟士兵在城市作战中通信，也可以模拟车辆和高速飞机在不同速度矢量下的多普勒效应，从而测试士兵从一个位置转换到另一个位置时呼叫是否会掉线，或者在特定平台上通信质量如何降低等等。

作战环境本身的拥挤和嘈杂，再加上受到攻击时可能引起的混乱，如果部队无法理解指挥员的命令，那么通信也是失败的，因此需要确保在有争议的条件下可以听到并理解字词和短语。长期以来，语音通信的质量使用平均意见分数 (Mean Opinion Scores, MOS) 来衡量，通过一组听众来测试通信并判断语音是否可理解。这种方法在实时场景中是不可行的。韵律 (Rhyme) 测试是一种新兴的方法，它使用模拟人类听觉系统的算法，以及相关的字词和短语的押韵配置文件来对可理解性进行评分。"战场到实验室"中的自动韵律测试可用于测试语音通信质量。然后，可以利用背景噪声人为地削弱通信质量，通过"假设"场景优化通信方式，改善竞争和拥挤环境中的语音通信。

未来战场上的军事通信中，还包括前后方之间、后方设施之间等的上下行链路视频。利用"战场到实验室"技术，捕获与现场相关的真实环境数据，通过回放测试，可以识别影响通信整体性能的问题，确定性能改进的因素，确保数据传输的稳健性和视频会话质量。

在进行测试和评估时，在某些情况下需要三维可视化环境，因此需要能够将数据转换为图形直观的界面以指导优化工作。例如，通过将数据叠加到地图系统上，决策者可以在三维环境显示结果的基础上进行分析：可能是地形，即丘陵、山谷或森林正在降低通信性能。借助功能丰富的可视化，可以寻找原因、探索解决问题的方案。

总而言之，有效的试验方法对于战场 5G 基地通信至关重要。使用"战场到实验室"的优势包括：

建立基线：初步评估建立基线，了解当前系统性能并确定需要解决以改善沟通的因素。

可重复性：现场测试是"有限时间点"的采样，反复进行现场测试是不可行的。对真实环境的"捕获"(数据记录)，意味着可以根据需要在实验室平台上进行多次测试，而无需消耗大量的额外成本。

灵活性：实验室也为测试现场环境因素提供了极大的灵活性。实验室测试可以通过加噪、动态、拥塞和其他可能降低信号质量的因素再次配置假设场景，用于测试多种解决方案、全面评估通信性能。

相关性：从现场环境的实时捕获开始，使评估与特定环境紧密相关；使用三维地图叠加或其他可视化手段，将数据转换为指导优化的实用资源。

持续监测：持续测试和评估有助于主动监控和评估不断变化的环境条件、技术改进的影响，以确保在竞争和拥挤的环境中实现高质量的连接和通信。

4.7.4 小结

通信工程方法内涵非常丰富，这里介绍的只是其中极少的一部分。装备试验中，通信装备的试验，显然要用到通信工程方法，数据压缩技术、密码技术、信息安全、电子通信技术、光通信技术、量子通信技术、原子通信技术等，都与通信工程方法关联。这其中既有经典的科学理论，又有前沿的研究课题，是装备试验中，用得较多的工程科学方法。

4.8 大系统结构分析方法

4.8.1 大系统基本概念

如果一个系统可以被划分或解耦为许多子系统，且其规模太大，以至于传统的建模、分析、控制、设计、优化、估计和计算技术都不能在合理的时间内给出合理的解决方案，那么它就被认为是大系统 (Large Scale System, LSS)。

另一种理解是基于中心的概念。在大规模系统出现之前，几乎所有系统的分析和设计程序都局限于在"中心"的控制下。因此，大系统的另一个定义是"中心概念失效"的系统。这可能是由于缺乏集中的计算能力或缺乏集中的信息结构。大型系统出现在社会、商业、管理、经济、环境、能源、数据网络、计算机网络、电力系统、灵活的空间结构、基于互联网的系统、交通、航空航天和导航系统等多个领域。

大系统理论是研究规模庞大、结构复杂、目标多样、功能综合、因素众多的工程与非工程大系统的自动化和有效控制的理论。大系统在结构上和维数上都具有某种复杂性，且常带有随机性的系统；具有多目标、多属性、多层次、多变量等特点。这类系统不能采用常规的建模方法、控制方法和优化方法来分析和设计，因为常规方法无法得到满意的解答。

4.8.2   大系统结构和控制

大系统理论是 20 世纪 70 年代以来，在生产规模日益扩大、系统日益复杂的情况下发展起来的一个新领域。它的主要研究课题有大系统结构方案、稳定性、最优化以及模型简化等。大系统理论是以控制论、信息论、微电子学、社会经济学、生物生态学、运筹学和系统工程等学科为理论基础，以控制技术、信息与通信技术、电子计算机技术为基本条件而发展起来的。大系统的自动化和有效控制，常用多级递阶系统和分散控制系统两种形式，常用的手段是"大系统的分析与综合"。

原有的控制理论建立在集中控制的基础上，即认为整个系统的信息能集中到某一点，经过处理，再向系统各部分发出控制信号。这种理论应用到大系统时遇到了困难。这不仅由于系统庞大，信息难以集中，也由于系统过于复杂，集中处理的信息量太大，难以实现。

大系统有两种常见的结构形式。一种称为多层结构。这种结构是把一个大系统按功能分为多层。例如，设大系统的最低一层是调节器，它们直接对被控对象施加控制作用。调节器的给定值由它的上一层，具有最优化功能的层，每隔 T1 的时间计算一次。在最优化这一层设有某个环境参数，这个参数由它的上一层，具有适应功能的层，每隔 T2 的时间 (T2 远大于 T1) 计算一次。这样一种递阶结构能反映大系统控制方式的某些方面。

大系统的第二种结构称为多级结构。对这种结构已进行过广泛的研究，形成了较完整的多级递阶控制理论。这种结构是在对分散的子系统实行局部控制 (决策) 的基础上再加一个协调级，去解决子系统之间的控制作用不协调的问题。协调级有一个协调器，它的任务是对局部控制级的各控制器提供补充的协调信息，使大系统能在各控制器实现局部最优化的同时达到全局最优化。

递阶控制系统中一个关键的问题是如何设置协调变量。协调变量选择不同就会形成不同的算法。最常见的算法有目标协调法、模型协调法以及两者的混合等。目标协调法是以解子系统最优化的非线性规划中的拉格朗日乘子作为协调变量；而混合法的协调变量中不仅有拉格朗日乘子，还有各子系统之间的关联变量。这两种算法各有优缺点，但它们都是不可行法。计算过程中的每一次迭代并不满足系统的约束条件，只有达到最优值才满足约束条件。模型协调法是一种可行法。每次迭代都能满足约束条件，例如以各子系统的输出变量作为协调变量的直接法就是这样一种方法。但这种方法的输出变量如设置不当，有可能使子系统的最优化问题无解，因此并不永远实用。有人研究大系统的闭环控制，即离线计算最优控制律，然后运用得到的控制律对子系统实现闭环控制。采用这种方法，大系统的控制质量在很大程度上取决于模型的准确度。如果把离线算法改为在线算法，从理论上说可以改善控制质量。所谓在线算法,以目标协调法为例,就是把按模型计算的子系统的控制,施加到真实系统,由此得到各子系统的输出。把这些测得的输出反馈到协调器,用它去计算拉格朗日乘子的值。这样便形成了另一种闭环控制。这个方法当然也可以用到以输出变量作为协调变量的那种情况。输出还可以反馈到子系统的各局部控制(决策)单元。

大系统理论的一个重要的组成部分是分散控制理论。分散控制系统有多个控制站,每个控制站是控制系统的一个部分,称为子系统。因此分散控制是把大系统划分为若干个子系统后分别进行控制。分散控制和集中控制的主要区别是信息结构不同。这就是说,在分散控制系统中每个控制器并不能像集中控制那样获得和利用系统的全部信息,它只能获得和利用系统的部分信息。这种信息结构称为非经典信息结构。对于非经典信息结构,即使分散控制是简单的线性二次型高斯问题 (LQG),其最优控制律一般也不是线性的,除非信息结构是某种特殊的类型,例如一步时延共享的。

最优随机控制问题可分为两步求解。首先对系统的状态进行最优估计,然后根据估计的状态求解一确定的最优控制问题。对于在高斯干扰作用下的分散线性系统的最优状态估计已提出了好几种算法,其中较好的一种算法的理论基础是随机变量空间的正交投影定理。这种算法比整体卡尔曼滤波器算法更能节省计算机的存储容量和计算时间。

如图 4.14 所示,“多级递阶”和“分散控制”有明显的体现,其至少可以分为两个层次。① 高层次:监督 (Supervisors) 者,控制范围大,但是响应或者变化较慢,多用于战略层次;② 低层次:局部控制代理,控制响应快、但是小范围,多用于战术层次。

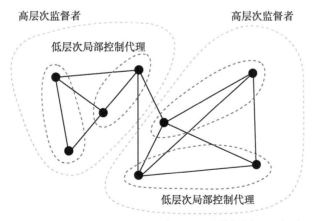

图 4.14　大系统的“多级递阶”和“分散控制”示意图

4.8.3　美国基导弹预警系统 [21]

美国的天基红外预警系统提出和设计很早,先进行了原型研制和试验应用,再不断升级改造,经历了若干代,中间还提出了其他新的替代方案。既有政治社会因素、技术性能因素,也有工程实现方面的因素,其中不少与装备试验科学方法论相关。

美国天基导弹预警系统采用一种弹性、分层的架构。这是在传统地球静止轨道 (Geosynchronous Equatorial Orbit, GEO) 的天基红外系统的基础上,构建的多轨道类型分层架构。其建设的主要过程如下。

首先,对正在运行的天基红外系统 (Space-Based Infrared System, SBIRS) 进行现代化改造,2021 年,美国太空部队将第五颗 SBIRS 卫星发射到地球同步轨道;2022 年 8 月,地球同步轨道的第六颗也是最后一颗卫星发射升空。

美国下一步是在位于近地轨道 (LEO) 和中地轨道 (MEO) 轨道,部署新的预警卫星,以作为 SBIRS 和极地轨道卫星的补充。这种多轨道、分层架构将为美国太空作战提供能力,以低延迟、高分辨率实现持续的全球覆盖,实时更新战场情况。此外,LEO、MEO、GEO 和极地轨道的多层方法可以协同提供海基和陆基传感器的整体视图。在多个轨道系统中运行的头顶持续红外系统提高了威胁跟踪和处理的有效性,并提高了弹性。

正是在这些不同的轨道体系中运行,通过全局和局部的协助,大系统才能对不断演变的威胁做出更快、更全面的反应,并获得整体视图。例如,LEO 和 MEO 中的卫星提供了有利的观测几何和高分辨率,可用于跟踪与之前 GEO 观测的弹道运动特性不同的目标,例如高超音速武器,由于其弹道高度低,不容易被地面雷达观测到;GEO 卫星对整个地球表面提供持续的凝视,对于弹道发射的发现和早期预警任务十分重要。

这里涉及的分层不仅仅是轨道类型,还包括卫星的数量等,从而在轨道状态、卫星数量和在线处理方面具有分层冗余。可以在高轨 GEO 卫星的基础上,增加多个星座的 LEO 和 MEO,实现在更多轨道上提供更多覆盖,也使得大系统具有弹性,在失去一颗或少数几颗卫星时,预警能力不会显著下降,或者能够更快地重建。

美国国防部还在努力将其海基和地面传感器与天基传感器组网,实现对联合全域指挥和控制以及分布式作战,实现从海到地再到太空的感知能力,为美国提供导弹预警的全覆盖。

4.8.4　小结

大系统结构分析方法发展很快,在装备试验和体系作战中是常用的。研究和应用大系统结构分析方法,需要从三个方面深入:一是结合军事工程和作战想定的理论研究,包括基于中心的概念、分散的概念、协同的概念、动态补偿、闭环系统、多级递阶控制、分散控制、集中控制等;二是结合军事工程的案例研究,这需要学习、借鉴国内外各类相关大系统结构分析的成功经验,很多的工作不太可能一蹴而就;三是要结合相应大系统自己的功能、特色、特长,不同的大系统结构,一定有不同的要求,航天测控系统、防空反导系统、导弹预警系统、航母战斗群,都具有各自的大系统结构,也都有各自的功能和特点,个性是明显的。开展大系统结构分析,尤其要注意把大系统结构分析方法、大系统结构分析案例、具体大系统结构的功能要求、相关的社会科学方法都要用上、用好。

4.9 冯·诺依曼体系结构方法

4.9.1 冯·诺依曼体系结构

从 1994 年后,冯·诺依曼担任政府和工业界的顾问。第二次世界大战结束后,他为由 J. Presper Eckert, Jr. 和 John W. Mauchly 设计的 ENIAC (Electronic Discrete Variable Automatic Computer) 计算机贡献了重要的思想。第二次世界大战结束后,他建议建造一台"冯·诺依曼体系结构的"(von Neumann Architecture) 的计算机。IAS (Institute for Advanced Study) 计算机于 1951 年最终问世,其使用二进制算术 (ENIAC 使用十进制数),并让代码和数据共享相同的内存,这种设计极大地促进了所有后续编程核心的"条件循环"。

冯·诺依曼体系结构,是一种将程序指令存储器和数据存储器合并在一起的电脑设计概念结构 (图 4.15)。这是一种实现通用图灵机的计算设备,提出了将存储设备与中央处理器分开的概念,因此依该结构设计出的计算机又称存储程序计算机。

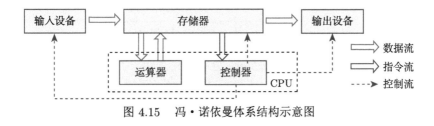

图 4.15 冯·诺依曼体系结构示意图

4.9.2 冯·诺依曼体系结构应用

冯·诺依曼体系结构是复杂问题简单化的一个典范,不仅通过二进制把数学运算、逻辑运算简单化,而且通过把硬件分为五个部分,把硬件也简单化了。二进制的思想将复杂的数据、指令和控制等问题简单化。试验鉴定中的许多复杂问题也可简单化:"成败"型试验就是一种"二进制"的简单化试验;将总系统的子样根据系统工程 Hall 图方法和 V 模型图方法拆解成子系统或关键部件的子样,实现"大系统的子样"模块化成"子系统或部件的子样"。Beta 分布,适合作为成败型试验的验前信息,验后分布也是 Beta 分布,验后均值、方差都方便解读,因而有特殊地位。

Beta 分布的密度函数为

$$f(\theta; a, b) = \begin{cases} \dfrac{\theta^{a-1}(1-\theta)^{b-1}}{\displaystyle\int_0^1 \theta^{a-1}(1-\theta)^{b-1}\,d\theta}, & \theta \in (0,1) \\ 0, & \theta \notin (0,1) \end{cases} \tag{4.9.1}$$

它的均值为 $\dfrac{a}{a+b}$, 方差为 $\dfrac{ab}{(a+b)^2(a+b+1)}$。$a > 0$ 和 $b > 0$ 这两个参数确定了 Beta 分布的形状和性质, 通过调节这两个参数可以调节我们对成功概率的先验认知。

设 $\boldsymbol{y} = (y_1, y_2, \cdots, y_n)^{\mathrm{T}}$ 表示 n 次试验的结果, $y_i = 1$ 表示第 i 次试验成功, $y_i = 0$ 表示该次试验失败, 令 $r = y_1 + y_2 + \cdots + y_n$ 表示 n 次试验中成功的次数。利用贝叶斯公式, 如果成功概率的先验分布是参数为 (a, b) 的 Beta 分布, 并且似然函数是参数为 (n, r) 的二项分布, 则后验分布为 $(a+r, b+n-r)$ 的 Beta 分布。后验均值为

$$E[\theta|\boldsymbol{y}] = \frac{a+r}{a+b+n} \tag{4.9.2}$$

后验方差为

$$\mathrm{Var}[\theta|\boldsymbol{y}] = \frac{(a+r)(b+n-r)}{(a+b+n)^2(a+b+n+1)} \tag{4.9.3}$$

由此可见, 以参数为 (a, b) 的 Beta 分布作为先验分布可以直观理解为: 在本次试验前还进行了 $a+b$ 次试验, 其中 a 次成功, b 次失败。因此再进行 n 次试验后, 总的成功比例为 $\dfrac{a+r}{a+b+n}$, 恰为后验均值。

从表 4.2 中可以看出, 对于上述各种先验信息, 都有 $n = 2$ 时, $\mathrm{Var}[\theta|\boldsymbol{y}] \leqslant 0.05$; $n = 3$ 时, $\mathrm{Var}[\theta|\boldsymbol{y}] \leqslant 0.04$; $n = 5$ 时, $\mathrm{Var}[\theta|\boldsymbol{y}] \leqslant 0.0306$; 3 到 5 个样本就可以获得成败型试验成功概率的较高精度的估计。

表 4.2 使用不同先验分布时不同试验结果得到的贝叶斯估计

分布 (n, r)	Beta$(10, 1)$ $E[\theta\|\boldsymbol{y}], \mathrm{Var}[\theta\|\boldsymbol{y}]$	Beta$(5, 1)$ $E[\theta\|\boldsymbol{y}], \mathrm{Var}[\theta\|\boldsymbol{y}]$	Beta$(1, 1)$ $E[\theta\|\boldsymbol{y}], \mathrm{Var}[\theta\|\boldsymbol{y}]$	Beta$(1, 5)$ $E[\theta\|\boldsymbol{y}], \mathrm{Var}[\theta\|\boldsymbol{y}]$	Beta$(1, 10)$ $E[\theta\|\boldsymbol{y}], \mathrm{Var}[\theta\|\boldsymbol{y}]$
$(2,0)$	0.7692, 0.0127	0.6250, 0.0260	0.2500, 0.0375	0.1250, 0.0122	0.0769, 0.0051
$(2,1)$	0.8462, 0.0093	0.7500, 0.0208	0.5000, 0.0500	0.2500, 0.0208	0.1538, 0.0093
$(2,2)$	0.9231, 0.0051	0.8750, 0.0122	0.7500, 0.0375	0.3750, 0.0260	0.2308, 0.0127
$(3,0)$	0.7143, 0.0136	0.5556, 0.0247	0.2000, 0.0267	0.1111, 0.0099	0.0714, 0.0044
$(3,1)$	0.7857, 0.0112	0.6667, 0.0222	0.4000, 0.0400	0.2222, 0.0173	0.1429, 0.0082
$(3,2)$	0.8571, 0.0082	0.7778, 0.0173	0.6000, 0.0400	0.3333, 0.0222	0.2143, 0.0112
$(3,3)$	0.9286, 0.0044	0.8889, 0.0099	0.8000, 0.0267	0.4444, 0.0247	0.2857, 0.0136
$(5,0)$	0.6250, 0.0138	0.4545, 0.0207	0.1429, 0.0153	0.0909, 0.0069	0.0625, 0.0035
$(5,1)$	0.6875, 0.0126	0.5455, 0.0207	0.2857, 0.0255	0.1818, 0.0124	0.1250 , 0.0064
$(5,2)$	0.7500, 0.0110	0.6364, 0.0193	0.4286, 0.0306	0.2727, 0.0165	0.1875, 0.0090
$(5,3)$	0.8125, 0.0090	0.7273, 0.0165	0.5714, 0.0306	0.3636, 0.0193	0.2500, 0.0110
$(5,4)$	0.8750, 0.0064	0.8182, 0.0124	0.7143, 0.0255	0.4545, 0.0207	0.3125, 0.0126
$(5,5)$	0.9375, 0.0035	0.9091, 0.0069	0.8571, 0.0153	0.5455, 0.0207	0.3750, 0.0138

　　装备的试验设计与评估必须通过科学的模型对其进行分解与集成，把问题转化为精准的数学模型，依托数学理论给出解决方案。分解后的装备系统一般可以由三个层次组成。① 最简单的是独立或交互较少的单机系统。在考虑互操作性和兼容问题时，独立的系统测试相对简单，将系统置于预期的试验条件中，观察其响应，获取测量数据，评估每个主要功能部件的性能。虽然整个过程可能需要数百个单独的测试，但测试条件较容易达到，结果评估相对简单。② 关联系统测试的复杂性有所增加。这些系统具有自己的功能或边界，但也依赖于边界之外其他系统的数据、信息或输入。关联测试在体系性能和有效性评估中发挥着重要作用，需要进行充分分析和评估测试的结果，当需要改进时，也可以评估哪一部分系统的改进可以获得最大的提升。人工操作，这个具有高度可变性的成分，也在这个阶段引入。③ 集成系统的测试较为复杂、具有一定挑战性。集成系统往往具有同构的功能特性，功能之间没有明显的边界，在复杂的调度和资源控制算法的基础上，系统中的大部分组件可以在子功能之间共享。集成测试并不一定指现场试验，现场试验中可能揭示集成系统性能问题，但问题的来源需要在地面精确控制的条件下进行大量的测试来归零；将数字模型、威胁和环境模拟结合起来，提供可控制、可重复的模拟，这对集成系统试验评估至关重要。

　　分解后的试验，都有特定的需求和相关的测试目标，这就决定了测试的方式、测试的子样，以及以何种顺序进行测试，一个测试计划可能会使用多类测试资源并进行多次迭代，需要注意全新 (子) 系统的测试和增量测试的不同。数据分析是测试和评估之间的桥梁，这个步骤并不是一个简单的动作：将数据导入计算机，然后等待输出。有经验的测试人员能够充分意识到，选择数据避免幸存者偏差、离群值检揵，以及对统计方法的应用等因素可能会对评估结果产生重大影响。最后值得一提的是，在整个体系分解的少数节点上，特别是各系统交互组成体系时，可能存在非线性，需要采用复杂系统科学中的涌现性分析方法处理，如图 4.16 所示。

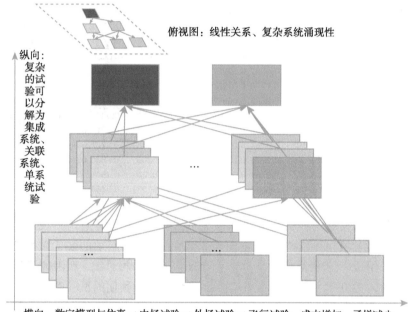

图 4.16　装备试验分解示意图

4.9.3　小结

　　冯·诺依曼是博弈论的创始人，是蒙特卡罗方法的创始人，是现代电子计算机之父，冯·诺依曼对策矩阵、蒙特卡罗方法、冯·诺依曼计算机体系结构，在装备试验、作战任务规划中，都是非常重要的科学方法和技术基础，把 Hall 图、V 模型图与冯·诺依曼的这些创新思想结合，可以把许多复杂的科学、技术、工程问题简单化，使一些原本看上去无法处理的问题，变得可以找到现实可行的解决方案。

4.10　体系工程方法

　　装备的研制过程通常使用系统工程方法来组织和管理，美国国防部在组织联合作战装备研制过程中发现，需要用一种新的概念来描述联合作战系统，这就是体系 (System of Systems，SoS)，而体系研制的过程也应该有相应的工程科学方法与之对应。

美国国防部于 2004 年推出了体系的系统工程指南，作为美军联合作战体系开发的工程指导。纵观美国国防部的体系工程指南，其主要内容涉及两位研究者的研究成果。一位是迈尔 (Maier)，另一位是朱迪思·达曼 (Judith Dahmann)。迈尔研究了体系与一般系统的本质区别，提出了体系的五大特征，并对体系进行了分类，迈尔的研究成果对体系与体系工程学术领域产生了重要影响。朱迪思·达曼提出了体系工程的核心元素模型，被美国国防部采纳，作为美国国防部本体系工程指南的核心内容，她还提出过体系工程的波浪 (Wave) 模型，揭示了体系不断演化的特性。大多数体系开发都是渐进式的，体系的更新会随着时间的推移、基于组成系统的变化而累积。这种体系"波浪模型"的特点是多次重叠的进化迭代，迭代由持续的分析支持，同时，外部的环境也是关键部分。最后，架构随时间的演变也很重要，这通常是增量实施的 [22]。

4.10.1 体系的概念、特征与分类

关于"体系"概念的定义存在着一定的争议。因为系统本身定义为由相互关联的子系统组成的，而体系也定义为由多个系统组成的系统集合，"体系"依然符合"系统"的定义，因此，体系是一类特殊的系统，但不是所有复杂系统都能称为体系。迈尔提出了区分体系和一般系统的 5 个特征 [22]，分别是：

(1) 运行独立性：即使体系解散了，成员系统依然能独立运行且能发挥自己的用处；

(2) 管理独立性：体系的成员系统有自己所有权和管理权；

(3) 进化式发展：体系的目标和功能会持续变化，因此体系不会显示出最终的形式，而是不断地进化；

(4) 行为涌现性：体系整体涌现出的行为能力不来自于成员系统的线性组合；

(5) 地理分布性：体系的成员系统往往分布在不同的地理环境，彼此通过网络连接，往往只交换信息，不交换物质或能量。

迈尔也根据体系总体对成员系统的管控程度将体系分为四种类型 [22]。

(1) 导向型 (Directed)。体系具有中央管理机构，能够对体系的成员系统进行指挥和控制，约束成员系统的发展。导向型体系是一种强管控的体系。

(2) 公认型 (Acknowledged)。体系虽具有中央管理机构，但是中央机构对于成员系统并没有完全的权力，成员系统保持其独立的所有权、目标和资金。美军的三军联合作战体系便是典型的公认型体系。

(3) 协作型 (Collaborative)。具有一致的中心目标，体系的成员系统间或多或少地通过自愿协作的方式来达成中心目标，但仍缺乏中央管理机构。互联网就是一个典型的协作体系的例子。

(4) 虚拟型 (Virtual)。体系缺乏中央管理机构和集中一致的中心目标，但虚拟

体系必须依赖不可见的机制来维持运转，会涌现出大尺度的行为，例如经济体系。

4.10.2　体系工程与系统工程的区别

从管理和监督、运行环境、体系构建实施过程以及工程与设计的考虑四个方面解释体系工程与系统工程的区别，对于理解体系工程管理的复杂性与实施过程的挑战很有帮助。

在管理和监督上，系统的利益相关方是比较明确的，而体系的利益相关方首先分为体系与成员系统两个层面，都拥有不同的利益相关者，而且利益相关者团队各自都有自己的目标和组织背景。体系级的利益相关者可能对于成员系统的约束和发展计划知之甚少，而成员系统的利益相关者可能对于体系的利益也并不关心，可能对于体系提出的需求赋予较低的优先级，甚至可能抵制体系对系统的需求，因此，体系层管理团队与成员层的管理团队之间存在着复杂的利益权衡与博弈。而如果一个成员系统被包含在多个体系中，可能面临的管理局面就更加复杂。

在运行环境中的单个系统，其任务目标是建立在结构化的需求上，或者与已定义的作战概念和开发的优先顺序相关的能力开发过程之上的，换句话说，在运行环境下，每一个单个系统都有其服务的重点和使命任务。而体系设计旨在创造超越独立系统能力之外的能力，这势必在功能上和信息共享方面对单个系统提出新的需求，而这些需求尚未在单个系统原有的设计中考虑。单个系统在考虑体系层面提出的新需求的时候，一方面需要考虑对原有用户的影响，另一方面还需要考虑不同系统在命名规则、符号体系、交互规则和大量人机界面方面的不一致给体系的使用和培训带来的挑战。总之，体系工程必须在体系的需求和单个系统本身的需求之间找到平衡。

在体系构建实施过程上，单个系统的采购一般只需关注于系统的生命周期和采办类型定义的里程碑，一般通过单一的项目流程和系统工程计划来进行管理，而且能够进行整个系统的测试和评估。而对于体系来说，体系包含多种处于不同开发阶段的系统，包括原有的系统、开发中的系统、技术更新的系统、已过寿命期但仍使用的系统等。体系的管理者与系统的工程师们需要对现有的系统工程过程进行扩展或裁剪来满足不同系统的独特考虑，并满足体系的整体要求。体系能力的发展或演变通常不取决于单一组织，而是可能涉及多个项目，以及相关的团体。这导致体系级的系统工程师的任务更加复杂，必须掌握体系的成员系统的演进计划，开发优先级及其不同步的开发计划，以便规划和协调体系内各成员系统逐步实现其目标。除此类开发挑战外，根据成员系统的复杂性和分布情况，可能难以或无法完全测试和评估体系的功能。

在工程和设计的考虑上，设计单个系统要考虑的重要因素包括边界、接口以及性能和行为。系统边界是一个很重要的概念，我们常说系统有明确的需求边界，而体系则没有。边界是指界定系统范围的功能界限，界限内属于系统，界限外属于外部环境，与系统的关系通过信息交互的接口来考虑。单个系统的性能和行为一般具有自主性，即主要靠系统自身的属性，但其实也与环境中的其他因素有关，例如对通信、命令和控制的依赖。相比之下，体系的性能不仅取决于单个成员系统的性能，还取决于系统间端到端的组合行为。为使体系发挥作用，成员系统必须共同工作才能达到必要的端到端性能。因为能够使体系达到所要求的能力，系统组合有多种，因此体系的边界相对模糊。

4.10.3　诊断式体系试验

我们可以将人体的组织与装备体系进行类比，如图 4.17 所示。

DAPAR 提出的马赛克战作战概念，形成组织和控制形式更加灵活的分布式杀伤链或杀伤网，对比体系特征，其变化主要表现在：

(1) 战斗功能细分到大量小的平台，而不是少量的集成平台；

(2) 根据威胁快速定制组合实现响应；

(3) 体系架构可伸缩和多代理协作；

(4) 人工智能、机器学习与自主技术运用。

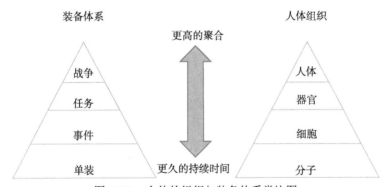

图 4.17　人体的组织与装备体系类比图

与之前的体系类型相比，美军未来作战概念下的体系表现出部分协作型的特征，但其核心仍为体系成员的异质性 (成员具有独立的能力) 与可组合性。

讨论体系试验架构时我们注意到，自然界中有许多系统 (如 "人体-医院") 与 "作战体系-试验体系" 具有类似的属性和特征：① 分布式 (Distribution) (人体器官、组织分布在身体各个部位)；② 演化特性 (Evolution) (人体是不断演化的)；③ 动态可重构 (Dynamic Reconfiguration) (人体有一定的自我修复功能)；④ 涌现性 (Emergence) (生命是涌现性的显著体现)；⑤ 相互依存 (Interdependence) (人体器官组织是相互依存的)；⑥ 互操作性 (Interoperability) (互连互通、相互影响)；

⑦ 自主性 (Autonomy) (例如免疫系统不需要人有意识地去控制运行就能自主地防御，但是在病态时也会攻击自身组织细胞)。

因此，我们从迁移类比分析的角度，提供一种体系试验架构的新解读。该角度将装备体系试验，类比于人们去医院做全面的体检。体检时，人们一般会注意几点：① 选权威的医院；② 选体检套餐；③ 根据自身实际情况或可能存在的问题，删除/增加套餐的选项；④ 遵守体检规则；⑤ 严肃对待体检报告。

体检对于装备体系试验的启示：

(1) 选有权威的医院。

装备体系试验基础设施建设，包括硬件、软件，人的因素等。打破基于地理位置、职能等边界构建的基础设施 (资源)、业务能力和业务活动这一纵向封闭结构。将基础设施 (资源)、能力平台、业务生态解耦后，实现在靶场内，甚至跨靶场分层整合、协同发展，构建形成新型基础设置 (资源) 共享化、能力平台化、业务生态化分层发展的新结构。

(2) 根据自身实际情况或可能存在的问题选项目。体检项目可分为血检、内科、外科、放射科、超声科等若干项目的检查，每组项目又有若干子项，项目组合形成体检套餐。

从打赢未来战争这一目标出发构建体系试验框架，根据敌我对抗的典型作战想定 (可能存在的问题) 倒推，利用 Hall 图和 V 模型等系统工程方法将作战想定中敌我双方对抗过程分解解耦，并借鉴冯·诺依曼体系结构的思想，按敌我现有装备的实际情况确定几类基础作战模块 (如侦察预警敌方电磁干扰、战略导弹突防与敌方反导等，对应体检中的基础项目)，对于某些涉及初值敏感性 (如麦克斯韦方程) 相关情况，必须作为基础模块关注的重点 (体检的必须项)，则现有重点作战想定中所有可能的体系对抗都是这些基础作战模块的组合 (即不同的体检套餐)，体系试验是对这些组合的考核与测试，考核的基准是不同层次上战胜对手的能力 (体检项目的标准值)。

(3) 完成体检套餐并增减套餐项目。

体系试验的具体实施是以基础项目 (基础作战单元试验) 出发向上集成的过程，但并不是"在白纸上画画"，不可能全部从头做起，应该在"三类试验"的基础上进行，需要充分利用现有的各类数据，若对抗结果可根据"三类试验"的结果综合估算，则考虑删减相关试验项目；若无法估算结果，或者三类试验与作战想定中条件存在差异，则正常进行相关试验；若向上集成时，试验条件 (特别是对抗环境、电磁环境、自然环境等) 影响组合的特征发生变化 (体系演化)，现有试验无法满足需求，则结合实际情况增加试验项目。总之，体系试验应实现以有限的试验资源获得的知识最大化、回答装备体系在具体作战想定下是否"托底"(底线思维)，作为目标函数。

(4) 遵守体检规则。

装备体系试验的各方：使用方、研制方、鉴定方，在试验前，通过综合研讨厅等机制制定科学合理的规则和标准，避免"幸存者偏差"等现象，一旦标准建立起来，必须严格遵守。

(5) 严肃对待体检报告。

科学合理地对待装备体系试验评估结果，若结果与基准线存在较大差异，且通过不同组合也无法消除这一差异，则回溯不同层级的试验结果，确定体系的薄弱环节，作为装备研制、定型、部署和改进的依据。

4.10.4 小结

体系工程方法是一种方兴未艾的方法，一些概念、特征、内涵、理论、技术尚在不断发展和完善中，体系工程方法的应用成果，正在不断地产生、完善和推广。对于这个生机勃勃的工程科学方法，我们应该结合具体装备试验体系工程的工程目标、工程任务、工程规范，用好体系工程方法的现有理论、现有案例，结合社会科学方法、自然科学方法和其他工程科学方法，创新理论、完善模型、积累案例、破解关键难点，与其他科学方法融会贯通。

思 考 题

1. 近代以来，世界上建成了一些重大工程，许多具有划时代的意义。你列举几个，并说明这些工程的设计、建设、维护、改进，对靶场建设、对战场建设，有什么启发。

2. 贝叶斯方法与 Beta(a, b) 分布结合，尤其是与 Beta$(1, 1)$ 结合，对于成败型鉴定会产生一些与频率学派没有争议的结果，为什么？

3. 贝叶斯方法与 Beta(a, b) 分布结合对成败型试验的解读，结合冯·诺依曼计算机体系结构的思想，结合系统工程 Hall 图、V 模型图，加上导弹总体技术，可以对各类导弹试验进行分解和集成，你能不能画一些流程图，对于不同型号的导弹试验进行分解和集成。

4. 社会科学方法、自然科学方法、工程科学方法相结合，可以把航母作战群、预警系统、试验基地的工作，进行分解和集成，当然，如何变成可以分解、可以测量、可以集成的实实在在的一项项工作，需要艰苦的工作和必要的条件。你觉得，你可以做些什么。

5. 在导弹导引头试验中，你觉得需要把哪些自然科学方法、工程科学方法相结合，会碰到什么难题。

6. SpaceX 公司马斯克的一系列工程试验，对装备试验有什么启发？

7. 仿真工程的应用越来越广泛，如何把蒙特卡罗方法、复杂系统不确定性分析、系统工程方法相结合，分析、评价、完善仿真模型，你有什么经验体会，举例说明。

8. 分析几个你了解的试验领域的大系统结构。

9. 从 21 世纪已发生的战争看，举例说明一些值得关注的装备试验的工程科学方法。

10. 试结合具体的体系对抗想定，利用体系工程方法进行装备试验设计。

11. 举例说明通信工程方法在通信对抗中的应用。

参 考 文 献

[1] 孙家栋, 杨长风, 李祖洪, 等. 北斗二号卫星工程系统工程管理 [M]. 北京: 国防工业出版社, 2017.

[2] 邱海峰. 重大工程, 我们为你自豪 [N]. 人民网–人民日报海外版, 2019.09.26.

[3] 路风, 何鹏宇. 举国体制与重大突破——以特殊机构执行和完成重大任务的历史经验及启示 [J]. 管理世界, 2021(7): 1-18.

[4] Forsberg K, Mooz H. System engineering for faster, cheaper, better[J], INCOSE International Symposium, 1999, 9(1): 1-11.

[5] Forsberg K, Mooz H. The relationship of system engineering to the project cycle[J]. INCOSE International Symposium. 1991, 9(1): 1-12.

[6] Clarus: Concept of Operations[R]. Archived 2009-07-05 at the Wayback Machine, Publication No. FHWA-JPO-05-072, Federal Highway Administration (FHWA), 2005.

[7] Balaij S, Murugaiyan M. Waterfall vs. V-Model vs. Agile: A Comparative study on SDLC[J]. International Journal of Information Technology and Business Management, 2012, 2(1): 26-30.

[8] Hall A D. Three-dimensional Morphology of Systems Engineering in Contributions to a Philosophy of Technology[M]. Dordrecht: Springer, 1969: 174-186.

[9] 郭亚飞, 张璋, 刘力僮. 基于霍尔三维结构的试验鉴定理论体系研究 [J]. 军民两用技术与产品, 2021(7): 20-23.

[10] Hall A D. A Methodology for Systems Engineering[M]. van Nostrand 1962 Edition.

[11] Yarris L. Keck, Revolution in Telescope Design Pioneered at Lawrence Berkeley Lab[R]. 1992, Retrieved October 7, 2016.

[12] 伯纳德·P 齐格勒, 金泰刚, 赫伯特·普瑞霍夫. 建模与仿真理论——集成离散事件与连续复杂动态系统 [M]. 2 版. 李革, 译. 北京: 电子工业出版社, 2017.

[13] Weisberg M. Simulation and Similarity: Using Models to Understand the World[M]. New York: Oxford University Press, 2013.

[14] van der Pal J, Keuning M, Lemmers A. A comprehensive perspective on training: Live, virtual and constructive[C]. RTO-NMSG-087, 2011: 13-1-13-10.

[15] Headquarters, Department of the Army, Army Multi-Domain Transformation Ready

to Win in Competition and Conflict[R]. AD1143195. 2021.

[16] Travis Patterson, Major, USAF, Bridging the Gap: How an Airborne Mobile-Mesh Network Can Overcome Space Vulnerabilities in Tomorrow's Fight[R]. Air Command and Staff College, 2019.

[17] Casagrande A, Fabris F, Girometti R. Fifty years of Shannon information theory in assessing the accuracy and agreement of diagnostic tests[J]. Medical & Biological Engineering & Computing, 2021, 60: 941-955.

[18] Oruç Ö E, Kanca A. Evaluation and comparison of diagnostic test performance based on information theory[J]. International Journal of Statistics and Applications, 2011, 1(1): 10-13.

[19] Douglas S. How Next-Gen 5G Field to Lab Performance Testing Helps Optimize Military Communications for Tomorrow's Smart Bases, Spirent, 2021.

[20] United States Government Accountability Office, 5G Wireless Capabilities and Challenges for an Evolving Network[R]. GAO-21-26SP. 11, 2020.

[21] United States Government Accountability Office: Missile Defense: Assessment of Testing Approach Needed as Delays and Changes Persist[R]. GAO-20-432. 2020.

[22] 美国国防部体系工程 (SoSE) 指南解读, 军队军工 体系工程 2020-07-20, https://www.se-crss.com/articles/24011.

[23] Office of the Deputy Under Secretary of Defense for Acquisition and Technology, Systems and Software Engineering. Systems Engineering Guide for Systems of Systems, Version 1.0. Washington, DC: ODUSD(A&T)SSE, 2008.

[24] 霍尔的三维结构模式, https:// wiki.mbalib.com/wiki/.

[25] Study on Countering Anti-access Systems with Longer Range and Standoff Capabilities: Assault Breaker II, Report of the defense science board, 2018.

[26] DARPA Strategic Technology Office. Air Combat Evolution (ACE) Technical Area 4 Phases 2 and 3, 2022.

[27] https://zh.wikipedia.org/zh-hans/%E4%BA%92%E8%81%94%E7%BD%91%E5%8E%86%E5%8F%B2.

第 5 章 装备试验设计

装备试验设计，是一个系统工程和数学问题，需要由此及彼、由表及里、去粗取精、去伪存真。装备试验设计需要综合应用装备试验科学方法论中的社会科学方法、自然科学方法、工程科学方法。装备试验设计要：尊重历史，充分利用历史积累的经验教训，所有模型、各类数据等；立足现实，充分认识现实装备、现实条件、现实对手；面向未来，前瞻分析未来对手、未来战场、未来科技。

5.1 引　　言

装备试验设计是一个复杂的系统工程，涉及装备的总体技术，系统科学的理论，系统工程的模型，系统集成的方法，涉及理、工、军、管、文多学科的知识和案例，至少涉及 30 种科学方法。

受冯·诺依曼计算机体系结构的启发，装备试验，尤其是针对装备鉴定评估的装备鉴定试验，一般可以从多维度、多层次、多粒度分解为成败型试验，因而可以利用贝叶斯公式 (利用 Beta 分布解决先验问题)，每个成败型试验至少需要 3—5 个成功的子样。

数学、统计学意义上的试验设计，最有价值的是 Fisher 的三原则，结合具体装备的总体技术和工程背景，结合假设检验、回归分析等数据分析方法。针对装备系统的关键子系统及其关键性能和效能，主要还是依靠成败型试验。针对装备系统的局部改进，恰当应用正交设计、均匀设计等可以起到减少试验子样的作用。

要重视测量数据、跟踪数据，重视研制试验，及时发现新问题。

5.2 有趣的案例

5.2.1 机动车行驶证上的三个号码

中国的机动车行驶证上有三个号码，如图 5.1 所示：号牌号码 (车牌号)、车辆识别号 (车架号) 和发动机号码。

号牌号码：即车牌号，是对各车辆的编号与信息登记，其主要作用是通过车牌知道该车辆的所属地区，也可根据车牌查到该车辆的主人以及该车辆的登记信息。

车辆识别号：即车架号或 VIN 码，是汽车的身份证号。根据国家车辆管理标准确定，包含了车辆的生产厂家、年代、车型、车身型式及代码、发动机代码及组装地点等信息。

发动机号码：发动机号蕴含汽车的相关信息，包括发动机的型号、生产年月、发动机在生产线上的系列码，以及产地代码。

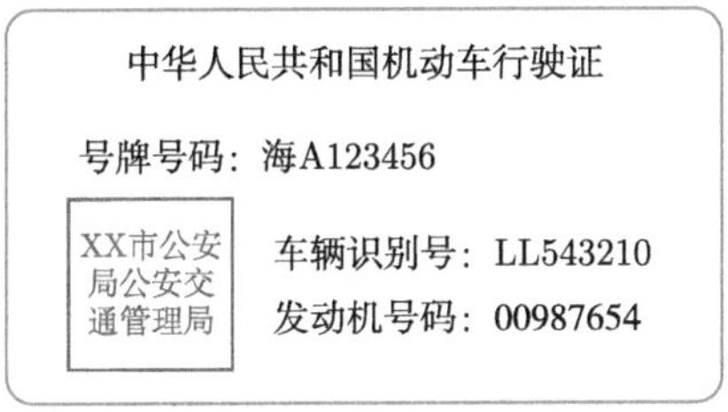

图 5.1 机动车行驶证示意图

行驶证上只放这三个号码，体现了抓大放小和底线思维。全世界的汽车数以亿计，有名的发动机不到 30 种，有名的车架也不到 30 种，显然，这些有名的品牌都经过了大子样的试验。这对装备试验很有启发，高价值的装备，必须经过大样本的成败型试验，包括在强敌的威胁环境、恶劣的自然环境、复杂的电磁环境等环境下的成败型试验。

5.2.2 有文化的"三"

"三"在日常生活使用中，表示具体的数目，还蕴含着深厚的文化。老子的哲学思想中，有"道生一，一生二，二生三，三生万物"。包容万物的空间，也是三维的。

古语有云：

三思而后行 ——《论语·公冶长》

一鼓作气，再而衰，三而竭 ——《左传·庄公十年》

与正态分布 3σ 原则有"异曲同工"之妙，即"三次"基本囊括了 99% 以上。图 5.2 比较直观地解读了一鼓作气 (68.27%)、再而衰 (95.45%)、三而竭 (99.73%) 和三思而后行 (99.73%)。

古语又云：

三足鼎立 ——《史记·淮阴侯列传》

货比三家 —— 熊召政《张居正》

又与现在通常的招标过程中，需要至少三家提供应标方案，有几分相似。

古语再云：

三五成群 ——明·余继登《典故纪闻》

三街六巷
                                      ——清·曹雪芹《红楼梦》
这说明: 3 个样本可以说明一些问题, 5—6 个样本就形成了一定规律。

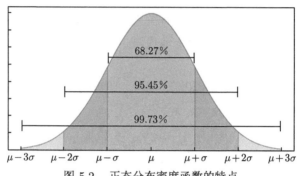

图 5.2   正态分布密度函数的特点

5.2.3   洗净油瓶

如何洗干净家里的食用油瓶? 可以用碱液 (小苏打) 水洗; 也可以用酸液 (柠檬酸) 水洗。碱性溶液使油脂在中发生水解, 生成溶于水的高级脂肪酸盐和甘油; 柠檬酸是通过微生物发酵生产的有机酸, 在洗涤剂生产当中进行应用比较广泛。

先用碱液水洗: 放入小苏打, 加水浸泡; 摇晃瓶身, 清洗内壁; 倒去碱水, 并用清水冲洗。发现内壁仍未彻底洗净 ⋯⋯

再用酸液水洗: 放入柠檬酸, 加水浸泡; 摇晃瓶身, 清洗内壁; 倒去污水, 并用清水冲洗。瓶身光亮如新!

对装备试验设计的启示:

(1) 明确试验目的;

(2) 核定评价准则: 残差最小 (油瓶壁光亮);

(3) 了解试验问题的背景 (如何洗油壶?);

(4) 方法尽量简单 (酸、碱即可);

(5) 预测试验结果 (特别关注交互作用, 如酸和碱就有交互作用);

(6) 尽量节约 (时间、经济、清洗材料) 成本。

5.2.4   三分球与导弹试验的成功概率 [7]

比较两个事件: 一是在篮球场玩耍的孩子投中一个三分球; 二是我国某新型导弹试验成功。如果让这两个事件都重复一次, 你认为哪个事件成功的概率更大? 其背后蕴含什么样的逻辑 [7]?

回答这个问题涉及试验设计和试验评估的模型。

首先分析男孩投球的命中概率, 可以查到男篮明星罚球命中率最高是 90.6%, 所以孩子再投一个球, 命中率应该 ≤90.6‰。

导弹的试验设计和试验评估, 需要详细地建模和分析。建模中, 需要考虑以下几个方面:

(1) 该新型导弹的使命任务。使命任务决定导弹的战场环境、试验环境、试验项目、试验考核的指标等。

(2) 试验成功的标准。不同的试验科目考核的试验指标不同、试验成功的标准也不同、试验需要测量的数据也不同。例如, 自然环境适应性试验需考虑暴雨、风沙、高海况等, 复杂的电磁环境适应性试验需考虑强敌的威胁环境等。

(3) 相关型号导弹试验的历史数据和模型积累。比如, 虽然是新型导弹, 主要只是改了某一个子系统, 如战斗部。其他子系统、有关的作战环境, 此前都进行了大量试验。这些子系统或者子过程的模型、数据, 我们在新型导弹试验设计和试验评估中, 都是要充分应用的。

综合上述分析, 如果 (1)—(3) 的工作很充分, 模型很清楚, 某型导弹再重复做一次试验, 成功率也可能要大于 90.6%。但孩子再投一次篮, 命中概率小于 90.6%。真正要给出科学、公平的比较, 要依托数学模型和各种可能的相关数据。

好的试验设计与试验评估方法, 肯定是充分应用系统分析与系统集成技术, 充分应用历史试验的经验、教训、模型、数据, 结合新型号的新的科学与工程背景, 而不是一味强调 (依靠有争议的先验信息的) 小子样理论, 也不能仅依靠多参数多水平的试验设计方法。新型导弹的某次试验的成功, 其背后包含了大量子系统试验、仿真试验、内场试验等的成功, 也包含了导弹总体技术和系统工程方法的成功应用。

5.2.5 卫星轨道方程的完善

我国卫星发展的初期, 能量耗尽的卫星回归地球时的轨道与当时人们的"常识"相去甚远。轨道非呈椭圆下落, 而是先上升再迅速下落。

李济生院士指出, 是卫星轨道控制中忽略了一个控制力, 但人们还是争论不休。钱老 (钱学森) 拍板: 下一卫星, 让小李 (李济生院士) 先按调整后的模型预测轨道, 如果回落的轨道与预测基本一致, 以后就按小李的新模型 [7]。钱老这么做的科学依据和技术基础是什么?

答案: 可通过系统建模仿真转化为较大样本的成败型试验。

模型正确的条件下, 仿真是试验设计中的有效方法之一。

本例涉及的航天测控中, 设备的采样率较高 (20Hz)、观测时间较长 (10 多秒); 可以解读为至少有 $20 \times 10 = 200$ 子样, 检验是成功的。

由此, 可以得到启示:

(1) 对于遇到的试验设计、试验测量、试验评估、试验鉴定难题, 钱学森综合集成研讨厅非常重要。研讨厅人员, 既有军方的, 也有工业部门的; 既有设计的,也有测量和实施的；既有组织管理的，也有工程技术的；既有资深权威，也有一线年轻人。

(2) 仿真模型很重要。李济生院士提出的增加相关控制力的模型，经过了多次仿真，关键是，这个模型可以在当时的轨道跟踪条件下，通过一次卫星轨道测控任务得到多次验证。

(3) 解决问题最后的底牌是数学。贝叶斯方法，几百次的样本，可以给出理论的保障。

(4) 不仅是卫星试验，飞机、潜艇、舰艇、军用车辆，许多试验评估，都涉及仿真。"钱学森综合集成研讨厅 + 建模与仿真 + 数学与统计方法"，是一种可复制的成功模式。

5.2.6 豌豆改变世界

第 3 章中介绍孟德尔和豌豆试验。孟德尔为什么选豌豆，为什么选择成对的性状，为什么这些特征可以印证遗传学定律，假设检验的思想如何产生？

这是试验设计十分成功的例子：把复杂问题简单化、抓大放小；事实上用了当时还没有的正态分布、假设检验！

世界上的生物种类数以千万计，就遗传学特性的分析来说，孟德尔选中豌豆做试验，选豌豆的 7 个典型特征，抓住了本质。

在装备试验设计中，如何分门别类，透过现象看本质，选定需要试验的关键装备体系、装备系统、关键子系统、核心部件或技术，确保能够测到真正可信的数据，是试验设计的关键。

5.3 试验统计方法

5.3.1 经典统计分布

经典的统计分布，是装备试验的基础，如：二项分布 (成败型试验)、Beta 分布 (描述验前信息)、均匀分布 (产生其他分布的基础)、正态分布 (测量误差、3σ 原则)、t 分布 (小样本、方差未知)、F 分布 (用于方差分析，进行显著性检验)、χ^2 分布 (构造 t 分布和 F 分布的基础，常用于卡方检验)。

表 5.1 介绍的是装备试验中最常用的经典统计分布，当然还涉及别的统计分布，详见 [12]。

表 5.1　经典统计分布列表

	密度/分布函数	期望	方差
二项 分布	$b\left(k;n,p\right)=\binom{n}{k}p^{k}\left(1-p\right)^{n-k}$ $k=1,2,\cdots,n$	np	$np(1-p)$
均匀 分布	$f\left(x;a,b\right)=1/\left(b-a\right)$ $a\leqslant x\leqslant b$	$\dfrac{a+b}{2}$	$\dfrac{(b-a)^{2}}{12}$
Beta 分布	$f\left(x;\alpha,\beta\right)=x^{\alpha-1}\left(1-x\right)^{\beta-1}\big/\mathrm{B}(\alpha,\beta)$ $0\leqslant x\leqslant 1$	$\dfrac{\alpha}{\alpha+\beta}$	$\dfrac{\alpha\beta}{(\alpha+\beta)^{2}\left(\alpha+\beta+1\right)}$
正态 分布	$f\left(x;\mu,\sigma\right)=\dfrac{1}{\sigma\sqrt{2\pi}}\exp\left(-\dfrac{(x-\mu)^{2}}{2\sigma^{2}}\right)$	μ	σ^{2}
χ^{2} 分布	$f\left(x;n\right)=\dfrac{x^{(n-2)/2}e^{-x/2}}{2^{n/2}\Gamma(n/2)},x>0$	n	$2n$
t 分布	$f\left(x;n\right)=\dfrac{\Gamma\left(\dfrac{n+1}{2}\right)}{\sqrt{n\pi}\Gamma\left(\dfrac{n}{2}\right)}\left(1+\dfrac{x^{2}}{n}\right)^{-\frac{n+1}{2}}$	$0,n>1$	$\dfrac{n}{n-2},n>2$
F 分布	$f\left(x;n_{1},n_{2}\right)=\dfrac{(n_{1}/n_{2})^{n_{1}/2}}{\mathrm{B}\left(\dfrac{n_{1}}{2},\dfrac{n_{2}}{2}\right)}x^{n_{1}/2-1}$ $\times\left(1+\dfrac{n_{1}}{n_{2}}x\right)^{-\frac{n_{1}+n_{2}}{2}},x>0$	$\dfrac{n_{2}}{n_{2}-2},n_{2}>2$	$\dfrac{2n_{2}^{2}\left(n_{1}+n_{2}-2\right)}{n_{1}\left(n_{2}-2\right)^{2}\left(n_{2}-4\right)}$ $n_{2}>4$
瑞利 分布	$f\left(x;\sigma\right)=\dfrac{x}{\sigma^{2}}\exp\left(-\dfrac{x^{2}}{2\sigma^{2}}\right),x>0$	$\sqrt{\dfrac{\pi}{2}}\sigma$	$\dfrac{4-\pi}{2}\sigma^{2}$
指数 分布	$f\left(x;\lambda\right)=\lambda\exp\left(-\lambda x\right),x>0$	λ^{-1}	λ^{-2}
威布尔 分布	$f\left(x;\lambda,\alpha\right)=\dfrac{k}{\lambda}\left(\dfrac{x}{\lambda}\right)^{k-1}\exp\left(-\left(\dfrac{x}{\lambda}\right)^{k}\right)$ $x>0$	$\lambda\Gamma\left(1+\dfrac{1}{k}\right)$	$\lambda^{2}\left[\Gamma\left(1+\dfrac{2}{k}\right)-\Gamma^{2}\left(1+\dfrac{1}{k}\right)\right]$

5.3.2　贝叶斯方法与装备子样

总体与子样，是一对统计学概念。研究高价值装备试验的总体与子样是从论证和研制开始就一直关注的问题。关于变总体、小子样等的相关研究很多，提法也很多。本章以导弹试验为例，做了一个比较系统的归纳和梳理，结论大致这么几个方面：

(1) 导弹试验的母体与子样研究，属于系统工程与数学问题；

(2) 贝叶斯公式是贯穿始终的，但贝叶斯公式的先验分布容易出现争议；

(3) Beta 分布，适合作为成败型试验的验前信息，验后分布也是 Beta 分布，验后均值、方差都方便解读，因而有特殊地位；

(4) 研究导弹试验的子样，首先要用系统工程方法把各种导弹、各种作战样式、各种战场环境、各种弹目关系关联的试验，分解成 (至少) 三个层次的若干总体，然后分别研究每一总体的子样；

(5) 如果有某一总体合格率至少为 90%，那么随机连续从该总体中抽检 3—5 个子样进行检测，应该都是合格的，因此，如果一个重要的导弹型号要列装，我们应该保证该导弹系统的完整现场试验、所有子系统试验、所有核心部件试验都至少经过了 3—5 次的连续抽样，而且这其中每次都是合格的；

(6) 导弹试验设计的目标，是依靠系统工程和数学方法，花尽量少的钱，保证三个层级的各种重要的总体中，都能连续抽到 3—5 个子样。

考虑成败型试验，θ 为单次试验的成功概率，试验的目的是获得 θ 的准确估计。按照贝叶斯方法，将 θ 视作随机变量，利用概率分布来刻画它的不确定性。Beta 分布很适合作为 θ 的先验分布，其密度函数为

$$f(\theta; a, b) = \begin{cases} \dfrac{\theta^{a-1}(1-\theta)^{b-1}}{\displaystyle\int_0^1 \theta^{a-1}(1-\theta)^{b-1}\, d\theta}, & \theta \in (0, 1) \\ 0, & \theta \notin (0, 1) \end{cases} \tag{5.3.1}$$

它的均值为 $\dfrac{a}{a+b}$，方差为 $\dfrac{ab}{(a+b)^2(a+b+1)}$。$a > 0$ 和 $b > 0$ 这两个参数确定了 Beta 分布的形状和性质，通过调节这两个参数可以调节我们对成功概率的先验认知：

(1) 如果我们认为成功概率在 $(0, 1)$ 上是等可能的，则可取 $a = b = 1$ 对应的 Beta 分布，得到的分布退化为均匀分布 $U(0, 1)$，期望为 0.5；

(2) 如果认为成功概率应该在接近于 0 的部分，则可取 $a = 1, b > 1$，b 越大则成功概率越偏向于 0；

(3) 如果认为成功概率应该在接近于 1 的部分，则可取 $b = 1, a > 1$，a 越大则成功概率越偏向于 1。

设 $\boldsymbol{y} = (y_1, y_2, \cdots, y_n)^{\mathrm{T}}$ 表示 n 次试验的结果，$y_i = 1$ 表示第 i 次试验成功，$y_i = 0$ 表示该次试验失败，令 $r = y_1 + y_2 + \cdots + y_n$ 表示 n 次试验中成功的次数。Beta 分布与二项分布是共轭分布，利用贝叶斯公式，可以计算得到如果成功概率的先验分布是参数为 (a, b) 的 Beta 分布，且似然是参数为 (n, r) 的二项分布，则后验分布为 $(a+r, b+n-r)$ 的 Beta 分布，因此后验均值为

$$E[\theta | \boldsymbol{y}] = \frac{a+r}{a+b+n} \tag{5.3.2}$$

后验方差为

$$\text{Var}[\theta|\boldsymbol{y}] = \frac{(a+r)(b+n-r)}{(a+b+n)^2(a+b+n+1)} \tag{5.3.3}$$

由此可见，以参数为 (a,b) 的 Beta 分布作为先验分布可以直观理解为：在本次试验前还进行了 $a+b$ 次试验，其中 a 次成功，b 次失败。因此再进行 n 次试验后，总的成功比例为 $\dfrac{a+r}{a+b+n}$，恰为后验均值。

考虑先验分布为均匀分布 $U(0,1)$ 的特殊情况，即 $a=b=1$。如果一次试验成功，则后验均值为 $\dfrac{1+1}{2+1} \approx 0.6667$；如果一百次试验全部成功，则后验均值为 $\dfrac{1+100}{2+100} \approx 0.9902$。可见，即使使用无信息先验，贝叶斯估计也能够很好地解释"一发一中"与"百发百中"的区别。

在 (5.3.3) 中，若取 $a=b=1$，则

$$\text{Var}[\theta|\boldsymbol{y}] = \frac{(1+r)(1+n-r)}{(2+n)^2(3+n)} \tag{5.3.4}$$

特别地，当 $r=0$ 或 $r=n$ 时，

$$\text{Var}[\theta|\boldsymbol{y}] = \frac{1+n}{(2+n)^2(3+n)} \tag{5.3.5}$$

下面看看当 (a,b) 取不同值时，不同的试验结果下后验均值和后验方差的变化规律。各种试验结果见表 5.2。

表 5.2 使用不同先验分布时不同试验结果得到的贝叶斯估计

| (n,r) | Beta$(10,1)$ | Beta$(5,1)$ | Beta$(1,1)$ | Beta$(1,5)$ | Beta$(1,10)$ |
	$E[\theta|x]$, $\text{Var}[\theta|x]$	$E[\theta|x]$, $\text{Var}[\theta|x]$	$E[\theta|x]$, $\text{Var}[\theta|x]$	$E[\theta|x]$, $\text{Var}[\theta|x]$	$E[\theta|x]$, $\text{Var}[\theta|x]$
$(2,2)$	0.9231, 0.0051	0.8750, 0.0122	0.7500, 0.0375	0.3750, 0.0260	0.2308, 0.0127
$(3,3)$	0.9286, 0.0044	0.8889, 0.0099	0.8000, 0.0267	0.4444, 0.0247	0.2857, 0.0136
$(5,5)$	0.9375, 0.0035	0.9091, 0.0069	0.8571, 0.0153	0.5455, 0.0207	0.3750, 0.0138

表 5.2 说明，有连续成功的 3 个子样，即 $n=3, r=3$ 时，命中概率的估值分别为 0.93，0.89，0.80；如果有连续成功的 5 个子样，即 $n=5, r=5$ 时，命中概率的估值分别为 0.94，0.91，0.86。所以，只要有 3 个连续的成功子样，则成功概率不低于 0.8，如果成功的子样不是连续的，需要总的试验子样数还要更多。

贝叶斯公式，匹配 Beta 分布，可以在一定意义下，解决成败型鉴定中关于先验分布的争议。

装备系统及各种子系统，在各种重要的战场环境下，都应该有，或者能够折算出 3—5 次连续成功的子样。对于成功概率为 p 的武器系统，连续进行 n/p 次试验，应该有 n 次成功 $(n \geqslant 3)$。

5.3.3 Fisher 试验设计三原则

Fisher 试验设计三原则，具有非常深刻的见解，为解决试验设计中的复杂问题提供了基本的工具，在装备试验中需要充分重视。同时正交设计、均匀设计等，也可用于给定因素、水平后的试验设计以减少试验消耗的资源。

由于装备试验设计中面临问题的复杂性和新颖性特点，在应用试验设计原则 (包括 Fisher 传统的和现代发展的) 过程中，需要结合具体背景，将"方法论"嵌入到工程核心中去，而不能"眉毛胡子一把抓"。

5.3.4 回归分析

回归 (Regression) 是自然界的一种现象，是一种自然规律。"回归"一词是英国学者高尔顿于 1885 年引入的。在"身高遗传中的平庸回归"的论文中，高尔顿阐述了他的重大发现：虽然高个子的父代会有高个子的后代，但子代的身高并不像其父代，而是趋向于比他们的父代更加接近平均身高，就是说如果父亲身材高大，则子代的身材要比父代矮小一些；如果父亲身材矮小，则子代的身材要比父代高大一些。换言之，子代的身高有向平均值靠拢的趋向。因此，他用"回归"一词来描述子代身高与父代身高的这种关系。

对于线性模型 (图 5.3)

$$\begin{cases} Y = X\beta + \varepsilon \\ E(\varepsilon) = 0, \mathrm{Var}(\varepsilon) = \sigma^2 I_n \end{cases} \tag{5.3.6}$$

其中参数 β 的最小二乘估计具体形式是

$$\hat{\beta} = (X^{\mathrm{T}}X)^{-1}X^{\mathrm{T}}Y = L^{-1}X^{\mathrm{T}}Y \quad (L = X^{\mathrm{T}}X)$$

称 $\hat{y} = \hat{\beta}_0 + \hat{\beta}_1 x_1 + \hat{\beta}_2 x_2 + \cdots + \hat{\beta}_k x_k$ 为回归方程。

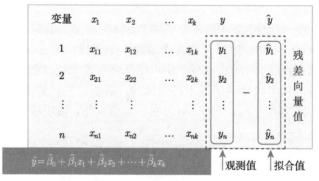

图 5.3 回归分析示意图

装备试验中必然开展测量，得到各类数据，因此需要进行数据处理和回归分析，从而得到结果、辅助决策，具体流程如图 5.4 所示。

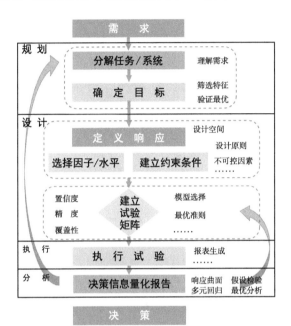

图 5.4　装备试验流程试验图

除了线性回归外，还需要关注非线性回归：未知回归系数具有非线性结构的回归。常用的处理方法有回归函数的线性迭代法、分段回归法、迭代最小二乘法等。断点回归：针对考察对象 (随机变量) 的干预措施的因果效应。

5.3.5　假设检验

Karl Pearson 建立了统计假设检验理论和统计决策理论的基础，在其开创性的论文中，提出通过 p 值来检验假设的有效性。Neyman 与 Egon Pearson 提出了 "第 I 类错误" 的概率。

回归分析给出估计结果后，分析回归方程

$$\hat{y} = \hat{\beta}_0 + \hat{\beta}_1 x_1 + \hat{\beta}_2 x_2 + \cdots + \hat{\beta}_k x_k \tag{5.3.7}$$

拟合实际效果好不好，模型中的系数是否都是必要的，有没有可以删去的？

$$y \text{ 与 } x_1, x_2, \cdots, x_k \text{ 之间没有线性关系 } \leftrightarrow \beta_1, \beta_2, \cdots, \beta_k \text{ 偏小}$$

因此需要进行假设检验，且原假设为

$$H_0 : \beta_1 = \beta_2 = \cdots = \beta_k = 0 \tag{5.3.8}$$

H_0 的拒绝域为

$$\frac{U/k}{Q_e/(n-k-1)} > F_{1-\alpha}(k, n-k-1) \tag{5.3.9}$$

其中 $U = \sum_{i=1}^{n} (\hat{y}_i - \bar{y})^2$ 为拟合残差，$\dfrac{Q_e}{\sigma^2} \sim \chi^2(n-k-1)$。

若某个因子对 y 的作用不显著，则 $\beta_j \approx 0$，于是进行如下假设检验：

$$H_{0j} : \beta_j = 0 \quad (j = 1, 2, \cdots, k) \tag{5.3.10}$$

若拒绝 H_{0j}，则表明 x_j 是显著因子

当 H_{0j} 成立时，有

$$F_j = \frac{\hat{\beta}_j^2/d_{jj}}{Q_e/(n-k-1)} \sim F(1, n-k-1) \quad (j = 1, 2, \cdots, k) \tag{5.3.11}$$

当 $F_j > F_{1-\alpha}(1, n-k-1)$ 时拒绝 H_{0j}。

以上即为对回归方程整体的，以及每个因子的显著性进行检验。

事实上，诺贝尔奖之所以要等成果出来较长时间再颁奖，是为了有更多的实验来检验学术成果，这也说明假设检验在科学研究中的地位重要。

5.4　试验设计系统工程

在装备试验的过程中，不是一开始就依靠正交设计、均匀设计等方法，而是从系统思维出发，落实新时代军事战略方针，结合体系作战、联合作战，结合主要作战样式和作战想定，结合具体装备系统的总体技术，把装备试验设计问题，由大化小、由繁化简，充分利用历史积累的所有模型、数据、经验、教训，充分认识现实装备、现实条件、现实对手基础上，建立一系列可操作、可计算、可复制、可评估的数学、统计学模型。按照"一切科学都是数学、一切判断都是统计学"的思维，分析问题、解决问题。

5.4.1　社会科学方法

1. 底线思维

中共中央总书记、国家主席、中央军委主席习近平指出：我们捍卫和平、维护安全、慑止战争的手段和选择有多种多样，但军事手段始终是保底手段。人民军队永远是战斗队，人民军队的生命力在于战斗力，必须强化忧患意识，坚持底线思维，全部心思向打仗聚焦，各项工作向打仗用劲，确保在党和人民需要的时

候拉得出、上得去、打得赢。(2017 年 8 月 1 日，习近平在庆祝中国人民解放军建军 90 周年大会上的讲话)

底线思维是"客观地设定最低目标，立足最低点争取最大期望值"的科学思维方式。底线思维是辩证客观地思考底线在哪里，突破底线的可能风险和挑战有哪些，出现的最坏情况是什么，应对突破底线的策略有哪些；如何防患于未然；如何化险为夷、转危为安，化不利为有利；如何坚定信心，掌握主动，实现最高目标等。底线思维不仅仅是被动守住底线，还要主动作为，在守住底线的前提下不断实现更多的利益，掌握战略主动权。

对应装备试验鉴定领域来说，"底线思维"就是：装备在战场环境中，在最困难的情况下，能不能完成使命任务，在试验设计中不仅要扬长，也要揭短。

底线思维的实践方法主要涉及以下三个方面：严守底线，实现最低预期的基本路径；活用底线，展开积极防御；善用底线，争取最好结果。

2. 最大风险最小化

"我们对朝鲜问题置之不理，美帝必然得寸进尺，走日本侵略中国的老路，甚至比日本搞得还凶，它要把三把尖刀插在中国的身上，从朝鲜一把刀插在我国的头上，从台湾一把刀插在我国的腰上，从越南一把刀插在我国的脚上。天下有变，它就从三个方面向我们进攻，那我们就被动了。我们抗美援朝就是不许其如意算盘得逞。打得一拳开，免得百拳来。我们抗美援朝，就是保家卫国。"(1950 年 10 月，毛主席与民主人士周世钊关于朝鲜局势的谈话，来源：求是网)

第二次世界大战中的诺曼底登陆，从地理上来看，有宽阔的海滩登陆场，可容 26 至 30 个师的兵力同时登陆，且距英军主要港口较加莱近。从德军的防守力量看，此地相对薄弱；同时便于掩护，只要将塞纳河和卢瓦尔河上的桥梁炸毁，就可切断德军的增援。结合气象条件考虑，盟军最终将登陆地点选在了诺曼底。

在装备研制、装备试验中，我们要应用最大风险最小化。例如：

潜艇的"潜"和隐身飞机的"隐"，最大风险有哪几个方面？这与探潜技术、水下信息系统、反潜技术等目前的发展水平有关。

战斗机升空以后，最大风险来自：敌方的各种导弹，被探测、被跟踪、被击中几个方面的风险。这些风险如何最小化？

航母战斗群，最大风险来自于导弹：航母战斗群目标大、速度慢，因此导弹容易攻击。如果反导系统不行，尤其是执行远海任务时，可能孤立无援，作战能力，甚至生存能力都受到影响。

此外，装备试验设计中的最大风险最小化方法，还体现在战场环境方面，尤其是针对恶劣的自然环境 (高原、高寒、高盐、高海况、狂风、暴雨等)，强敌的威胁环境、复杂的电磁环境等。针对装备系统及其相关的子系统，尤其要重点试验其在相关的最大风险中的性能、效能。

3. 抓大放小

"因此，研究任何过程，如果是存在着两个以上矛盾的复杂过程的话，就要用全力找出它的主要矛盾。捉住了这个主要矛盾，一切问题就迎刃而解了。"(摘自《毛泽东选集》第一卷：矛盾论)

以解放战争中东北野战军攻打锦州之决策为例。辽沈战役，是先打长春，还是先打锦州？针对全国战局而言，攻占锦州就像从中间折断扁担，将东北和关外的国民党军分割开来，关上东北的大门，形成"关门打狗"之势。

4. 钱学森综合集成研讨厅

钱学森综合集成研讨厅的基本思路是人–机结合、以人为主，从定性到定量地综合集成研讨厅体系，将专家群体 (各种有关的专家)、数据和各种信息与计算机技术有机结合起来，把各种学科的科学理论和人的经验知识结合起来。这三者本身也构成了一个系统。这个方法的成功应用，就在于发挥这个系统的整体优势和综合优势。

我国载人航天的发展，就是按照定性与定量相结合的综合集成方法的典型成功案例，研究过程分为以下几个步骤：总体设计、专题研究、综合集成。

5. 物理–事理–人理 (WSR) 方法

物理–事理–人理 (WSR) 是东方系统方法论，由顾基发等人提出 (1994 年)，是指物理、事理和人理三者如何巧妙配置有效利用以解决问题的一种系统方法论。在装备试验设计中涉及的 WSR。

6. 幸存者偏差

瓦尔德认为，安全返航且机身受损的战机，其受损部位不是致命的，因此他的建议是加固返回战机机身未被损伤的部分。

第二次世界大战中，德军巴巴罗萨计划失败，除了其非正义性之外，加速其失败的客观原因包括：低估苏军的潜力；后勤计划的缺陷；极度寒冷的气候。三国赤壁之战中，曹军作战失败的原因：赤壁地区局部小气候；赤壁附近水域血吸虫病。

幸存者偏差是司空见惯的，与人们的思维习惯有关系，成也萧何败也萧何；幸存者偏差有主观原因，也有制度、机制带来的，客观上"喜欢扬长，很少示短"造成的幸存者偏差，也可能给装备、作战带来隐患；另外，权威专家的经验，有时也可能造成幸存者偏差。

5.4.2 自然科学方法

1. 节省参数建模

数学建模，特别是节省参数建模，在装备试验中具有重要的作用，例如在导弹精度试验中，基于样条表示的事后弹道解算，为导弹试验鉴定提供高精度外弹道。

由于空间目标运动轨迹满足一定的光滑性约束，从而可以联合使用多个时刻的测量数据，具体原理如图 5.5 所示。

节省参数建模，联合使用 n 个时刻测量数据

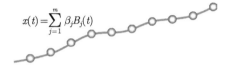

$$x(t) = \sum_{j=1}^{m} \beta_j B_j(t)$$

空间目标运动轨迹满足一定的光滑性约束

曲线的参数化建模 ➡ 模型系数的估计

$m \ll n$ 节省参数！

图 5.5 基于样条表示的节省参数建模示意图

利用曲线的参数化建模，将弹道参数的估计，转化为模型系数的估计，从而极大地压缩了待估参数的个数，改善估计的病态性，提高估计精度，详见 3.7 节。

2. 冯·诺依曼对策矩阵

设博弈矩阵 (Game Matrix) 为 $A = (a_{ij}), 1 \leqslant i \leqslant m, 1 \leqslant j \leqslant n$，如果参与者 1 策略为 $x = (x_1, x_2, \cdots, x_m)$，参与者 2 的策略为 $y = (y_1, y_2, \cdots, y_n)$，则期望收益为

$$A(x, y) = \sum_{i=1}^{m} \sum_{j=1}^{n} x_i a_{ij} y_j$$

通过

$$\min_y A(x, y)$$

参与者 1 可以了解在 y 的所有选择中，对自己收益最小的结果是什么，从而可以据此决策。

武器装备和作战部队的体系贡献率，应该是体系对抗中的一个相对于作战对手的概念。装备、部队、战术的贡献率如何，要通过对策矩阵算一算才知道。兵棋推演的核心基础，就是冯·诺依曼对策矩阵，详见 3.12 节。

3. 蒙特卡罗方法

蒙特卡罗方法，就是利用计算机模拟，求解实际中难以计算的问题。其涉及大数定律 (Law of Large Numbers)、马尔可夫链模型、遍历定理 (Ergodic Theorem)，马尔可夫链蒙特卡罗采样也在装备试验设计中有重要的应用，如图 5.6 所示。

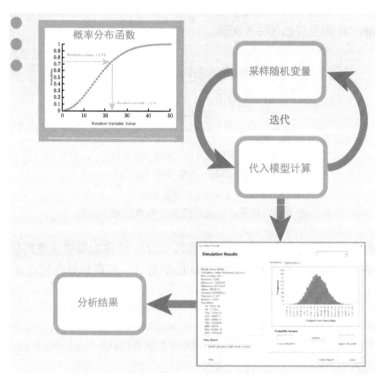

图 5.6　蒙特卡罗方法示意图

4. 序贯方法

第二次世界大战期间，瓦尔德为军需品的检验工作首次提出了著名的序贯概率比检验法 (Sequencial Probability Ratio Test，SPRT)。序贯假设检验过程如图 5.7 所示，其可以节省子样，适应变总体试验。

概率似然比检验方法：

提出假设：$H_0 : \theta = \theta_0$；$H_1 : \theta = \theta_1 < \theta_0$

检验准则：$\begin{cases} r \geqslant sn + h_1, & \text{停止试验，接受 } H_0 \\ r \leqslant sn - h_2, & \text{停止试验，拒绝 } H_0 \\ sn - h_2 < r < sn + h_1, & \text{继续试验} \end{cases}$

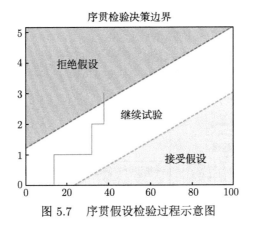

图 5.7 序贯假设检验过程示意图

其中

$$s = \log \frac{1-\theta_1}{1-\theta_0} \bigg/ \log \frac{\theta_0(1-\theta_1)}{\theta_1(1-\theta_0)}, \quad h_1 = \log \frac{1-\alpha}{\beta} \bigg/ \log \frac{\theta_0(1-\theta_1)}{\theta_1(1-\theta_0)}$$

$$h_2 = \log \frac{1-\beta}{\alpha} \bigg/ \log \frac{\theta_0(1-\theta_1)}{\theta_1(1-\theta_0)}$$

还可以结合贝叶斯准则，进行序贯贝叶斯检验。

5.4.3 工程科学方法

1. Hall 图

Hall 图用于导弹装备的试验设计。导弹系统包括弹体系统、推进系统、惯导系统、导引头系统、战斗部系统等子系统。导弹试验既涉及这些子系统的试验，也涉及发射平台、靶标系统、战场环境、弹目关系、跟踪测量等相关系统，如图 5.8 所示。

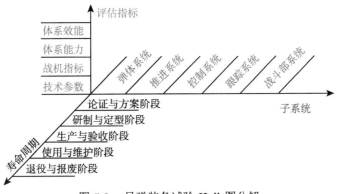

图 5.8 导弹装备试验 Hall 图分解

非消耗性装备试验方面，利用 Hall 图对潜艇试验进行展开，三个维度分别是：① 设计流程；② 分系统；③ 所需专业技能。如图 5.9—图 5.11 所示。

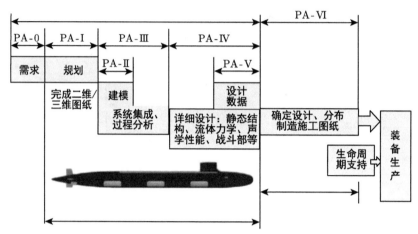

图 5.9　潜艇试验从设计流程维度展开 [17]

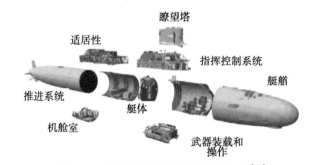

图 5.10　潜艇试验从分系统维度展开 [17]

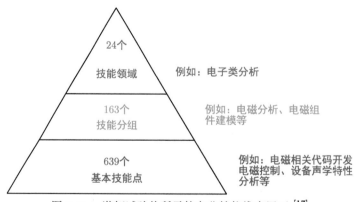

图 5.11　潜艇试验从所需的专业技能维度展开 [17]

2. V 模型图

V 模型图在装备试验中的应用。结合系统的功能与构成自顶向下将导弹武器系统分解为系统、子系统、要素三层，如图 5.12 所示。试验首先获得要素的高可信度的验前信息，然后对要素、子系统、系统，分别进行 3—5 次验证试验获得高可信度的评估结论。如此真正实现系统工程"自顶向下分解、自底向上聚合、三级联动、互相印证"的思想。

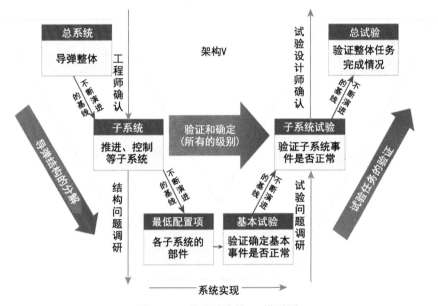

图 5.12　导弹试验的 V 模型图

3. 体系工程方法

装备的研制过程通常使用系统工程方法来组织和管理，美国国防部在组织联合作战装备研制过程中发现，传统的系统工程方法遭遇到了管理瓶颈，需要用一种新的概念来描述联合作战系统，这就是体系 (System of Systems，SoS)，而体系研制的工程过程也应该有相应的工程方法与之对应。

在装备试验设计中，尤其需要关注 4.10.3 节中介绍的诊断式体系试验。

4. 仿真工程方法

仿真 (Simulation) 是指使用模型 (Model，大多是计算机模型，也可以是实物) 模拟现实世界的过程或系统。模型代表所针对过程或系统的关键行为和特征，而模拟代表模型在不同条件下如何随时间演变。

数字工程 (Digital Engineering) 方面的研究，是仿真工程在装备试验设计中的进一步扩展，如图 5.13 所示。

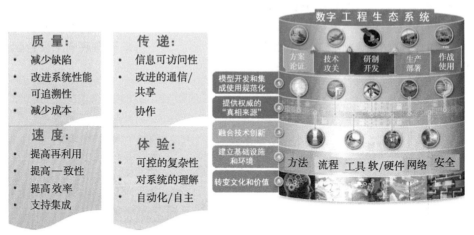

图 5.13　数字工程示意图

仿真工程方法的思想在作战中也有体现：为什么红军能够四渡赤水出奇兵？毛主席的历史、地理、心理学功底，非常人可以比拟，加之红军的情报工作，使毛主席能够从多维度对作战态势进行分析推断，这可以从仿真工程上找到依据，也可以理解为由于充分利用历史、地理、心理的分析和数据，进行兵棋推演，增加了成败型试验的子样。林彪等人建议攻打黔北重镇打鼓新场，前敌司令部中除了毛主席，几乎所有人都同意。毛主席敏锐的洞察力，超前"仿真"预判出进攻打鼓新场这个军事行动蕴含的巨大风险，如果不是毛主席态度坚决地反对和阻止，等待中央红军的几乎是毫无悬念的灭顶之灾。

5.4.4　装备试验的难题研究

服务于装备系统鉴定的试验设计，主要是要知其然，是为"裁判员"服务，通常可以通过社会科学方法、自然科学方法、工程科学方法转化为多个成败型试验。

服务于装备研制的试验设计，主要是要知其所以然，是为"运动员"服务，试验筹划、试验测量、试验结果分析，可能碰到许多预料之外的情况，因果关系复杂多样，有些甚至涉及颠覆性技术，有些问题涉及当今仍没有解决的科学难题。如 Navier-Stokes(NS) 方程、麦克斯韦方程等。

1. NS 方程与导弹飞行

导弹的飞行，实际上是导弹与流体介质相互作用的结果 (图 5.14 显示了固壁附近的气流特性)，可能包括发动机内流和飞行器外流 (如果在大气层内飞行)。从作用与反作用的观点看，研究导弹飞行也就可以转化为研究导弹周围的流体介质运动。

NS 方程描述连续流体介质运动的数学模型，理论上讲，NS 方程组可精确描述连续流体介质的运动，但是实际应用中存在诸多困难。非线性特性：对初始条件和边界条件敏感；层流和湍流：雷诺数增加 (惯性力相对黏性力起主导)，流动失稳，层流转捩为湍流；计算耗费高：实际工程问题基本都涉及湍流问题，时空多尺度，需要引入模型。

图 5.14 固壁附近的气流特性 [13]

数字鉴定用于模拟飞行器外流 (图 5.15(a))，可评估气动力/热特性，其主要难点在于：预测气动力/热特性；气动热难以准确模拟；非定常分离流难以精确模拟；尺度大，网格需求量大；壁面边界条件难以准确处理等。

数字鉴定用于模拟发动机内流 (图 5.15(b))，可评估发动机性能，主要难点：强逆压分离流难以精确模拟；燃料/氧化剂湍流掺混难以精确模拟；复杂燃料化学反应机理难以建立；多相湍流燃烧过程模拟困难；边界条件处理困难等。

数字鉴定用于内外流一体化、燃烧–力–热多场耦合，可以获得飞行器/发动机结构温度场演化规律，获得飞行器/发动机流场及结构变形，结构疲劳及破坏预测分析，物理化学过程复杂，建模困难，各物理场特征响应时间相差巨大，耦合计算困难。

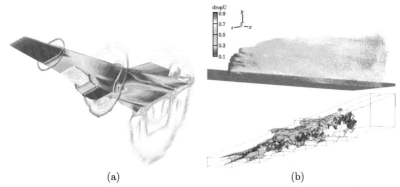

(a)   (b)

图 5.15 飞行器外流 (a) 和发动机内流 (b) 的模拟示意图 [14]

数值仿真可以：提高优化设计效率，实现从"传统设计"到"预测设计"的模式变革；模拟极限环境虚拟飞行，完成难以开展地面试验的高马赫数/大尺度发动机的研制；实现动态特性与故障分析等。

导弹飞行过程中将遇到拦截、干扰等强对抗环境，如图 5.16 所示，面对此类挑战，导弹必须具备较强的机动能力，实现姿态及弹道调整，而调整后导弹的推阻特性及结构力热特性均会发生显著改变，对此如何进行分析评估是一个难题，数值仿真为此提供了一个有力手段。

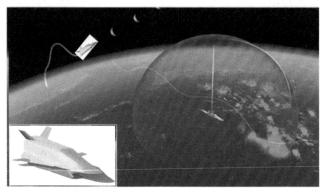

图 5.16 导弹对抗机动示意图[14]

基于导弹的数字化模型及飞行力学计算方法，可预测弹道机动过程中导弹的六自由度空间运动参数变化，利用数值飞行技术可对导弹推阻特性及结构完整性开展评估与鉴定。具体如下。

步骤 1：根据各时刻的导弹飞行高度、姿态等状态参数，通过计算空气动力学可获得飞行器升力和阻力性能，类 X-51A 飞行器内外流耦合数值模拟，如图 5.17 所示。

图 5.17 类 X-51A 飞行器内外流耦合数值模拟[15]

步骤 2：根据机动条件下的推力需求，应用计算燃烧学可得到发动机内部流动与燃烧工作过程及耗油率变化，再通过数值积分即可定量评估导弹燃油余量和弹道射程受影响情况，如图 5.18，为发动机燃烧流场参数示意图。

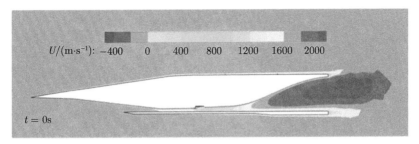

长航时发动机燃烧流场速度分布，0 — 300s

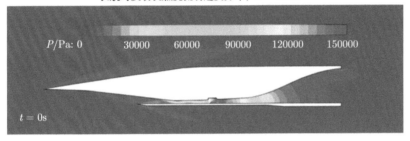

长航时发动机燃烧流场压力分布，0 — 300s

图 5.18 发动机燃烧流场参数示意图[14]

步骤 3：结合流/固/热多物理场耦合计算技术，可分析导弹在强对抗条件下，其结构的温度与应力应变随时间变化规律，评估弹体完整性，预测其结构材料的薄弱点与破坏过程，从而为强对抗条件下导弹的战场工作性能提供全过程数字试验鉴定方法，如图 5.19，为发动机结构温度分布示意图。

此外，数值仿真需要地面试验和飞行试验提供必要数据，验证和改进方法模型 (图 5.20)。

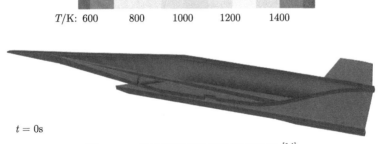

图 5.19 发动机结构温度分布示意图[14]

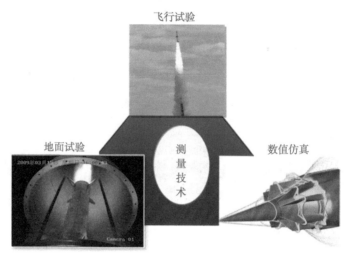

图 5.20　数值仿真、地面试验和飞行试验三位一体研究关系 [14]

2. 导引头抗干扰

导引头抗干扰试验，干扰形式从不同角度可分为有源干扰和无源干扰，压制干扰和欺骗干扰，舰载干扰和舷外干扰等。试验方式可分为全数字/半实物仿真试验、外场 (定点、挂飞、实弹) 试验。导弹系统需要进一步采用 V 模型图的方法进行分解，通过它的子系统或者核心部件的试验获得各层级高可信度的验前信息用于试验，如图 5.21 所示。

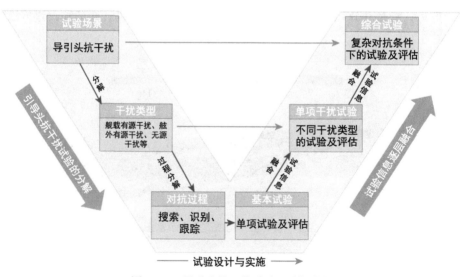

图 5.21　导引头抗干扰试验 V 模型图

控制理论、空气动力学、通信、软件工程以及微波和光学理论等领域，每个方面的专家对分系统的贡献及相对重要性都有独特的观点，如图 5.22 所示。应当采用钱学森综合集成研讨厅方法，听取各方面的专家意见。

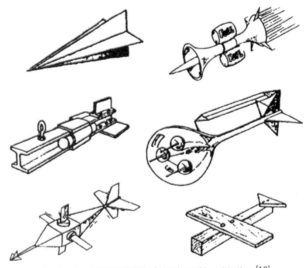

图 5.22 不同领域专家视角下的"导弹"[18]

导引头对抗试验中，应遵循：体系 → 系统 → 组件的分解、遵循全流程全要素的分解，如图 5.23 所示。

同时，需要对导弹各子系统进行分解；对试验鉴定条件 (设施) 分解；在装备体系试验中，对评估依据、方案和组织进行分解研究，如图 5.24 和图 5.25 所示。

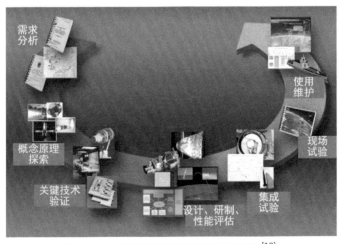

图 5.23 导引头对抗试验全流程分解[18]

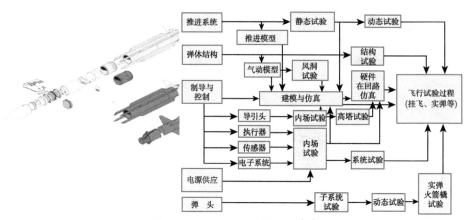

图 5.24 弹道子系统的分解 [18]

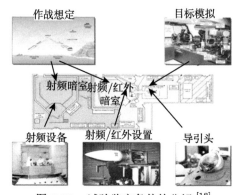

图 5.25 试验鉴定条件的分解 [18]

　　分解后,对各子系统、组件构造伯努利型"成功/失败"试验,同时应用贝叶斯方法,其中信息来源包括:先前测试/历史数据、相关系统、计算机模型、工程判断等,先验信息选择 Beta 分布,则后验分布是 $\text{Beta}(a+y, b+n-y)$。如图 5.26 中,c_0 分解成下一级组件 c_i,$i = 1, 2, 3$,对各组件进行试验 [16],再进行综合。

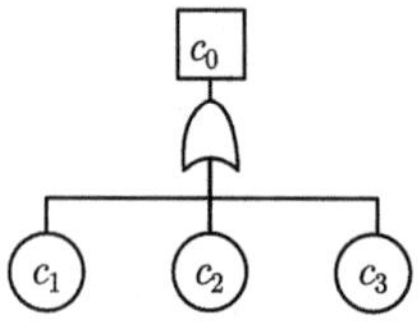

	成功次数	失败次数	总次数
组件 c_1	8	2	10
组件 c_2	7	2	9
组件 c_3	3	1	4
系统	10	2	12

图 5.26 系统组件分解以及相应的成败试验次数 [16]

若"组分"A, B的概率为

$$p_A(t) = \frac{\exp(\alpha_A + \beta_A t)}{1 + \exp(\alpha_A + \beta_A t)}$$

条件概率

$$\tau_{11} = P(C = 1 | A = 1, B = 1)$$
$$\tau_{10} = P(C = 1 | A = 1, B = 0)$$
$$\tau_{01} = P(C = 1 | A = 0, B = 1)$$
$$\tau_{00} = P(C = 1 | A = 0, B = 0)$$

则"系统"的概率

$$\begin{aligned}
p_C(t) = {} & \tau_{11} \frac{\exp(\alpha_A + \alpha_B + (\beta_A + \beta_B) t)}{(1 + \exp(\alpha_A + \beta_A t))(1 + \exp(\alpha_B + \beta_B t))} \\
& + \tau_{10} \frac{\exp(\alpha_A + \beta_A t)}{(1 + \exp(\alpha_A + \beta_A t))(1 + \exp(\alpha_B + \beta_B t))} \\
& + \tau_{01} \frac{\exp(\alpha_B + \beta_B t)}{(1 + \exp(\alpha_A + \beta_A t))(1 + \exp(\alpha_B + \beta_B t))} \\
& + \tau_{00} \frac{1}{(1 + \exp(\alpha_A + \beta_A t))(1 + \exp(\alpha_B + \beta_B t))}
\end{aligned}$$

5.5 小 结

第 5 章我们以装备试验设计为一个大的案例,综合应用装备试验的部分科学方法。各种各样的装备,试验设计方法有共性,也有个性,难以全面展开。我们有一个理念,装备试验是系统工程问题,可以通过社会科学方法、自然科学方法、工程科学方法的综合应用,抽丝剥茧、转化为明确的数学问题和统计学问题,通过数学、统计学方法进行试验评估和复盘分析。当然,有少数情况,装备试验中有尚没有完全解决的数学难题,这类问题需要"实践—认识—实践"的不断循环,步步为营,不断推进。

思 考 题

1. 就巡航弹的试验,说明性能试验、作战试验和在役考核,各有哪些,这些大大小小的试验,有什么联系,有什么区别。

2. 从近年的局部战争看，装备体系对抗的模型有什么特点，这些对于装备体系试验鉴定有什么启发？

3. 目前的导弹预警系统有几种工作模式，对导弹突防有什么启发？

4. 目前的无人机作战有几种类型，给传统的机械化部队带来哪些威胁，如何鉴定评估反无人作战系统。

5. 电子对抗，目前主要涉及哪些要素，高手过招的核心技术主要是哪些？

6. 评价航母战斗群的作战能力，主要看哪些战术技术指标，如何看待、评估目前的各类反航母技术的性能？

7. 反潜无人机的强项和弱项是哪些？

8. 装备试验体系与装备作战体系，各自的内涵特征是什么，如何实现相辅相成、相得益彰？

9. 若新投入某一种主战装备，应该如何建立新的装备作战体系模型、计算新主战装备的体系贡献率？

10. 21 世纪已经发生的局部战争，展现了哪些新的作战样式，给装备试验带来哪些启发？

11. 在装备性能试验、装备作战试验和装备在役考核中，如何结合作战样式、作战想定，扬长避短？

12. 如何加强高海况条件下的海军装备试验设计？

参 考 文 献

[1] Rao C R. 统计与真理 [M]. 北京: 科学出版社, 2004.
[2] Salzburg D. 女士品茶 [M]. 邱东, 等译, 北京: 中国统计出版社, 2004.
[3] 茆诗松, 等. 贝叶斯统计 [M]. 北京: 中国统计出版社, 1999.
[4] Pearl J. 因果论: 模型、推理和推断 [M]. 北京: 机械工业出版社, 2022.
[5] 王正明, 易东云. 测量数据建模与参数估计 [M]. 长沙: 国防科技大学出版社, 1996.
[6] 王正明, 等. 弹道跟踪数据的校准与评估 [M]. 长沙: 国防科技大学出版社, 1999.
[7] 王正明, 卢芳云, 段晓君, 等. 导弹试验的设计与评估 [M]. 3 版. 北京: 科学出版社, 2022.
[8] 杨廷梧. 复杂武器系统试验理论与方法 [M]. 北京: 国防工业出版社, 2018.
[9] 徐利治, 等. 现代数学手册 [M]. 武汉: 华中科技大学出版社, 2001.
[10] 谭跃进, 等. 系统工程原理 [M]. 北京: 科学出版社, 2017.
[11] 郭雷, 等. 系统科学进展 [M]. 北京: 科学出版社, 2019.
[12] Walck C. Hand-book on Statistical Distributions for experimentalists[R]. University of Stockholm, 2007, http://www.stat.rice.edu/~dobelman/textfiles/DistributionsHandbook.pdf.
[13] 何霖. 超声速边界层及激波与边界层相互作用的实验研究 [M]. 北京: 国防科技大学, 2011.

[14] 孙明波, 汪洪波, 李佩波, 等. 2020 年高超声速冲压发动机技术重点实验室基础研究报告 [R]. 国防科技大学, 2020.

[15] 孙明波, 汪洪波, 李佩波, 等. 超然冲压发动机计算燃烧学 [M]. 北京: 科学出版社, 2021.

[16] Wilson A G, Fronczyk K M. Bayesian reliability: Combining information[J]. Quality Engineering, 2017, 29(1): 119-129, DOI: 10.1080/08982112.2016.1211889.

[17] Schank J F, Arena M V, DeLuca P, et al. Sustaining U.S. Nuclear Submarine Design Capabilities, RAND Corporation, 2022.

[18] Krill J A. Systems Engineering of Air and Missile Defenses[R]. Johns Hopkins APL Technical Digest, 2001.